証言
TBSドラマ私史
1978-1993

市川哲夫
ichikawa tetsuo

言視舎

はじめに

本書は、ＴＢＳ『調査情報』誌に２０１６年から20年にかけて連載された「夢の途中～いかにしてテレビ教徒になりしか」の単行本化である。

作家・小林信彦氏に『テレビの黄金時代』という著書があり、演出家・今野勉氏に『テレビの青春』という著書がある。ともに私の愛読書である。いずれも１９６０年代中心のテレビ番組についての種々が描かれている。小林氏は「テレビの黄金時代は１９６１年に始まり遅くとも73年には終わった」と書かれている。

私のＴＢＳ入社は１９７４年であり、「おいおい、自分は黄金時代が終わったテレビに加わったのか？」という違和感を覚えた。連載のモチーフの一つがそれである。私にとっては70年代半ばから90年代初頭までのテレビの現場は「夢」工場のようなもので、自分の半生を賭けるに値する職場であった。小林氏の顰《ひそみ》に倣《なら》えば、私にとっての「テレビの黄金時代」は、１９７８年～93年あたりになるだろう。

私は、いわゆる団塊世代であり出生数最多の１９４９年生まれ。少年時代から最も親しいメディアがテレビであった。それを仕事にしようと思ったのは大学時代のある時期からだったが、振り返って、その選択は正しかったなと思うのである。

最近は、先行き不透明な世相からか、さまざまな「振り返り」企画のテレビ番組が少なくない。ただ後続世代の手になる番組なので、当時を知る人間からすると時代の「空気」感のようなものが、なかなか伝わってこない。あの大戦さえ、今や実体験を語り得る人々が失せつつある。それは、テレビの世界でも同じではないか。

幸い私は、70年代末から、番組ごとに「作業日誌」というものを書いていた。ドイツの劇作家B・ブレヒトの顰に倣った。記憶は大切だが、記録も残しておくべきものである。

こうしたアーカイブを基に、本書が生まれた。78年から93年あたりは、むろん悲劇的な出来事も少なくなかったが、テレビ人の私にとっては、総じて「面白い」時代であった。

あの時代の日本社会が持っていた活気とは、どこから生まれていたのか、それを当時のテレビ番組の制作現場から探ってみた。70年頃だったか「テレビを見る○○、出る○○、作る○○」という戯言があった。○○は、放送禁止用語である。

ソフトに言えば、みんなテレビに夢中になったという謂いである。仕事のおかげで、多くの才能豊かな魅力的な人物と出会うことができた。テレビの現場は、そういう場所であって欲しい。本書で、読者にそんな時代の空気を感じていただけたら嬉しい。登場人物には、歳月の流れの中で亡くなられた方々も多い。テレビの「失われた時を求めて」でもある。

今の時代のテレビマンに読んでいただけたら幸いである。

最後になったが、連載時の編集者・岩城浩幸さん（昨年、逝去）、五十嵐光紀さんらにはお世話になり、お礼を申し上げたい。今春、言視舎の杉山尚次社長とご縁が生じ、本書の刊行に至った。杉山社長には、深く感謝したい。そして同時代に生き、私を支え続けている妻啓子にはこの場を借りてありがとうと伝えたい。

２０２３年８月　市川　哲夫

証言　ＴＢＳドラマ私史　目次

第1話　新『七人の刑事』から始まる

1968年、私も悩める若者のひとりだった

NHKが放送した『新・映像の世紀』の第5集（2016年2月21日）は「若者の反乱が世界に連鎖した」と題し、1968年に世界中に広がった若者の反乱の映像を集めていて、あの時の「若者」のひとりだった私も画面にひきつけられた。

あの年、私は大学受験に失敗し都内の予備校に通うこととなったのだが、まさに失意の日々でもあった。私の高校から大学に現役で進んだのは3割程度で、例年「浪人」生活自体は特別のことではなかったのだが、結果として68年の「浪人」生は、時代に翻弄されることとなった。春先から、大学を舞台に全国で、いや世界中で「若者の反乱」が始まっていたのだ。その理由は「ベトナム反戦」だったり、「大学改革」要求であったり、さまざまだったが、要するに第二次大戦終結後に生まれたベビーブーマーたちが青年となり、旧「体制」の変革と「自由」を求めた闘いを行なったのだ。

パリの「五月革命」は、たちまち世界の若者たちに伝播していった。西側諸国の若者たちが希求したものは、「社会主義」や「共産主義」だったわけではない。現に「自由化」を求めて立ち上がった社会主義

国チェコスロバキアのプラハ市民の闘いには共感を抱き、8月のソ連軍の「プラハ侵攻」には「ソ連」への幻滅が決定的となっていった。

国内では、東京大学医学部の学生処分問題の過ちが発端となり、世界の「若者の反乱」に呼応するかたちで闘争が起こりつつあった。それはすぐに全学に広がり、他大学でも紛争の火の手が上がった。「現役で進学したアイツは、○○大学で闘争に参加しているらしい」との話が頻々と入って来る。「浪人」生の心持ちは大いに揺れた。予備校に通ってはいたが、受験勉強に身が入らず、「社会」勉強のほうに気をとられるようになった。「反戦」デモにも行ったし、好きな映画を観るようにもなった。

一番気に入っていたのは新宿・伊勢丹の斜向かいにあったアートシアター新宿文化でATG映画を観ることだった。68年5月封切りの『初恋・地獄篇』（羽仁進監督）は、日にちを替えて2回観に行くほど、当時の私の心を捉えた。プログラムには映画評論家佐藤忠男の「実にデリケイトに描き出された思春期の魂の冒険映画である」との解説が載っていた。以後、邦画・洋画問わずATG映画作品の虜となった。

この年、記憶に残っているATG作品がもう1つある。10月に公開された岡本喜八監督作『肉弾』である。岡本喜八は東宝の大作『日本のいちばん長い日』を前年監督し、大ヒットを飛ばしていたが、戦中派の岡本としては、戦争指導部を描いた『日本の…』とは違った、無名の兵士の視点からの戦争映画を撮りたいとの思いがあり、翌年ATG作品として結実したのだった。人間魚雷の「特攻」の一兵士（寺田農）が出会う少女役の大谷直子が、まことに初々しくて良かった。大谷は当時18歳、高校3年生の若者だった。

この映画が公開された頃だが、68年の10月21日、「国際反戦デー」と銘打った大規模な闘争が繰り広げられた。前年、新宿駅で、深夜の時間帯、立川の米軍基地に向かうジェット燃料タンク車が貨物列車に衝突され爆発炎上する事故が起きていた。その燃料は米軍の北爆にも使用されるものとされていて、ベトナム反戦闘争の中で「新宿駅」は、全共闘（全学共闘会議）系学生の占拠の対象ともなった。

その夜、新宿駅は騒乱状態となった。全共闘系の学生や若者に、見物がてらのヤジ馬が便乗、暴動になった。その時、私は新宿にはおらず、この光景を「テレビで見ていた！」のである。

当時『ＮＥＴ 夜のワイドニュース』（ＮＥＴ＝現・テレビ朝日、平日、０：00～０：15）という番組があり、2人のキャスターが日替わり交替で登板していた。秦豊と荒井正大である。この夜（68年10月21日）の担当は、（私の記憶では）荒井正大であった。荒井は元共同通信の記者。キャスターとして田英夫のようなスター性はなかったが、教養を感じさせる落ち着いた語り口で、報道姿勢もリベラルで好感が持てるキャスターだった。もうひとりの秦豊は、ＮＨＫのレッドパージで追われたあとラジオ九州に転じた放送ジャーナリストで、荒井に比べるとより熱っぽいキャスターぶりで、好対照の良いコンビであった。

話は横道に逸れたが、その10・21の新宿騒乱事件には、遂に「騒乱罪」が発動され、７００名を超える大量の逮捕者が出た。「若者の反乱」は、大学の枠を超えた社会運動の広がりを見せつつあった。しかし、この時代、４年制大学への進学率はまだ男女合わせて13・８％（68年、母数は

1968年10月21日、「国際反戦デー」のこの日、国鉄新宿駅で過激派学生や群衆による暴動事件が発生。東口広場で決起集会を開いた後、放火や投石で電車、信号機などを破壊。学生事件としては戦後初の騒乱罪が適用された。

18歳人口。「文部科学統計」より）に過ぎなかった。ベビーブーム世代で絶対数は多かったが、およそ7人に1人の割合で大学生になったに過ぎない、そんな時代だった。

大学紛争が「70年安保」闘争につながることを恐れていた政府は、闘争封じ込めに躍起となっていた。東大安田講堂には、全国の大学の全共闘学生も闘争拠点として「籠城」していた。東大は、その占拠学生の排除に踏み切り、69年1月18、19日、警視庁機動隊が導入され、テレビは学生と警察の攻防を伝え続けた。19日夕刻、学生が占拠していた安田講堂は「落城」した。「籠城」していた全共闘の学生は逮捕された。東大生以外の学生が9割以上。

しかし防衛隊長として、最後の時計台からの放送を行なったのは東大医学部の今井澄だった。今井はすでに29歳の最年長の医学生だった。今井は逮捕、起訴され、裁判で実刑判決を受けて服役するが、出所後は、80年、諏訪中央病院院長に就任。地域医療に尽力した後、92年、日本社会党から参議院議員となり（のち民主党議員）、２００２年、62歳で亡くなった。スジを貫いた一生だった。

安田講堂で学生を排除した翌日、佐藤栄作首相と坂田道太文相が現場を視察、東大は入学試験の中止を発表した。「大学解体」をスローガンのひとつに掲げた全共闘の「若者の反乱」は、なんら「果実」を結ばなかったが、「東大入試中止」という皮肉な結果をもたらすこととなったのである。と、これまで長々と１９６８年のことを書き連ねたが、これから書くメモワールは10年後の１９７８年から始めることとする。なぜか？

1978年、村上春樹、キャンディーズ、そして新『七人の刑事』

2015年夏、私は編者として『70年代と80年代～テレビが輝いていた時代』（毎日新聞出版刊）を上梓したが、これは70、80年代に起こったさまざまな出来事を、当事者や近い立場の者が綴っていて、手前味噌ながらとても「面白い」読み物となっていた。やはり当事者に聴いておかないと、という話はあるものである。これは『調査情報』の2010年と14年にそれぞれ5回にわたって連載された特集企画の集成であった。

今回、本誌の岩城浩幸編集長から「70、80年代のテレビについて何か書けませんか」と持ち掛けられた。同時代史が「歴史」となるには、30年ほどの時間の懸隔が必要である。その点で、そろそろこの辺りの「テレビ」周辺のことならなんとかなるだろうと書き始めることにした。

しかし起点をどこにするか？　1970年なのか、私がTBSに入社した74年なのか。はてさて、と考えた。駆け出しのAD時代の日々を綴るとしても、散漫な記憶で自信がない。そうだ、78年からなら書けると思った。前記した「1968年」から10年経っていて、どうやら「進むべき」方向性が自分なりに見えてきた時代である。入社2年目の75年から念願叶って、ドラマのADに配属されたものの、1年半ほどで「御用済み」とされてしまった。現場で「役に立たない」ADと思われたのである。ちょうど結婚した時期と重なり、初心者には「仕事」と「家庭」の両立が大変だったのだ。ドラマ以外の番組に異動ということになって私は「このままでは、どんどんドラマから遠ざかることになる」と思ったのである。そんな例は、制作局内ではゴロゴロしていた。そこで上司の（岡村大）演出部長に、事あるごとにドラマ復帰を直訴したのだ。結果として11カ月で復帰が実現した。それが『七人の刑事』（第3シリーズ）である。ドラマADとしての再挑戦である。もうここでしくじったら先はないと思った。放送は78年の4月14日のスタートであった。

他人のことだが、作家の村上春樹が小説を書こうと決意したのが、78年4月1日のヤクルト・スワローズの開幕戦で、初回ヤクルトの先頭打者ヒルトンの二塁打をスタンドで見た時だったという、カルト的エピソードがハルキストの間では有名である。これを知って以来、村上春樹には、「78年4月」という記号において、同時代人としての共感が強まった。

さて『七人の刑事』であるが、60年代に「一世を風靡した」刑事ドラマの名作といってよいだろう。78年当時、TBSはG、P帯ともに視聴率トップを独走していて、「民放の雄」と謳われていた。しかし何をやっても上手くいかない時間帯があって、それが金曜日夜の8時枠であった。裏番組のNTV『太陽にほえろ！』が30％前後の数字を毎週稼いでいたのである。そこで打倒『太陽』の切り札として企画されたのがTBSのレガシーともいうべき『七刑』の復活であった。

60年代の『七刑』は、最初の放送は61年10月4日（水）夜8時枠。62年10月11日からは木曜夜の8時枠に移動。そして64年5月に休止したあと、8月から月曜夜10時枠で、再スタートした（最終回は69年4月28日）。60年代を時代と並走したテレビドラマである。私にとっては12歳から19歳までの少年から青年期に至る期間だが、ほかの刑事ドラマとは一味違うテイストに、魅かれた時期も確かにあった。60年代当時『七刑』を観ていた少年は、NHK『事件記者』も観ていたと思う。

『事件記者』は、『七刑』に先んじること3年、58年4月から66年3月まで放送された。最初は30分枠だったが、63年から1時間枠となった（64年からは50分枠）。警視庁詰めの新聞記者たちが主役の群像ドラマで、毎回警視庁管内で発生する事件を記者たちが追うという仕立て。推理作家の島田一男が脚本を書いていた。『七刑』に比べると、こちらのほうが単純明快、描かれる犯罪事件も「わかりやすい」ものが多かった。戦後の昭和30年代ころまでは、犯罪動機が「性」「暴力」「貧困」「差別」など因果が他人の目から見ても理解可能なところがあったのだが、高度成長が軌道に乗り、都市に人口が集中するようになって、「犯罪」の解明が困難になってくる。「不条理」な「犯罪」が目立つようになる。今風にいえば「心の闇」ということか。

そうした社会の変化に、より敏感に反応したのは『七刑』のほうだった。特に60年代後半に入ると、若者の意識や感覚の変容は激しく、犯罪事件でも刑事たちの経験則があてはまらないというギャップが、『七刑』ではしばしば描かれた。したがって『事件記者』がもっていたような「勧善懲悪」的な「明快」さは、60年代『七刑』にはなかった。

60年代後半の『七刑』の代表作で、幸い現在でも見ることができる作品がある。67年1月16日放送の『七人の刑事〜ふたりだけの銀座』である。脚本・佐々木守、演出・今野勉。放送当時私は高校2年だったが、オン・エアで観た記憶はない（初めてこのドラマを観たのは二十年程前のことだ）。しかし同じ昭和24年生まれの作家・関川夏央はオン・エアを観たという。民生用のVTRが普及するのは80年代に入ってから。ふつうの家庭では1回きりの放送を見るしかなかったのである。まさに「お前はただの現在にすぎない」とのテーゼが意味をもっていた時代。

「ふたりだけの銀座」は、当時日活の青春コンビだった和泉雅子と山内賢が歌った『二人の銀座』がモチーフで、放送の翌月『二人の銀座』（日活）の映画公開もあり、『七刑』でのサブ・タイトルは「ふたりだけの銀座」となっているようだ。映画と違って、甘い青春ものではなく、『七刑』は、ほろ苦い不条理劇だ。今野勉は、のちにこのドラマについてこう記した。

「語りたいテーマがあって、それをストーリィとしてどう展開するか、というシナリオの作り方を、私と佐々木はしなかった。歌が問題なのだ。ヒットしている歌謡曲には、必ず、それなりの時代性がある。テーマはその時代性で十分なのだ。その時代性にドラマがどう拮抗できるか」（『新・調査情報』04年11－12月号）

　ということなので、ストーリィの概略を書いてもあまり意味はないのだが、つまりはこういう話だ。房総の漁師の若者（寺田農）が一緒にいた恋人（吉田日出子）を、東京から遊びに来ていた若者グループに車で連れ去られてしまう。寺田は吉田を探しに上京し、やっと彼女を探しあてるが、グループの一人の青年（高橋長英）と親し気である。吉田は帰郷を迫る寺田の申し出を拒絶、高橋長英と肩を抱き合いながら「銀座」の雑踏に消える。

　ふたたび寺田は2人を見つけるが、絶望的な思いで小刀を抜き、銀座4丁目の横断歩道を突進する。そしてたまたま通りすがりの一般人を、小刀で突き刺してしまうというのがラストシーンだ。60年前後の

67年1月16日放送の『七人の刑事〈ふたりだけの銀座〉』のラストシーン。銀座の繁華街を手持ちカメラだけで、通行人に気づかれることなく撮影したオールフィルム作品。今野勉、カメラマン、アシスタントの3人が「目と手の合図だけで、ぶっつけ本番で、撮った」という

ヌーベルバーグ映画のような味わい。7人の刑事は、この回では狂言回しにとどまっているという、異色の作品でもある。

話は78年春に戻る。『太陽にほえろ！』にどう対抗するのか。

『太陽』は72年放送開始以来、300本近い放送実績を重ねていた。石原裕次郎扮する「ボス」を中心にした、警視庁七曲警察署刑事課捜査第一係の刑事たちの活躍を描いていた。ショーケン（萩原健一）や松田優作が、このドラマで俳優として飛躍していったということもあり、特に若い視聴者を引き付けていた。『七刑』は、TBSの78年の目玉企画として4月スタート。放送期間は定められず、長寿番組となることを期待されていた。60年代の7人の刑事のメンバー中、引き続き出演することになったのは主演の芦田伸介と佐藤英夫、天田俊明の3人。新しく加わったのは中山仁、樋浦勉、中島久之、三浦洋一の4人だった。

スタッフは60年代の『七刑』経験者と、新しく参加するスタッフの混成チームで、プロデューサーは日向宏之。日向は『七刑』開始の年の61年TBS入社で、66年以降、『七刑』演出陣に加わっていた。ディレクターは先発の鴨下信一以下、田沢正稔、豊原隆太郎、浅生憲章、山泉脩、和田旭、深尾隆一がラインアップされていた。私は同期の赤地偉史とADとしてスタッフに加わることになった。

この新『七人の刑事』はVTRロケーションを多用するため、通常の連続ドラマの倍のスケジュールが必要であった。1週で1本というのが連続ドラマの制作ペースなのだが、このドラマは時間的にも人員的にも通常の倍の規模が求められた。ADのスタッフも2班編成で動くことになった。初回のADは、赤地が担当し、私は2回目の担当でスタートということになった。

初回は4月14日（金）夜8時。打倒『太陽にほえろ！』は実現するのか。社内外からの注目度は非常に高かった。視聴習慣というものが、当時のテレビでは常識とされ、普段から強い枠は「基礎票」を持っているというわけである。その意味ではTBSの金曜8時は苦戦の枠であったが、新『七刑』のスタートの前週「神風」が吹いた。

当時人気絶頂だったアイドルグループ、キャンディーズの後楽園球場でのさよならコンサートを中継録画で放送する特番が組まれたのだ。4月7日（金）の『さよならキャンディーズ』（19：30〜20：55）は32・3％の高視聴率を記録した。この「特需」の余勢を駆って新『七刑』をスタートするというのが編成の戦略であった。

第1回は「警視総監の財産」。脚本は旧『七刑』でも数々の傑作を書いた早坂暁。前年、金曜ドラマ『岸辺のアルバム』で高く評価された鴨下信一の演出。私は第2回のAD担当だったので、初回の現場には関わっていない。異色の大物ゲスト（大屋政子、佐分利信、武智鉄二、田辺茂一）が出演した日のスタジオ収録を覗いただけだ。

4月14日金曜夜8時、『七人の刑事』第1回が放送された。17日の月曜に週末番組の視聴率が発表され、新『七刑』は21・8％の高視聴率を記録。社内の気勢は大いに上がった。当時TBSの番組では20％超えは珍しいことではなかった。30％超えという数字の番組も多かった時代である。しかし、金曜夜8時枠は数年来不振続きで、1ケタの数字をしばしば記録する低迷ぶりだった。その枠での20％超えなのだ。やはり『七刑』は強いという空気が社内には流れた。この勢いが持続すれば、『太陽』を捉えることも可能なのではとの期待もあった。しかし、勢いは長続きはしなかった。

1話読み切り形式なので、なかなか連続ドラマとしてのスタイルが確立しない。刑事たちの個性が定着しないうちに、ゲストが週替わりで次から次へと登場して犯人や被害者を演じる。時にはジュリー（沢田研二）などのトップスターを投入して数字が少し上がっても、翌週に繋がらないという状態になっていく。始まって2カ月も経たないうちに1ケタの視聴率が出るようになった。

『太陽』に対抗するには、「若さ」と「スピード」をもっと打ち出さないと、との声がある一方で、60年代のようにじっくりと社会のありようを描くべきだとの声もあった。3回目（4月28日）当日の『朝日新聞』のラテ欄の「試写室」では「かつての名シリーズとあって『郷愁派』の期待も大きかったようだ。しかし、そんな中年男性層の期待にこたえるには、新シリーズはあまりに異質な世界だったようだ」との書き出しで始まる番組評が載った。

さまざまな「雑音」が聞こえ始めていたが、現場の空気は悪いものではなかった。ADとしては、週替わりの脚本家の登場は勉強になったし、夏以降TBSのADが3人体制（田代誠が音楽班『ザ・ベストテン』から異動して参加）になると、ディレクターと脚本家の打ち合わせにも時折、同席できるようになった。1話読み切り形式なので、脚本家にとってはそれなりに魅力的なところもあったのか、多くの人気脚本家が執筆した。早坂暁、向田邦子、倉本聰、中島丈博といったテレビドラマの人気作家をはじめ、映画の笠原和夫、山田信夫、長谷川和彦、そして若手小説家だった矢作俊彦、栗本薫まで書いている。

新『七人の刑事』は1年半にわたって全69作、放送された。私がADとしてついたのはおよそ20本位だったと思うが、もっとも記憶に残っている作品が、1978年の芸術祭参加作品となった「三人家族」（脚本・早坂暁、演出・田沢正稔）である。次回は、それについて書く。

第2話　『七刑』「三人家族」の時代感覚

「あの父親は私です」と沢田警部は呟いた……子育ての難しさが露呈する

この年（1978年）の夏、『七人の刑事』が、文化庁芸術祭に参加するという話がADだった私の耳にも聞こえてきた。できればスタッフに入りたいと思った。20年前（58年）の、芸術祭の受賞作が、あのテレビドラマ史に残る名作の『私は貝になりたい』だったからだ。当時と比べれば、芸術祭の「権威」は大分小さくはなっていたが、視聴率以外の番組評価の尺度が容易に見出せないなかで、賞の権威はまだまだ貴重なものだった。

TBSの番組視聴率は絶好調を維持していた。この年ゴールデンタイムの全世帯視聴率は76・8%、TBSは18・5%の首位である（62年のビデオリサーチ開始以来17年連続のトップである）。『七人の刑事』はそんな中、金曜夜8時枠でNTVの人気番組『太陽にほえろ！』に戦いを挑んでいたが、数字的には10%前後で苦戦を強いられていた。

その『七刑』に、芸術祭出品作の話が回ってきたのだ。「ドラマのTBS」にふさわしいドラマを作れということだろう。スタッフの士気が上がらないわけがなかった。やがて出品作となるのは、脚本・早坂暁と演出・田沢正稔のコンビで2週にわたる前後篇となることがわかった。1話の読み切りが『七刑』の通例だが、2話分のボリュームということは、どんな内容なのか。それまで、『太陽にほえろ！』を意識して、アクション重視の回もあったが、どうやら『七刑』の先祖返りというか、社会問題を強く意識したドラマになるらしい。前年に起きた事件をモチーフにしているとの情報までがわかってきた。スタッフ編成で、私もADとしてこのドラマに関わることとなった。地方でのロケーションも多くあるらしい。

台本を手にしたのは、9月に入っていただろうか。「三人家族」というサブタイトルが付いていた。前年の事件とは、77年10月に起きた父親が息子を殺めた事件で、「開成高校生殺人事件」のことだった。都内で食堂を営んでいた夫婦の家庭で起きた悲劇だった。学業成績優秀で私立の中高一貫のエリート校に進んだが、中学2年の夏頃から次第に成績が下降を始める。帰宅してからは、自室に閉じこもりカーテンを閉めて、受験勉強とは関係ない文学や思想書などを読み耽った。高校に入る頃には成績はますます下がり、最下位に近づく。そして2年になると、激しい「家庭内暴力」が始まった。息子は「（お前には）学歴がない」と食堂店主の父を嘲り、自らの容貌についても不満を表明、「親のせいだ」と両親への暴行をエスカレートさせた。

「……こうした経緯から父親が『このままでは家族が殺され、息子は犯罪者になってしまう』と考え本人の殺害を決意し、眠っている本人を絞殺、その後両親も心中を考えたが死にきれず、二人で警察に自首をした。

東京地裁は、父親に対して懲役三年・執行猶予四年という温情判決を下した。しかし（筆者註：事件の）翌年の七月、母親は自責の念にたえられず、長男の部屋で縊死を遂げている」（※）というやるせない事件の顚末である。

こうした「事件」をそのまま取り上げても、情報番組の「再現ドラマ」にしかならない。これをどう「芸祭参加ドラマ」に仕立てあげるのか？　脚本の早坂と演出の田沢はどう考えたのだろうか？　田沢は事件で殺された少年と同じ開成高校出身である。先輩として、後輩に起きた悲劇を衝撃として受け止めたことは想像に難くない。「なぜ、あの企画を？」と今回改めて、田沢に訊ねた。

「あの頃、高校時代一番の親友だった男が自殺した。優秀で現役で東大法学部に行って弁護士になった男だった。しかしノイローゼになってね……」。初めて聞く話だった。田沢の内的モチーフが「三人家族」と結びついていたのだ。「だから、あれは自分にとっては友への鎮魂の意味を込めたドラマだった」と言葉を継いだ。

「受験戦争」は、当時騒がれていたし、その低年齢化は難関の国立・私立中学受験にまで及んでいた。1967（昭和42）年、都立高校の受験に学校群制度が導入された。東大受験で、都立の日比谷や西、戸山といった進学校が突出し、これらの都立高校受験が過熱化していた。これを時の東京都教育長小尾乕雄が改革しようと学校群制度を導入したのだ。結果は、都立の日比谷や西に代わり、私立の灘や開成が東大合格者の最上位に躍り出ただけだった。受験戦争はむしろ激しくなった。小学生が学習塾に行くのが都内では珍しくなくなっていた。現に77年、「水曜劇場」（TBS）で『乱塾時代　子育て合戦』（脚本・佐々木守）というドラマが作られている。その番組に私もADで参加していた。

「三人家族」は、それから1年半後のドラマである。社会問題化していた「受験戦争」の激化をテーマにするのか？　しかし早坂暁の脚本は、そう単純なものではなかった。事件は「家庭内暴力」の果てに起きた、父の子殺しである。「家庭内暴力」は、少年の「ヒステリー」で起きた。では、なぜ「ヒステリー」を少年は起こしたのかというのが、早坂の問いであった。少年の「心因」は、どこから生まれたのか？

「親子関係」「友人関係」「学校教育」といった外的なものか、あるいは成育する過程での少年個人の心の「病」なのか。

早坂は、『七刑』の主役の沢田警部（芦田伸介）の家庭でも「親子関係」の問題が起きていたという設定を冒頭に持ってきたのである。芦田の妻には南風洋子、一人息子には丹波義隆が扮した。3年前、大学受験をやめて働くと言い出した息子の丹波を、芦田は叱責し、結果取っ組み合いの親子喧嘩をする。激情に駆られた丹波は、その勢いで家出をしたのだ。そして今では石工を目指して、四国香川の石切り場で働いている。その息子の仕事場を休暇を利用して、初めて芦田・南風夫婦が訪れるという立ち上がりだった。

親子間の殺人事件を、早坂は「どの家庭でも起こりうる事件」として描こうとしたのだ。再現ドラマではないので、高校も架空の校名にしたが、ロケーション撮影が必要である。いくつかの学校に交渉したが難航した。このドラマの意図を正面から説明して、引き受けてくれそうな学校は何処だろうかと考えた。TBSラジオの『全国こども電話相談室』の回答者として出演していた無着成恭が教育者としてかつて在籍していた明星学園なら、あるいはと思い立ち、私は三鷹の明星学園を訪ね教頭先生と面会した。リベラルな校風で知られる学園だが、教頭も意図を理解してくれて、校内での撮影が許された。中島久之演じる『七刑』のひとりが、この「エリート校」の出身という設定であり、事件のあとしばしば聞き込みで訪れるという仕掛けである。

レギュラー陣以外のキャスティングは、「事件」の主役の「三人家族」は、父が千秋実、母が渡辺美佐子、そして息子が高野浩之（現・浩幸）に決まった。いずれも名優である。ベテランの2人は言うまでもないが、少年役の高野が鬼気迫る演技を見せた。高野は当時17歳、少年俳優きっての演技派の定評があっ

息子と妻を亡くした男（千秋実）が、四国の遍路道で沢田警部（芦田伸介）と再会するラストシーン
（『七人の刑事〈三人家族〉』1978年11月3、10日放送）

た。68年、TBSの「ポーラテレビ小説」の第1作『三人の母』に子役として出演している。74年、ATG映画、寺山修司の『田園に死す』にも主演、私もADとして76年、水曜劇場『さくらの唄』で、半年間一緒に仕事をしていた。

高野の演ずる少年の名前は「民夫」。早坂は劇中で、父役の千秋実にこう台詞を言わせている。「民夫という名前は（筆者註：妻の）良子が民主主義から一字採って付けたのです」。敗戦後、男は懸命に働き食堂を開き、結婚して家庭も持てた。「努力が報われる」と戦後民主主義社会の価値観を信じ、子どもに民夫と名付けたという、いかにも早坂らしい設定の役名である。能力があれば誰もがのし上がっていける世の中と思われた戦後社会。そう信じた少年の両親は、名門私立中（ドラマでは高校から）へ息子を進学させたが、これが仇となってしまう。入学時こそ上位にいた少年は、次第に成績が下降する。級友たちとの家庭環境の違いや自らの容貌にコンプレックスを抱き、孤立を深めていく。家の中では、文学や思想書を読み耽るようになり、自室に引きこもる。事件の年の5月に、少年が尊敬していた祖父の死がきっかけとなり（ドラマではこの設定はない）、凄まじい家庭内暴力が始まる。そして、それは毎日のように続き、思い余った父親の犯行へと繋がった。

早坂の脚本は、事件の経過をただなぞるのではなく、少年の内面に作家の想像力で迫る。少年が街場のボクシング・ジムを見つけ練習生となること。もうひとつは、渋谷の公園通りのブティックで、「文化祭で『ハムレット』のオフェリアに扮するから衣裳を選びたい」と女性店主（山口果林）に女装を相談する件である。マッチョなものとフェミニンなもの、相反するものへの欲求。不安定な青年期の心理を早坂は描いていた。

本稿を書くにあたって、「三人家族」の前後篇を久しぶりに観た。（執筆時の）38年も前のテレビドラマである。家庭内暴力の描写は、まことにリアルで今ならできないような映像表現もある。観て「楽しい」ドラマでは、決してない。フジテレビが「楽しくなければテレビじゃない」とのキャッチコピーを掲げたのは、81年のこと。「軽チャー路線」と称し『オレたちひょうきん族』や『笑っていいとも！』を擁し視聴率トップに立ったのは82年のことである。『七刑』の「三人家族」とは、3、4年の隔たりしかない。この間に、テレビ番組に対する視聴者の感受性というか、空気が大きく入れ変わったような気がする。私自身もテレビの現場にいて、そうした変化を実感することになるのだ。

「三人家族」はスケジュール通りに都内・地方ロケーションが進行、最後のスタジオ収録は、少年の自室の撮影であったが、セットの書架に並べる本は、私の自宅から運んでいた。少年が早熟な読書家という設定だったので、ドストエフスキーやカミュやサルトル、吉本隆明などを持ち込んだ。実際の少年はスタンダールの『赤と黒』を愛読していたというので、これも運んだ。ダンボール15箱分位だったが、美術スタッフが運搬してくれた。「くそリアリズム」かもしれない。

しかし、撮影では私もそういうことにこだわる性質である。映像にどれだけ映るかはわからないにしても、ディテールは大切である。「神は細部に宿る」のである。その日は10月22日の日曜だったと記憶する。なぜ日付を覚えているかというと、当日は、ヤクルトと阪急の日本シリーズの最終戦で、阪急・上田

（利治）監督のヤクルト・大杉（勝男）のホームラン判定に対する審判団への猛抗議を、収録の合間に照明直しを待ちながら、スタジオフロアーでチラチラ見ていた記憶があるからである。上田監督の抗議は1時間19分にも及び、現場に金子（鋭）コミッショナーまで登場する騒ぎとなった。視聴率はなんと45・6％。日本シリーズ史上最高視聴率で今も破られていない。テレビは、やはり「生」が強いのか？というひとつの例証でもある。余談だがこの日ヤクルトは球団創設以来の初の日本一となった。

ブラームスはどうですか……「三人家族」の音楽

収録が終わると、放送日に向けてポストプロダクションに入る。「三人家族」は2週連続の放送ということで、前篇の編集は鴨下信一ディレクターが引き受けた。鴨下も開成の同窓ということで、後輩の田沢の手助けを快諾したのだ。収録が終わり、田沢自ら編集に入ると、ＡＤの私に「劇伴の音楽を考えているんだ」と呟いた。『七刑』には、毎回劇伴の音楽を担当する作曲家がいた。しかし「三人家族」では、違う音楽が欲しいというのだ。題材がやりきれない事件を扱っているので、それに付ける音楽となるとディレクターとしても思案してしまうのだろう。「クラシックでもよいですかね？」と問うと「何かあるのか？」と問い返してきた。そんなやりとりの翌日、私は1枚のＬＰを持参して田沢ディレクターに渡した。

それがブラームスの『弦楽六重奏曲　第1番』のレコードだった。ルイ・マルが『恋人たち』（58年）で甘美なシーンで使っていたが、このドラマにこそ、むしろ嵌まるような気がしたのだ。主人公の民夫の説明のつかない狂気や、両親の苦悩に静かに寄り添い、それぞれの魂を慰藉するようなメロディー（第2楽章冒頭）。田沢ディレクターは、レコードを聴いて「これで、行きたい」と考え、日向宏之プロデューサーに伝えた。日向が劇伴の作曲家からの了解を取り付けたあと「三人家族」には、ブラームスの楽曲が使われることとなった。前後篇併せて、正味90分ほどのドラマだが、音楽は極めて抑制的に使われた。しかし少ないゆえに、まことに効果的である。

最初に使われたのは、雪がちらつく冬の夜、少年が窓外からボクシング・ジムを覗いているシーンだ。やがてジムのトレーナー（寺田農）が少年（高野浩之）に気づき、中に招じ入れる。グローブを嵌めさせて、少年に「誰か殴りたい奴がいるだろう。そいつだと思って殴るんだ」と言ってサンド・バッグを突き出す。少年は「お・や・じ」と呟くと狂ったようにサンド・バッグを打ち始める。この間、弦楽器が中低音で奏でる、美しくせつないメロディーが流れる。MAV（音入れ）には私も立ち会ったが、ブラームスの音楽がドラマに生きた。田沢は「鎮魂の音楽だな」と手応えを感じているようだった。

「お・や・じ」。トレーナー（左、寺田農）に「誰か殴りたい奴がいるだろう」と促され、少年（高野浩之）の父親への感情が激昂していく
（『七人の刑事〈三人家族〉』1978 年 11 月 3、10 日放送）

放送は11月3日と10日の2週にわたって行なわれた。前篇は「文化の日」の休日の夜だったせいか、気楽に楽しめる娯楽番組が求められたのか、7.9％の視聴率にとどまったが、後篇は、13・6％と急伸した。前後篇で後篇の数字がこれほど上がることは極めて異例だった。今と違って、事前の予告スポットもあまり出ない時代。前篇を観た視聴者の「口コミ」効果ではなかったか。そし

て芦田伸介扮する沢田警部に「あの父親は私だ」と呟かせた作家の視点が、高度成長の果てのパラダイムシフトが起きていた時代の家族の風景を、浮かび上がらせ、視聴者の共感を得たからであろう。スタッフは番組の出来を見て、受賞を期待したが、芸術祭の受賞とはならなかった。

この年の暮れ、『七刑』のスタッフ・ミーティングの席に、トップスターのひとりだった田宮二郎自殺のニュースが飛び込んできた。田宮はTBSのドラマとも縁の深い俳優だった。大山勝美プロデューサーと組んで『知らない同志』(72年)『白い影』(73年)『光る崖』(77年)などの作品があり、『七刑』のスタッフでも田沢ディレクターは『高原へいらっしゃい』(76年)で仕事をしていたし、浅生憲章ディレクターも『光る崖』に参加していた。スタッフ全員が衝撃を受けた報せだった。

『七刑』のミーティングのテーマは、放送から2年目に入るにあたってのテコ入れの話し合いだった。視聴率は10%前後の横ばいで、NTV『太陽にほえろ!』を捕らえることができなかった。リニューアルするとしても、何をどう変えるのか結論は持ち越しになった。年が明けて、やがて60年代からのメンバーだった南警部補役の佐藤英夫と『新・七刑』で加わった佐々木刑事役の樋浦勉が、新しいメンバーに代わるということがわかった。新しい刑事役は、ボクシングの元世界チャンピオンの輪島功一と新人の宅麻伸の2人だった。60年代の『七刑』とは、違ったカラーの『七刑』を目指すということだろう。音楽も樋口康雄から佐藤允彦に代わる。プロデューサーも中川晴之助と日向宏之の2人体制となった。新体制では、ディレクター陣も、田沢、山泉(脩)、浅生といったメンバーが中心となり少し若返った。番組をリニューアルし、スピード感を増そうということらしい。

新メンバーによる第1回は、『新刑事二人・走る!』(79年3月16日放送)と題し、脚本・山元清多、演出・山泉脩のコンビだった。国鉄の上野駅構内を新刑事が走り回るという出だしで、アクションシーンが大幅に増えた。事件に絡むゲスト役も、「ずうとるび」のメンバーで人気者だった江藤博利と、のちのトレンディードラマで一世を風靡した浅野温子だった。浅野は18歳になったばかりだった。山泉が1年前に撮ったポーラテレビ小説『文子とはつ』（TBS、77〜78年）に出て、好演していたので抜擢されたのだ。79年4月の番組で、ADとしてこの回も入っているが今となってはストーリーも断片的にしか覚えていない。しかし、浅野温子のフレッシュな演技の記憶は、はっきりと残っている。それから、ほぼ10年後の大ブレークは、栴檀は双葉より芳しと言うべきか。

リニューアルの初回（第44回）の視聴率は9・2％。数字的には変化は見られず、苦戦は続いた。TBS社員のADは、前回書いたように3人が交替でディレクターに付いていた。

ローテーションのめぐり合わせで、ADの赤地偉史は浅生Dと、私は田沢Dと、そして田代誠は山泉Dと組む機会が多くなっていた。夏に入る頃、AD3人に企画を出させて演出デビューをさせようという話が聞こえてきた。脚本家は、それぞれのディレクターが間に入って紹介するという、ありがたい話だった。プロデューサーとしても、番組の中で新人のディレクターがデビューすれば、将来的にも意味があると考えたのであろう。どうしても『七刑』で演出デビューしたいと思った私は、田沢Dに話すと「山元（清多）に話をしてみよう」と、相談に乗ってくれた。数日後、リアクションが伝えられた。「山元はスケジュールがどうにもならないが、彼が親しい斎藤憐に声をかけてくれるそうだ」と『斎藤憐戯曲集1』（而立書房）を渡された。代表作の一つ『赤目』などを読んで、この作家が舞台が本領であることは、すぐにわかった。はたして、新人のテレビドラマの脚本を書いてくれるのだろうか？　連絡をとって面会することにした。

「僕はテレビの仕事は、あまり向いてないいんじゃないかな」と、舞台に力を注いでいることを強調する。想定内の反応だったが、お構いなしに私も彼を口説きにかかった。『6羽のかもめ』(フジ、75年)とか『大都会』(NTV、76年)とかの何本かを書いたが自分としては、「テレビは、本領ではない」と繰り返す。こんな話をやりたいんだがと、自分の企画を話すと「それなら、市川さん自分で書けばいいじゃない」と、逆効果。しかし、あとでわかったことだがこの頃、あの『上海バンスキング』で、彼の活動はいっぱいいっぱいだったのではなかろうか。それでも、もう一度会う約束を取り付けて別れた。熱意だけは伝わったようだった。2回目には、中川晴之助プロデューサーにも同行してもらい、渋谷の東武ホテルで会い、再度執筆を依頼した。

プロデューサーも同行したことで、TBSの本気度が伝わったのか斎藤憐の対応にも変化が見えた。「少し時間をください」ということで、後日私から電話を入れることになった。

数日後、電話をすると「書きましょう」と返事をくれた。そして「今度家に話しに来ませんか」と自宅に呼ばれた。斎藤憐の脚本でドラマ・デビューか。心が躍ったことは言うまでもない。

都内のマンションを訪れたのは7月の下旬だったろうか。斎藤の俳優座養成所時代の友人の小野武彦もいてビールやつまみをご馳走になりながら、数時間あれこれドラマ談義をした。私は「よし、デビュー作だ」、期待を膨らまして斎藤の自宅を辞去した。

※斎藤環「家庭内暴力を象徴した事件と今なおあり続ける〝受容神話〟という亡霊」『調査情報』2010年9-10月号所収

第3話　金曜ドラマ『突然の明日』、成功を確信

幻のディレクターデビューと、先輩プロデューサーの「男の涙」

『七人の刑事』は、１９７８年４月放送開始から１年３カ月が経過していた。スタッフやキャストの一部の入れ替えで、テコ入れをしたが視聴率はなかなか上向かない。そんな状況だったが、ＴＢＳのＡＤにディレクターデビューさせようという話が持ち上がっていた。私は劇作家の斎藤憐に脚本を依頼、何回かの交渉の末、内諾を得ていた。

だが、さあ、これからという時になって、プロデューサーサイドから「待った」が掛かった。番組の10月終了が決まり、「新人」を複数デビューさせる余裕がなくなったと言うのだ。台本作業が先行していた赤地偉史の企画１本だけが制作されるということだった。「斎藤さんにすまない」という思いが、自分のデビューが見送られた口惜しさより強かった。「やはり、僕にはテレビの仕事は合わないな」と、斎藤に言われた。怒りを抑えた静謐な物言いが私には堪えた。

初演出が幻になった直後、私は30歳になった。『七刑』は、10月の番組終了に向けて戦線縮小となりつ

つあり、ADの私は、この年（79年）の芸術祭参加ドラマのスタッフにコンバートされた。制作（エグゼクティブ・プロデューサー）は当時局次長だった岩崎嘉一（脚本家・橋田壽賀子の夫君である）。プロデューサーは田沢正稔、演出は井下靖央。岩崎直々の指名であった。脚本は早坂暁。

原作は『七人の軍隊』（主婦と生活社）。推理作家の草野唯雄が「老人たちの叛乱」を描いた小説で、前の年に刊行されていた。タイトルからも察せられるように映画『七人の侍』（54年）から着想を得た、老人たちの活劇であった。主役の老人には、志村喬が決まっていた。『七人の侍』の「勘兵衛」である。他には渥美清の出演が予定されていた。実現していたら……どんなドラマとなっていただろうか。そう、このドラマも結果としては成立しなかったのである。

芸術祭参加ドラマは、11月中に放送しなければならず、そのためには10月20日前後には撮影が終了していなければならない。撮影はその1カ月前には入らねばならなかった。9月初旬までに台本が上がって来ないと制作は厳しいことになる。しかし、早坂は遅筆な脚本家である。原作は、架空の地方都市が舞台。暴力団が市の行政と癒着していて、さまざまな悪が蔓延っていた。老人たちの入っていた老人ホームの園長が暴力団に殺害されたことで、老人たちの暴力団への反撃が始まる。老人たちは反撃の手段として、旧日本陸軍が放出した武器や軍服を調達するのだが、早坂からスタッフに要望が入った。「毎年、お彼岸の中日に京都の東寺でボロ市が行なわれる。そこに七人の老人が集まって武器と軍服を調達するところをトップ・シーンにしたい」とのことだった。

つまり「秋分の日」に、七人集合の撮影を行なわねばならない。田沢プロデューサーから、東寺の撮影許可を取ってほしいとの下命が私にあった。スタッフの仲間だったイースト所属のAD友房克文（もとクリエイティブネクサス社長）と共に交渉にあたることになった。友房とは『七人の刑事』でも一緒で気心が知れていた。東寺に連絡を取ると、境内での撮影は構わないが、ボロ市を仕切っているのは地回りのテキヤの親分とのことだった。そこに挨拶をしておかないと事実上撮影はできない。

連絡先を東寺の人に聞いて、さっそく友房と二人で京都に向かった。東寺のそばの「親分」の自宅兼事務所を訪れた。70歳を優に超えていると思しき、印半纏を羽織った小柄な老人がその「親分」だった。眼光は鋭い。来意を告げると、「よし、わかった。当日はウチが仕切っているから、若いモンに言っておく」と、言葉少なに返事があった。これで、トップシーン撮影のメドが立ったと安堵して、友房と二人で東寺境内を観て歩いた。

帰京して、他に撮影が想定される都内や地方のロケハンが続いた。しかし、台本が上がって来ない。9月も10日過ぎだったろうか、遂に田沢プロデューサーがスタッフを集めて告げた。

「暁さん(早坂)が、ギブアップした。原稿は来ない。残念だが制作を断念する」

翌日、私と友房は京都に向かい、件の「親分」に撮影中止の報告に行った。何か言われると覚悟を決めていたが、事情を話すと、ここでも「わかった」とすんなり了解してくれた。東京からすぐに報告に来たというので、それなりの誠意が伝わったということだろうか。謝罪とか「悪い知らせ」の報告は、早ければ早いほど良いというのは、ビジネスの世界の鉄則である。

何日か経って、岩崎、田沢、井下の「残念会」の酒席に列した。その時の岩崎の言葉が忘れられない。

「君たちには、まだ(芸祭の)チャンスはあるだろう。しかしボクには、今回が最後(のチャンス)だったんだよ……」と男泣きをした。それだけ、番組への思い入れが強かったのだろう。五十男の無念の涙の理由は、20歳も年下の私にも伝わるものがあった。

この頃は、仕事に忙殺されていたので、人一倍社会的関心が強い私でもニュースの記憶が意外に疎らである。79年は、実際に年初から大ニュースが内外で続発した年だった。2月にイラン革命が起こり、イランは親米から反米に転じた。日本ではダグラス・グラマン疑惑が国会で取り上げられ、第二のロッキード事件かと騒がれた。3月には米国スリーマイル島原子力発電所での放射能漏れ事故（放射能漏れ事故は奇しくも同年の映画『チャイナ・シンドローム』で描かれていた）。5月、英国初の女性首相サッチャー政権誕生。6月、東京サミット開催（先進7カ国首脳集まる）。これが上半期に起こっている。前年、筆を起こした村上春樹のデビュー作『風の歌を聴け』が発表されたのもこの年の5月（『群像』6月号、講談社）。

そして、『七人の刑事』も終幕へのカウント・ダウンが始まっていた。ADから唯一演出の機会を得た赤地のデビュー作は「～あばよ暴走族」（脚本・神波史男）、9月末にO・Aされた。バイオレンスものの好きな赤地らしいドラマだった。視聴率は11・3％、2年目の『七刑』の中では悪い数字ではなかった。そして『七人の刑事』は、10月に入ってあと2本放送され、10月19日全69回の放送の幕を閉じた。

「金曜ドラマ」というプレステージ

夏に、続けて企画が流れたが、なぜか気分はあまり落ち込んではいなかった。「人間万事塞翁が馬」ともいうべき話が舞い込んだ。『七人の軍隊』が中止となった直後、演出部長（森伊千雄）から、「来年（80年）の1月の金ドラに入って」と申し渡された。「金曜ドラマ」は、当時のTBSドラマの中でも看板枠であり、ドラマのスタッフはほとんどが、この枠をやりたいと思っていたのではないか。

他局のドラマ関係者からも、一目置かれるようなドラマ枠だった。72年から、この時点ですでに7年余り続いていた。『白い影』（73年、脚本・倉本聰ら）『私という他人』（74年、脚本・ジェームス三木ら）『悪魔のようなあいつ』（75年、脚本・長谷川和彦）『光る崖』（77年、脚本・山田信夫ら）『岸辺のアルバム』（77年、脚本・山田太一）『あにき』（77年、脚本・倉本聰）『家族熱』（78年、脚本・向田邦子）などの作品が生まれていた。79年時点では、枠の制作プロデューサーというポストが設けられており、担当は大山勝美。大山制Pが、1年間4クールそれぞれのプロデューサーとディレクターを指名する体制を取っていた。そして80年1月のプロデューサーは鈴木淳生（のちTBS常務）。ディレクターは井下靖央と福田新一という布陣だった。私には、APとADの両方兼務が求められた。

鈴木プロデューサーは、前年の『家族熱』以来の登板であり、その時に出演した三浦友和と加藤治子を起用することを決めていた。そして脚本は制作の大山と親しい山田信夫だった。山田は、60〜70年代の日本映画界の代表的脚本家である。私も、石原裕次郎の『憎いあンちくしょう』（62年）、『栄光への5000キロ』（69年）、浅丘ルリ子の『執炎』（64年）、山本薩夫監督との『戦争と人間』（70、71、73年）、『華麗なる一族』（74年）、『皇帝のいない八月』（78年）、篠田正浩監督の『美しさと哀しみと』（65年）など、これらは映画ファンとして、当時すでに観ていた。その脚本家と仕事ができる、千載一遇のチャンスに思えた。

10月に入ると、脚本家を招いてスタッフ会議が始まった。山田信夫と鈴木プロデューサー、そして、井下・福田ディレクターと私の五人だった。節目節目で制作の大山も顔を出した。

鈴木の意向は、原作もので行くということだった。三浦友和が主役を演じられるような原作を探そうということになった。各紙の新聞小説や、小説雑誌や単行本をスタッフそれぞれが会合のたびに持ち寄って検討した。打ち合わせの合間合間に、山田信夫の披瀝する映画界のエピソードは、実に愉しいものだった。山田は座談の名手でもあった。時として、おしゃべりが盛り上がり、雑談に花が咲く。テレビドラマの良い時代だったと今にして思う。

金ドラは、内容の充実が求められるが、視聴率の要求は他枠に比べると、それほど厳しくはなかった。79年のTBSの年間平均視聴率はゴールデンタイム[※1]が18・4%、プライムタイム[※2]が16・4%とトップの座は揺らいでいない。しかし、金ドラの7月クールと10月クールは2期連続で平均視聴率が1桁、流石に3期連続となると枠の存続に関わってくる。鈴木プロデューサーには、視聴率の回復という命題が課せられていた。

鈴木は数年前には編成部のドラマ担当の経験もあり、視聴率競争の修羅場を知っている。五人の打ち合わせの席でこう言った。「今度は芥川賞みたいなのはやりませんよ。直木賞みたいなので行きましょうよ」。ザッハリッヒな物言いだったが狙いはよくわかった。鈴木の意を体した原作選びは続いたが、金ドラとしては「帯に短し、襷に長し」の状態が続いていた。

何回目かの打ち合わせの席で、鈴木プロデューサー自ら提案してきたのが『されど愛の日々に』(サンケイ出版)という小説だった。作者は阿木慎太郎(ペンネーム)、東宝のテレビ映画のプロデューサーで、テレビタレントの豊原ミツ子の夫君。二足の草鞋でかなりの作品を書いているとのことだった。脚本家、スタッフがすぐに原作を読んで検討に入った。

主人公の年齢が、三浦友和とは合わない。原作のイメージだと、数年前の田宮二郎などが嵌まりそうな、40歳前後のニヒルな主人公だった。原作者からは、フリーハンドで役柄もストーリー設定も変えて構わないとの内諾があるとのことで、脚本で大きく変えることとした。

しかし、銀行が舞台というのはそのままで、年齢を下げるだけでは、どうもストーリー展開が弾まない。

銀行を舞台にしたドラマだと『華麗なる一族』（2007年）と、『半沢直樹』（13年・20年）が今日では頭に浮かぶが、この79年秋の時点では、銀行の仕事内容は窓口業務以外は一般には馴染みが薄かった。三浦友和演じる主人公は、東大法学部卒のエリート銀行員。本人は知らないが、彼の勤務する銀行頭取の庶子という設定。そして副頭取の一人娘との婚約を控えている。

脚本家と制作スタッフとの打ち合わせで、初回を二人の婚約の宴から始めようという話が進んでいた。ただ、人物紹介で「頭取」とか「副頭取」とやっても、連ドラの立ち上がりとしてはどうなのかという疑問が私にはあった。そんな時、書店で一冊の本が目に留まった。現在手元にはなく確かめようもないのだが、『危機管理――ドキュメント 三菱銀行と猟銃人質事件の真実』（大蔵成行著）だったと思う。この年1月に起きた銀行強盗事件のドキュメントで、「危機管理」というタイトルが気になったのだ。事件は、行員と警官が二人ずつ射殺され、犯人もまた射殺されるという凄惨なものだったが、銀行側がこの事件にどう対応したかという視点で書かれていた。

危機対応が時間を追って詳細に記され、なるほど銀行組織とはこう動くのかということがよくわかった。私は、本を購入して鈴木プロデューサーと脚本家の山田信夫に渡した。「事件の対応で、銀行組織の動きがよくわかります。事件を初回に持って来られませんかね」と口添えた。翌日だったか、山田からさっそくリアクションがあった。

「これで行けるね」

全回のストーリーラインが、彼の中で大きく動き出しているのが手にとるようにわかった。

「化学反応」が起きていた。山田信夫には『乱れ雲』（東宝、67年、成瀬巳喜男監督の遺作となった）というオリジナル脚本がある。私も学生時代に観ていて好きな映画の一つだったが、この映画での加山雄三と司葉子の「許されぬ愛」の関係を、今回のドラマにもスライドできないかと、山田は考えているようだった。『乱れ雲』の人物関係を少し説明すると、若い商社マンの加山雄三が、会社の監督官庁である通産省のエリート官僚（土屋嘉男）を自動車事故で死なせてしまう。不可抗力の事故で法的には無罪であったが、加山は被害者宅を弔問に訪れる。未亡人たる司葉子は加山を拒絶し追い返す。その後、加山は本社勤務から青森に左遷され、司も亡き夫の実家から離籍され、故郷・十和田湖の生家に帰ることとなる。不幸に見舞われた二人に、やがて「許されぬ愛」が芽生えるが……。この「ありえない」関係が、成瀬監督の手腕と加山と司の好演で、辛くも成立していたラブ・ストーリーの佳篇だった。

80年前夜、タイトルは『突然の明日』に決まった

金曜ドラマ『突然の明日』のオープニング。朝明けの首都高速の車の流れにザ・スクエアの主題曲とタイトルが重なる

金ドラは、ドラマの骨格にメドが立ち、登場人物の役柄も固まってきた。一日おきくらいのペースで、脚本家とスタッフ（鈴木、井下、福田、市川）の五人で打ち合わせを続けた。いつもＴＢＳの敷地内にあった和風の「赤坂寮」という社内施設でやった。

打ち合わせの中で、原作にはない登場人物が生まれたり、それぞれの人物像も大きく変わることとなった。「本」と「テレビ」は別物と割り切ってくれる原作者でなければ、成立しなかった企画だった。

キャスティングは、主人公・三浦友和の婚約者役に池上季実子、のちの恋人役が古手川祐子。若手女優二人は同い年で、三浦の恋人

だった山口百恵と同じ59年生まれだった。

ビューティサロンを経営しているワーキングウーマンの母親役が加藤治子。三浦の勤務先の銀行頭取（で、実父）は二谷英明、副頭取が神山繁。二谷の妻（南風洋子）の兄で国立銀行（日銀とは名乗れないため）総裁役には、中村伸郎という隙のないキャスティング。中村は私自身憧れの俳優で、自らキャスティングをさせてもらった。古き良き時代の「インテリ」風を演じさせたら、この人の右に出る人はいない。今の時代に、この味わいを出せる俳優はいない。時代も人も変わってしまった。この頃（80年前後）は、明治生まれの俳優も健在だったし、戦争体験者の大正世代が、まだ社会の第一線にいた時代だ。

さて79年の秋以降、どんな出来事が世間をにぎわしていただろうか。10月7日の総選挙で、自民党が敗北し党内抗争が起きた。40日間、大平（正芳）首相の政権続投を巡って自民党内は揉めに揉めた。「暴れん坊」の異名のあった「ハマコー」（浜田幸一代議士）が、党ホールに築かれた椅子のバリケードを大声を上げながら撤去するさまは、何度もテレビニュースで流れた。一方、隣国韓国の政争は、パフォーマンスでは済まなかった。61年以来、軍事独裁政権を率いていた朴正熙大統領が、内輪の食事の席で側近のＫＣＩＡ金載圭部長に射殺されたのだ。

日韓の政治混乱の態様の差異は、ドラマの打ち合わせの席でも大いに議論が盛り上がった。山田信夫は『戦争と人間』の脚本家である。こういう話題になると話が尽きない。この流れから銀行舞台のドラマで、原作以上に政界とも繋がる金融界の黒幕の存在がより膨らんだ。金田龍之介が起用されレギュラー陣の一角を担うことになった。当時は、彼も50歳を超えたばかりの年齢だったが、「ヒール」を貫禄十分に演じた。

この頃の話題をもう一つ。久しぶりに、自宅でプロ野球・日本シリーズの放送を見た。「江夏の21球」という伝説が生まれたあの試合である。1年前には、『七刑』の収録スタジオで、日本シリーズ最終戦の「上田（利治）監督の1時間19分の猛抗議」をチラ見していたが、やはり「最終戦」には、何かが起きる。79年11月4日の「近鉄vs広島」戦でも9回裏にドラマが起きた。広島のリリーフ・エースの江夏豊が無死満塁というピンチを背負った。1点差のリードを守り初の日本一になれるかという、野球漫画さながらのシチュエーションが生まれた。

巨人一強時代はすでに去り、プロ野球も戦国時代の様相だった。かつてはBクラスの常連だった広島と近鉄がこの年、球史に残る日本シリーズを展開したのだ。翌年、『Number』創刊号（文藝春秋）に、ノンフィクション作家の山際淳司が「江夏の21球」を書いて球界の神話となった。

金ドラに話を戻そう。脚本執筆にとりかかる前に、「タイトル会議」が開かれた。原作小説は『されど愛の日々に』だが、ドラマのタイトルとしては訴求力が弱い。制作プロデューサーの大山が「『突然の明日』っていうのはどう?」と言った。初回に銀行強盗事件を入れることにポイントを置いた提案である。脚本家、スタッフから異論は出ず即決となった。タイトルも決まり、主要なキャストが決まって山田は初回の原稿執筆に入った。当時、彼の仕事場は世田谷区桜上水にあり、この後、私も何回も足を運ぶこととなった。

テレビドラマにおいて、「音楽」は極めて重要である。主題曲（歌）や、劇伴（BGM）双方が、ドラマの雰囲気を大きく左右する。「音楽」に無関心なプロデューサーやディレクターなどいないが、この番組にも「音楽」に強いこだわりを持つ人間が多かった。ディレクターの一人の福田新一が、「ちょっと使いたいヤツがいるんですがね」と名前を挙げたのが、フュージョンミュージックの新進グループ、ザ・スクエア（現T－スクエア）のリーダー安藤正容だった。スタッフでデモテープを聴くと、ドラマの世界にピッタリで、音楽担当も一発で決まった。主題曲には歌は用いず、インストゥルメンタルのみで押すこととなった。

11月の某日、主役の三浦友和と顔合わせを兼ねて食事会があった。すでに山口百恵の「恋人宣言」があり、この時の三浦は俳優としても、一人の男としても「オーラ」のようなものを湛えていた。ドラマの役は、婚約を控えたエリート銀行マンだったが、三浦も人気の頂点にあった百恵との「婚約」を控えていた。その席で、私は『突然の明日』の成功を確信した。

山田信夫の初回の台本が上がった。「銀行強盗事件」を、初回の中盤以降に巧みに盛り込みクライマックスに繋いでいる。誰が見ても、1月に起きた大事件をモデルにしているのは明らかだが、その犯人が主役のドラマでもないし、際物めいた「再現ドラマ」を作るわけではない。あくまでも三浦友和が主演のドラマでなくてはならない。その観点から見ても、さすが練達のライターが仕上げた脚本だと読めた。

重要なキャスティングが一つ残っていた。「犯人」役である。鈴木プロデューサーと打ち合わせを重ね、何人かリスト・アッ

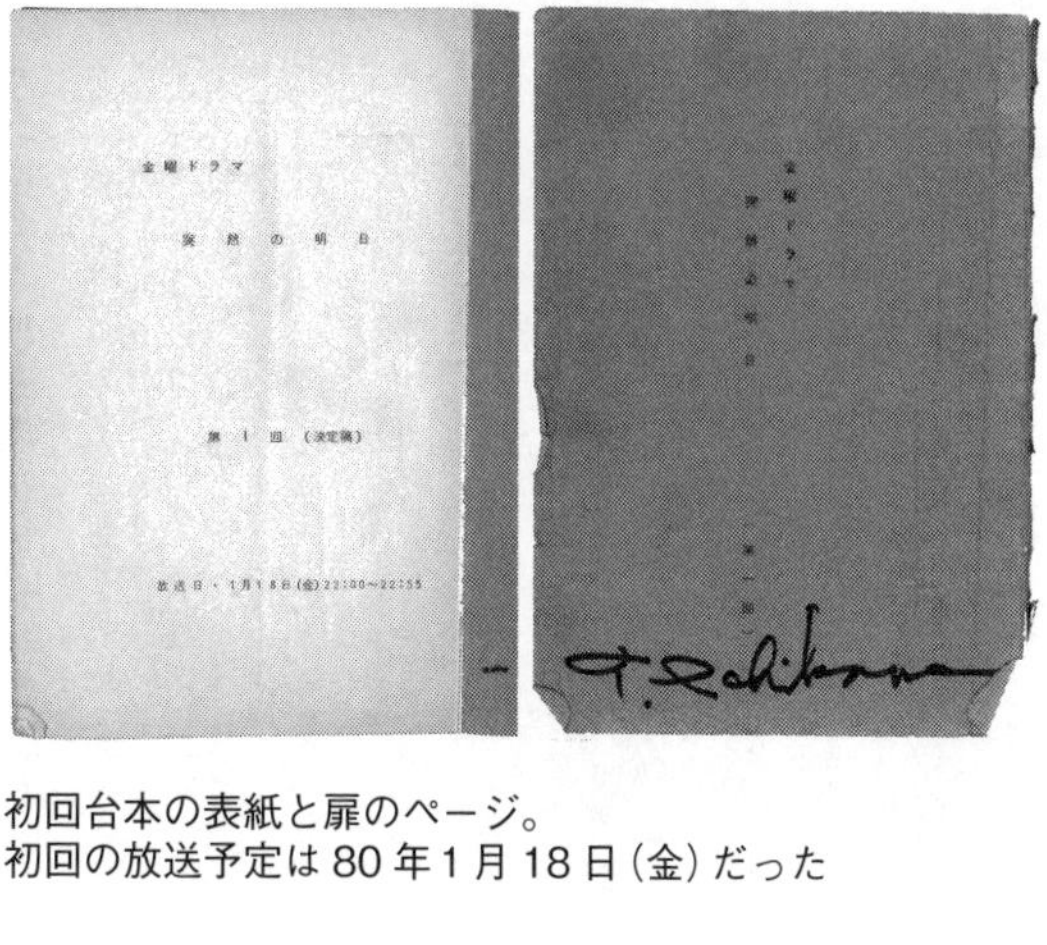

初回台本の表紙と扉のページ。
初回の放送予定は80年1月18日（金）だった

79年10月に山口百恵が「恋人宣言」。婚約直前の三浦友和には俳優としてのオーラも漂っていた（初回の出演シーンより）

プしたが、私の一押しは、風間杜夫だった。風間は私と同年生まれ。児童劇団にいた少年時代から少年雑誌の表紙モデルなどで、団塊世代には馴染みのある存在だった。2年前の『七人の刑事』にもゲスト出演していたが、この頃は、つかこうへいの演劇に欠かせない存在となっていた。つかとの芝居で身につけた表現の振幅の大きさが、「正気」から「狂気」に急変する「犯人」役にぴったりと思われた。すぐに交渉し、出演が決まった。その他、キャスティングもほぼ決まり、ディレクターの演出準備が急ピッチで進む。1・2回が井下靖央、3・4回が福田新一というローテーションである。鈴木プロデューサーからは、「今回の金ドラでの（君の）演出はないので、そのつもりで」と私は最初に言われていた。このドラマの仕事自体が面白かったので私には「不満」がなかった。

今、考えると不思議である。半年前、寸前でチャンスを逃していたのに、なぜ演出デビューを焦らなかったのか。しかし……80年3月に、私はこの『突然の明日』で、突然のデビューを果たすこととなる。次回は、そのいきさつを書く。

※1　19～22時の3時間を指す
※2　19～23時の4時間を指す

第4話　演出デビュー、脚本も

ディレクターの「聖域」、その「秘かな愉しみ」

1979年という年が時代の大きな節目だったというのは、今日では通説となっている。しかし、その時私自身も、そういう実感を抱いていたかというと、記憶は定かでない。当面の仕事で忙殺されている人間とは、そうしたものだろう。12月にはソ連のアフガニスタン侵攻という世界史的出来事が起きているが、その当時、私は翌年1月から放送が始まる金曜ドラマ『突然の明日』の仕事にかかり切りだった。

入社3年目の松田幸雄がスタッフに加わり、AP業務はいささか軽減したが、ADも兼務していたので多忙の極みだった。どの番組でも制作会社のADがチームを組んでスタッフに入るが、金曜ドラマは泉放送だった。彼らにしても「金ドラ」の仕事は、ひとつの「プライド」となっていたのだろう。ロケ・ハン担当の泉放送のADが、初回のクライマックス・シーンとなる事件が起きる銀行支店に見立てられる、中規模ビルを見つけてきた。場所は南青山であった。

山田信夫の脚本では吉祥寺支店だったのだが、撮影条件を考えると、ここ以上の物件はなかった。井下靖央ディレクターも気に入り、主人公・三浦友和は吉祥寺から南青山に「転勤」となった。井下は、この時40歳。ディレクターとして最も充実している時期である。テレビディレクターという仕事の特性もあるのだろうが、40歳前後は正に「旬」であるというのが、放送の世界での「常識」であった（今はどうなのだろうか?）。その時、すでに井下はＴＢＳ屈指のドラマ演出家の一人だった。

撮影開始は、12月16日。都内各所のロケーション撮影から始まった。

現在は撮影許可が下りないが、三浦友和が通勤のため、成城学園前駅のホームから小田急線の電車に乗り込むシーンを撮影した。ドラマの伏線として、のちの恋人役の古手川祐子が経堂駅から乗り込み、三浦と乗り合わせるところも撮った（車内はもちろんスタジオで撮ったが）。

通常はロケーション・リハーサル・スタジオと曜日は固定されるが、初回は番組の切り替わり時期となり、不定期なスケジュールとなる。しかもスケジュール多忙な俳優が多数出演していたので、1時間のドラマだったが撮影はのべ6日間を要した。銀行支店内のスタジオ撮影は初回のヤマ場だったが、この収録が12月23日。撮影終了は12月28日であった。

撮影再開は翌80年の1月9日だったが、その間に初回の編集と録音と音入れ作業（ＭＡＶ）をやらなければならない。

この時代、まだ緑山スタジオはない。赤坂が仕事のすべての作業場であった。編集室もダビングルームも赤坂局舎内にあった。ディレクターは、限られたスタッフと「秘かな愉しみ」に耽るのである。作業の進み具合を確かめに、陣中見舞いを持ってＰやＡＰが覗くのだが、そこはやはりディレクターの「聖域」である。私もディレクター時代、この工程が結構好きだった。

初回のポスト・プロ（後作業）が進む中、鈴木淳生プロデューサーは脚本家・山田信夫との打ち合わせに赴く。私も同行する。この打ち合わせが、また愉しいものであった。

桜上水にあった仕事場で、打ち合わせが興にのると夕食時に至り、山田夫人の手料理の「おもてなし」を受けたことも一再ならずあった。

前回にも書いたように、ドラマの成否は主演の三浦と、彼に射殺された強盗犯人の妹役の古手川祐子の間に「恋愛」関係が成立しうるか、にかかっていた。

現実には起こりえないこと、つまりは「大ウソ」をフィクション・ドラマでは描くことができる。しかし細部では「ウソ」は禁物である（「神は細部に宿る」）。このため、三浦にはエリート銀行員らしさが、古手川にはスーパーマーケットの女性店員らしさがより強く求められるのだった。この二人の「恋愛」については終始、山田信夫は自信を持っていた。「大丈夫！　僕は『乱れ雲』(※)を書いてるんだから」という言葉を何回か聞かされた。

1回目のドラマが仕上がった。

中盤以降の、銀行に強盗が入ってから、ラストに犯人が射殺されるまでの運びが、ドラマの出来を決定するが、さすがに井下靖央演出、間然するところのない出来である。

番組宣伝で、視聴率に結びつけなくてはいけない。予告スポット作りは私の仕事だった。「80年注目のバイオレンス・ロマン！」と、いささか気負った惹句をテロップで入れた。

そして、放送当日（1月18日）は新聞各紙にラ・テ欄の批評・紹介コラムに掲載してもらわなければならない。一般紙、スポーツ紙の

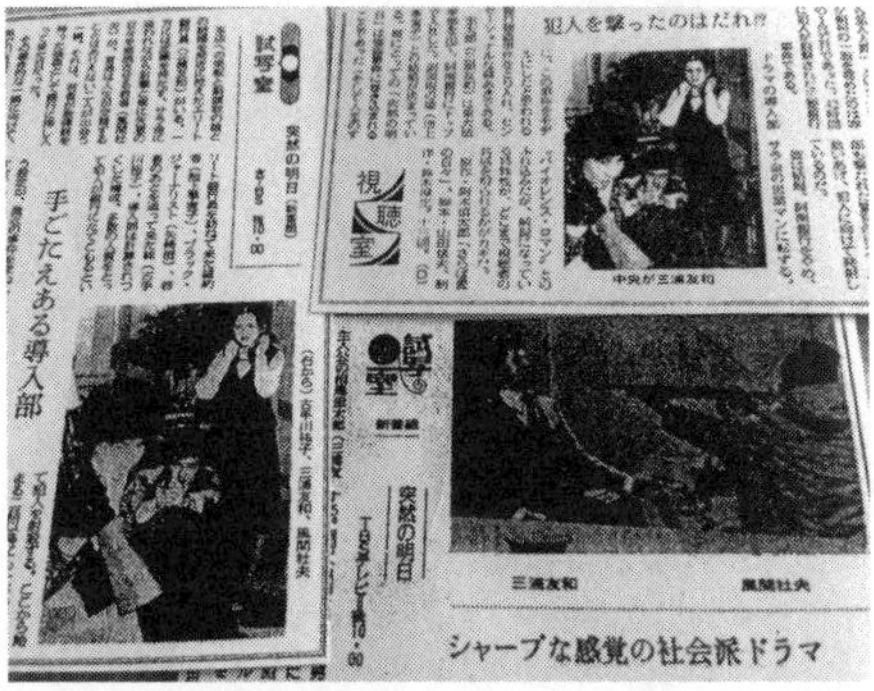
犯人を撃ったのはだれ!?
手ごたえある導入部
シャープな感覚の社会派ドラマ

朝日・毎日・讀賣の初回放送日の紙面。三紙の揃い踏みは注目度の高さの表れだった

記者を招いて、局内の試写室で観てもらうというのが当時の慣行だった。今では考えられないほどの影響力を新聞のラ・テ欄コラムは持っていたのである。注目度は高く、朝日、毎日、讀賣、三大紙すべてが取り上げた。

「……導入部は計算されつくした構成。多数の人質をとって犯人が銀行に立てこもるという設定が、最近の事件をまねしすぎているために、逆にフィクションとしての迫力が希薄になっているという皮肉もあるが、一話だけでもドラマは十分な手ごたえがある。……二話以降にも一応の期待をつなぐ作品。」（朝日新聞「試写室」）

「……ドラマの導入部に、この事件をモデルにしたと思われる銀行強盗事件をとり入れ、センセーショナルな幕あきである。……〝バイオレンス・ロマン〟とのふれ込みだが、前提になっている特殊性が、どこまで視聴者の共感を得られるかがカギだ。」（毎日新聞「視聴室」）

「……第一回のヤマ場はセットいっぱいに銀行内部を作った強盗シーン。……大阪での銀行猟銃事件をそのまま再現した感じだ。演出（井下靖央）の感覚がシャープなので、迫力、緊張感はある。社会派ドラマとしての問題提示はまだ導入部の段階。」（讀賣新聞「試写室」）

そして初回の放送を迎えた。どこでオンエアを観たのかの記憶がない。3回目の収録週だったので、あるいはスタジオ作業の最中だったかも知れない。

気になる視聴率の発表は週明けの21日の月曜日だった。14・7％と記憶している。前クールの「金ドラ」の最終回から倍増していた。鈴木プロデューサーは「失地回復」というミッションを、とりあえず果たしたことになる。好発進ということで、社内各所と収録現場は活気づいた。視聴率という数字が、「現場」にとって最高の「ビタミン剤」なのは、当時も現在も変わらないことだろう。

視聴率の点でいうと、この時期（79年10月〜80年3月）放送されていた『3年B組金八先生』（プロデューサーは柳井満）に、触れないわけにはいかない。『金八』は、あの『七人の刑事』の後番組だった。『七刑』が視聴率で苦戦したあとのため、社内外では、それほど数字を期待されたわけではなかった。「苦戦している時間帯（金曜20時）だし、二ケタ取ってくれればよい。正面から教育問題に取り組むドラマだし、意義はある」が社内の受け止め方だった。「金曜8時だから、役名を金八にと岩崎（嘉一局次長〈当時〉）さんが言ったらしい」ということが話題になる程度だった。しかしフタを開けてみると、この『金八』が「大化け」したのだ。10月26日の初回で15％を超えて発進（16・6％、初回で『七刑』最終回の倍以上の数字を取った）。タブーにとらわれず中学3年生の抱える問題を正面から描く小山内美江子の脚本と武田鉄矢の熱演、それにアイドル・タレント人気も加わり、折り返しの80年1月に入ると、毎回20％を超えるようになっていた。難攻不落と見られていたNTV『太陽にほえろ！』を遂に捉えつつあった。

『突然の明日』のディレクターのローテーションは、井下靖央と福田新一が2本ずつ担当することになっていた。先発ディレクターが番組の基調を作り、次のディレクターはそのトーンを踏襲するのが基本だが、やはり個性の違いは出るものである。

福田は、主題曲と劇伴に新進グループ、ザ・スクエア（現T‐スクエア）を大抜擢したほどの音楽に「一家言」持つディレクターだった。荒井由実の『あの日にかえりたい』を、ドラマ『家庭の秘密』の主題歌として書かせたのは福田である。その縁で荒井由実と松任谷正隆の結婚の媒酌人を務めたのは福田夫妻だった。その福田が、第3回と第4回のディレクターである。池上季実子扮する三浦友和の婚約者である銀行副頭取令嬢が、事件の余波で三浦との仲が破綻の危機に瀕するなか、自宅のグランドピアノを奏でるシーンがあった。山田の脚本では、「牛場和子（池上季実子）が、ピアノを夢中で弾いている」と書かれている。音楽にこだわりのない人間であれば「定番」のショパンのポロネーズやエチュードを弾かせるところだが、福田がここで択んだのは、ラフマニノフの前奏曲Op.3-2「鐘」だった。某音大の女子学生の吹き替えであったが、この選曲は池上季実子演ずる和子の心情にぴったり嵌まっていた。

第2話以降の展開も、運びに緩みはなかった。視聴率も13〜14%で安定飛行に入っていた。中盤以降15%超えも充分期待が持てる状態だった。

某日某所、一人で昼食に出かけたとんかつ屋で、たまたま出会った演出部長の森伊千雄に声をかけられた。「市川ちゃん、『突然の明日』って面白いね。今、ボクが毎週楽しみにしてるの『金八』と金ドラよ」単なる「社交辞令」ではなく本心からの感想と表情から読みとれた。直属の上司からの言葉だけに、素直に嬉しかったし、手ごたえを感じた。

ドラマ中盤に入った5回目が終わった頃か、鈴木プロデューサーに脚本家・山田信夫から「次回から助っ人を入れたい」との申し出があった。山田は、本来映画脚本家である。一作一本というスタイルに馴染んでいる。連続13本というテレビドラマの長丁場だと、しばしば山田は親しい脚本家に「助っ人」を頼んでいたようだ。「ホンの構成には責任を持つ。毎回の構成打ち合わせにはこれからも出るから」との山田の意向を鈴木以下スタッフも受け入れざるを得なかった。6回目は山田が「弟子」の渋谷正行を推薦、ピンチ・ヒッターを勤めた。さて7回目以降は？　ディレクターの井下が鈴木に提案した。「昔、僕のドラマのアシスタントをやっていた男がいて。若い頃フランスに1年行ってたんだけど、戻って来て木下（恵介）さんの所で修業して、脚本を書きたいと言ってるんだ」と名前を挙げた。それが黒土三男だった。すでにテレビ映画の『コメットさん』（大場久美子主演版、78年6月～79年9月、ＴＢＳ）の脚本を書いていた。47年の早生まれ。団塊世代の33歳だった。

７・８話の福田ディレクターの回から黒土がリリーフ登板となる。のちに黒土は脚本家として大成するが、スタジオ・ドラマでのデビュー作は『突然の明日』になる。井下が懇意ということで、黒土の脚本のフォローもするということだったろうか。そうした流れの中で、突然、私に演出デビューの話が持ち上がって来る。

制作の大山勝美と鈴木淳生の相談の結果だったと思う。鈴木プロデューサーから「君に第９回を撮ってもらおうと思う」と言われ、〈よし！　遂に来たか〉と胸が高鳴ったが、抑え目に「ぜひ、やらせて下さい」と応じた。「脚本家は誰が？」と尋ねると、大山が「市川ちゃん、君が書いたら」と言われた。毎回、脚本家との打ち合わせの席で、かなりストーリーのアイデアは出していたが、さすがに少し不安も過ぎる。「君が書いたものを、山田さんに直してもらえばいいよ」と鈴木プロデューサーに言われ、覚悟を決めた。山田は、第６回以降はスーパーヴァイザーの役回りで、クレジット上は共同脚本の形となった（第９回は山田のみ）。

「すべては神のお導きだ……」と名優は呟く

９回目は全13回の中でも、ヤマ場に差し掛かる回だった。山田の仕事場で鈴木プロデューサーと構成の打ち合わせに入った。

脚本家・山田信夫の「狙い」通り、三浦友和と古手川祐子の「許されぬ愛」が成就されるか、鍵となる回でもあった。また、三浦の別れた婚約者だった池上季実子の妊娠が発覚する回でもあった。8回目までの展開で、山田も確信を持っていた。

「大丈夫だ。いけるよ、『乱れ雲』」

三浦扮するエリート行員が、「正当防衛」とはいえ、銀行強盗を射殺した。銀行強盗に扮したのが風間杜夫、その妹役が古手川祐子である。2時間前後の映画脚本だと、きめ細かい心理変化を丹念に描くのは大変だが、連続のテレビドラマだと周到に伏線を張れる。視聴者サイドからは、三浦と古手川の恋模様を期待する声も届き始めていた。

一方、「社会派」ドラマとして期待する向きも多かった。同族経営の「ワンマン銀行」を舞台に、政財界の思惑や「闇の権力者」の政商なども絡む、山田信夫の得意な世界のドラマである。頭取・二谷英明の婿養子・有川博が出張先のフランスで航空機事故で死亡。その報せが届くところから、物語を始めることにした。

一話分の丹念な打ち合わせのあと、初稿を自ら書き上げることになった。1週間後に、山田に手を入れてもらう手順である。

200字100枚余の原稿を、1週間足らずで書き上げた。

桜上水の仕事場で山田信夫に読んでもらった。中盤までは、あまり「朱」は入らなかったが、以降は赤ペンの書き直しが増え、半分近く台詞を直された。父・二谷英明と息子・三浦友和の対決シーンでは、やはりダイアローグの迫力が違う。

日常会話に引き摺られ、「劇」的な台詞はなかなか素人には書けない。

映画『華麗なる一族』(74年、東宝)でも、佐分利信と仲代達矢の「父」と「子」の対立を見事に描いた脚本家である。こうしたシーンは山田信夫の真骨頂である。全体がブラッシュアップされ、遂に私がデビューする第9回の脚本ができた。

初日の「台本読み」とリハーサル。若いディレクターには一番緊張を強いられる場面でもある。三浦友和、池上季実子、古手川祐子、矢崎滋、神山繁、北村昌子、金田龍之介、南風洋子、三浦真弓、宇津宮雅代、そして二谷英明といったレギュラー陣に、この回は私がファンでもあったベテラン俳優の中村伸郎までが、リハーサル室に顔を揃えた。

国立銀行総裁（中村伸郎）は祭壇に献花する（『突然の明日』第9回より）

忘れ難い、老優との「本読み」でのやりとりを一つ。

18シーン。頭取の婿養子の仮通夜がカトリック形式で行なわれ、頭取夫人の兄でもある国立銀行総裁（中村伸郎）も列席している。そこで、葬儀委員長たる副頭取（神山繁）がお追従めいた声を掛ける。

副頭取「（慇懃に）総裁。このたびは、とんだご心労をおかけいたしまして……」

総裁「運命だよ、運命。すべては神のお導きだ……」

このセリフに、名優から私に質問が発せられた。

中村「すべては神のお導きだ……とあるけど、ボクは神を信じる立場で言っていいの？」

私「そうです。総裁は神を信じています。クリスチャンということで結構です」

中村「ああ、そう」

時ならぬ「神学」論争！　さすが中村伸郎。まあ「新人」演出家を試してやろうという思いだったのだろうが、私は、このやりとりで改めて俳優に感服したのであった。

撮影の日々については話を端折る。ただただ充実した、「夢」のような日々だった。


オンエアは、80年3月14日のもちろん金曜日夜10時である。９回目のサブタイトルは「彼の子供を生みます」。

私が初稿を書いた時は「愛の黙示録」と気取ったサブタイイを付けたのだが（前年の映画『地獄の黙示録』の捩りだったのはご愛敬）、プロデューサーに却下された。鈴木は、毎回のサブタイトルを局次長の岩崎に頼んでいた。すでに書いたように、岩崎は演出部内でもきっての熱血漢、情熱派の男で、視聴者心理を探ることにも長けている。つまり「茶の間」の温度というものがわかっているのだ（さすが橋田壽賀子の夫君である）。ちなみに8回までのサブタイトルのいくつかを列記すると、「極限抱擁」（第2回）、「血族の証拠を」（第3回）、「私を買って下さい」（第4回）、「父は必要ではない」（第5回）、「結婚できない女」（第7回）ｅｔｃ．との如く、直截そのものである。

そうして、放送された第9回。どの位の視聴率が取れただろうかと月曜朝、出社すると、これまでの最高の数字が出ていた。16・7％！　15％の壁を超えた。正にビギナーズ・ラックである。話が佳境に差し掛かっていたこともあろうが、あの「彼の子供を生みます」というサブタイトルの効用も間違いなくあった。後年、プロデューサーとなって私はサブタイトルに頭を捻ることになったが、この時の体験から学んだところが大きい。

その後、『突然の明日』は15%を割ることはなかった。福田ディレクターの撮った12回目が最高の18・5%。そして最終回もフジが黒澤明の『用心棒』のテレビ初放映をぶつけてきたが、16%台に踏みとどまり、有終の美を飾った。故あって、終盤のストーリーはここでは書かないが、衝撃のラスト・シーンは今や「伝説」と化している(演出の井下靖央と脚本の黒土三男が徹夜で練り上げたラストである)。

全回平均が14・7%もしくは14・8%だったと思う。鈴木淳生プロデューサーは見事にミッションを果たした。

最終回は4月11日。主演の三浦友和は3月7日(第8回放送日)に山口百恵との婚約を発表していた。

いざ、『関ヶ原』へ……

『突然の明日』が終わると私と松田幸雄は、引き続き金曜ドラマ『港町純情シネマ』(80年4~7月)のスタッフとなった。まったく気分を変える暇もなく、180度テイストの異なるテレビドラマに入った。

脚本は、市川森一のオリジナルで、作家の個性が前面に出たドラマである。語り口が独特で、少し観れば見巧者には「ああこれは○○のドラマだな」とわかる類のドラマである。強い「作家性」を感じさせる作家というと、現在は宮藤官九郎や三谷幸喜といった名前が浮かぶが、市川はそういった作風を生み出す「元祖」ともいうべき脚本家である。40歳手前の年齢(確か39歳)だったが、すでに「大家」の雰囲気を持っていた。

プロデューサーが龍至政美、ディレクターが高橋一郎と前川英樹、そして私も1本撮れるということだった。映画の名作をモチーフに、銚子の映画館を経営する父と息子が織り成すドラマで、息子役の西田敏行が主人公だった。キャンディーズ解散から1年、「ランちゃん」こと伊藤蘭が出演するというのも大きな話題だった。市川森一にとっては2年後の名作『淋しいのはお前だけじゃない』（TBS）の先駆となるドラマで、脚本家個人として芸術選奨新人賞を受賞している。

私のこのドラマでの思い出は、やはり自分が演出した第11回「私は泣いています」に尽きる。ストーリーを詳述するゆとりはないが、ゲスト出演した風吹ジュンの演技が忘れ難い。地元のヤクザ（柴俊夫）の愛人で、少し訳ありそうなバー「望郷」のママ役を好演した。今や名女優の域に達しつつあるが、当時から独特の存在感を放つ女優だった。『港町』も13回の連続で視聴率的には苦戦したが、作品としての評価は非常に高かった。

場末のバー「望郷」のママ（風吹ジュン）。謎めいた雰囲気が漂う（『港町純情シネマ』第11回より）

そして、次の企画は向田邦子の『幸福』であった。森（伊千雄）演出部長から「次の金ドラにも入って。今の感じで1本位は撮ってもらえると思うけどいいよね」と言われた。次は「向田ドラマ」ができると、シフトの幸運を感じていた。番組に入る前、少し時間ができたので渋谷西武の書店を覗いた。「セゾン文化」の始まる頃で、本の品揃えに定評があった。本を買い駅に向かうと、駅前のスクランブル交差点で「金ドラ」の制作プロデューサーの大山勝美とバッタリ出会った。

「やあ市川ちゃん、ちょうど良かった。『関ヶ原』（のAD）に入ってよ。ボク、これから東武ホテル。ギョウ（早坂暁）さんの所に行くのよ。じゃ、ヨロシクね」と、風のように大山は去って行った。一瞬にしてシフト替えである。『関ヶ原』とは、TBS創立30周年記念企画として、翌81年正月3夜にわたって放送される7時間ドラマで、司馬遼太郎の原作を早坂暁が脚本化することになっていたのだ。TBSが巨費を投じて制作する大型企画で、プロデューサーが大山勝美だった。

私にとっても疾風怒濤のような、『関ヶ原』の日々がこのあと始まることになる。

※自動車事故の加害者（加山雄三）と被害者（土屋嘉男）の妻（司葉子）との間に芽生えた「許されぬ愛」を描く、成瀬巳喜男監督の遺作。脚本は山田信夫（67年、東宝）

第5話　疾風怒濤の『関ヶ原』

「世界のミフネ」のストイシズム

1981（昭和56）年にTBSは創立30周年を迎えていた。その正月の特別企画として制作されたのが『関ヶ原』である。言わずと知れた司馬遼太郎の歴史小説が原作。このドラマ放送のビフォー＆アフターについて書く。

前回も触れたが、前年7月、渋谷駅前のスクランブル交差点で、大山勝美プロデューサーとばったり出会った際、いきなり『関ヶ原』のADとしてスタッフ入りを命じられた。

放送日は決まっていて、81年の正月2・3・4日。三夜で7時間の超大作である。まあスタッフとなったら、年内の休日はもうないなと覚悟した（そして、事実そうなった）。

TBSは視聴率の首位を独走していて、創立30年の記念番組として、そして「ドラマのTBS」の看板にふさわしい企画として、この大作に取り組むことになった。プロデューサーとして、その指揮を執るのが大山勝美だった。大山には十数年前の苦い思い出があった。「僕は『真田幸村』（66～67年）っていう、民放で制作費1話1000万円っていう当時破格の大型時代劇を、映画やNHKの「大河」に負けないものをってやったんだけど、お金はかかるわ、時間はかかる、組合は騒ぐ、視聴率は振るわない。で、会社は怒って、52本のうちの三十何本目かで降ろされちゃって」(『調査情報』510号)と後年述懐したが、『真田幸村』のリベンジを、の思いが『関ヶ原』に繋がっていた。

TBSは77年から日立グループの単独提供で、3時間ドラマの番組枠を年1、2回ペースで放送していた。大山も2作目の伊藤博文を主人公にした『風が燃えた』(78年)以降、長時間ドラマ枠を何作か担当していた。この時代、すでに平日放送の連続ドラマは女性視聴者が中心の番組となっていた。残業が当たり前の時代、21時とか22時から始まる連続ドラマを、サラリーマンが毎週観られないのは当然だった。そんな男性視聴者をもターゲットにしたのが3時間ドラマで、一夜だけなら早く帰宅して観てくれるだろうという思惑だった。その目論見は見事に当たり、毎作30%前後の数字を稼いでいたのだ。こうした経験を生かしつつ、創立30周年に当たる81年の正月に、7時間の大作ドラマを放送する。それが『関ヶ原』というわけである。

演出を担当するのは、第1話(2時間)と第3話(3時間)が高橋一郎、第2話(2時間)が鴨下信一。大山は(演出したいという意向も持っていたが)プロデューサーに専念する。TBSでは、70年代まではプロデューサーと演出の「二刀流」は、それほど珍しくなかった。自ら企画したドラマは、自分で演出したいと思うのは自然な感情だが、80年代に入りプロデューサー業務が煩雑化するにつれ、「兼務」は事実上不可能になった。

『関ヶ原』は、前例のない大型企画のためスタッフも大世帯であった。TBS敷地内の鉄塔(旧テレビ塔)下に、プレハブ棟のスタッフルームと仮のリハーサル室が設けられた。以後、そこを砦としてスタッフは各所に「出陣」することになった。

司馬遼太郎の原作本は文庫（新潮社）（上）・（中）・（下）3冊のボリュームである。これを脚本家の早坂暁がどう脚色するか、原作をどう「料理」してくるのか。早坂はありきたりの脚本は決して書いてはこない、そして名うての「遅筆」である。撮りが迫りドラマの「全体像」は司馬本に頼るしかなく、見切り発車で制作準備がスタートすることになった。

キャスティングは、正にオール・スター。そのお陰で、後述するが主要な役が勢揃いする、天正遣欧少年使節の「南蛮音楽」を御前演奏するシーンの撮影に苦心した。ドラマの全体像を語るには、数百枚の紙数が必要なため、ここでは極私的『関ヶ原』戦記（!?）に留めたい。私はADとして、早坂暁脚本のドラマに、78年、79年、80年と3年連続で関わることになった。79年の『七人の軍隊』は脚本が上がらず幻の作品に終わったが、『関ヶ原』はいつ上がってくるのか。はたして、最初のリハーサルは8月15日だったが1話分も上がってはいなかった。スケジュール上、撮影の早いシーンから、「部分稿」で稽古を始めた。「鉄人」の異名を持つ高橋一郎ディレクターは、「慌てず」「騒がず」、当日現れた加藤剛、松坂慶子、三船敏郎といった錚々たる顔ぶれの俳優陣と入念な稽古を行なった。

8月某日、撮影はロケーションから始まる。島左近に扮する三船敏郎が、病に倒れた秀吉（宇野重吉）の容態の見立てを岳父の名医・北庵法印（大滝秀治）に訊くため、奈良に赴くが、往復の途次、何者かに命を狙われるシーンだった。馬の乗りこなし、刺客との大立ち回り、大スター三船はまことに見事に演じてみせた。カットの間の照明待ちで、スタッフが用意した椅子を勧めても、「いや、結構」と決して座らない。装束を付けたまま身じろぎもせず、じっと立って時を待つ。その姿勢に打たれた。これが「世界のミフネ」なのだと。のちの「関ヶ原の合戦シーン」でも、抜群の存在感を見せたのもやはり三船敏郎だった。

名優たちの「一期一会」、『関ヶ原』の一番長い日

撮影は9月に入ると本格化し、第3話でのヤマ場となる合戦シーンが福島県の原町で行なわれることも固まった。10月下旬予定で準備が進む。ロケ担当のチーフは、大島渚監督の映画スタッフでもあった上野堯。

『関ヶ原』は、第1話で太閤秀吉の死と後継をめぐる家康と三成の駆け引き、第2話で淀君・北政所・細川ガラシャ・出雲の阿国など女たちの人間模様、そして第3話が関ヶ原の合戦とその後、が構成の大枠であった。ディレクターの高橋は、「男」のドラマを撮るのが得意とされ、鴨下は東芝日曜劇場で腕を磨いた「女」のドラマの名手でもあり、第1・3話＝高橋、第2話＝鴨下という分担は、それなりに妥当なものだった。私は、ADとして主に高橋Dの第1・3話のフォローに当たった。

ＴＢＳ別館Ｈスタジオに設けられた「伏見城 大広間」での少年使節の演奏シーン。正面奥の秀吉（宇野重吉）の右側には家康（森繁久彌）、三成（加藤剛）らが、また秀吉の左側には北政所（杉村春子）、淀君（三田佳子）が控えている

ありあまる思い出があるが、ここでは2つだけ記しておこう。

第1話「夢のまた夢」の冒頭シーン。司馬の原作からは離れて、早坂は伏見城で太閤秀吉の御前で、天正遣欧少年使節が南蛮音楽の演奏を披露するというシーンを書いてきた。秀吉（宇野重吉）以下、家康（森繁久彌）、前田利家（辰巳柳太郎）ら五大老や石田三成（加藤剛）ら五奉行をはじめとする家臣たち、そして北政所（杉村春子）、淀君（三田佳子）、初芽（松坂慶子）など女性たちも顔を揃える「顔見世」シーンである。史実では、秀吉が少年使節に謁見したのは1591年聚楽第でのこと、南蛮音楽の演奏もこの時に行なわれている。そこを早坂は1598年の伏見城に置き換え、少年使節に御前演奏をさせ、しかもその場で秀吉を発作で倒れさせる。騒然となる大広間に集まった家臣一同。7時間ドラマの鮮やかな主題の提示である。このほぼ「全員集合」のシーン。俳優のスケジュール調整が困難を極めた。スケジュール担当は岩本貞巳。8月中旬から12月中旬の4カ月間、全員集合が可能な日は1日もなかった。しかし、実際にはこのシーンの撮影は行なわれた。どんなマジックが働いたのか？

実はスケジュール上のネックは、北政所を演じる杉村春子にあった。杉村はこの年11月、名古屋の中日劇場で、杉村の十八番ともいうべき『華岡青洲の妻』の舞台公演中だったのだ。大山は、それを承知で北政所の出演を依頼した。他のシーンは、ともかく「全員集合」のこの場面だけはスケジュールの調整をつけなければならない。大山はどうしたか？　名古屋の舞台が跳ねてから、赤坂のスタジオに入ってもらいたいと文学座（杉村所属）に申し入れたのだ！　そして、杉村春子本人はなんと夜中の零時からのスタジオ撮影にOKを出したのだ。見上げた女優魂という他ない。

その異例の収録は、11月9日、日曜日の夜半から行なわれた。当時TBSドラマのスタジオ収録は、24

時がリミットの内規があった。70年代半ば、労務問題もあり局制作のドラマには、こうした規制が作られた。それをこの日に限って除外したのだ。

高齢の俳優も多かった。辰巳柳太郎75歳、杉村春子74歳、森繁久彌67歳、宇野重吉66歳だった。しかし俳優陣からは、どこからも不平・不満は出なかった。空前絶後の顔ぶれで撮るシーンだから仕方がないという暗黙の了解があったのだろう。

このシーンの鍵となる、少年使節が演奏する南蛮音楽のリサーチと、奏者の調達が私の仕事だった。中世・ルネサンス音楽研究の第一人者の皆川達夫（当時・立教大教授）に、教えを乞うた。台本内容を説明し、どんな曲を演奏すべきか尋ねると、「ジョスカン・デ・プレの『皇帝の歌』でしょうね」と皆川は答えた。15～16世紀に活躍したフランスの作曲家で、ルイ12世の宮廷楽団にもいたことがあるとのこと。少年使節が訪欧した時には、すでに亡くなってはいたが、楽曲はよく演奏されていたという。

「先生、それを演奏できる人たちはいますか？」と尋ねると、「武蔵野音大の講師たちの、コレギウム・ミカエルムという古楽器の演奏グループがありますよ」と教えてくれた。さっそくリーダーの永田仁に連絡し、出演協力を取り付けた。古楽器も持参してもらうこととなった。原マルチノ（田中健）ら少年使節と、随員ヴァリニャーノの五人の演奏の吹き替えをお願いすることとなった。使用される古楽器はフラウタ、ヴィオラ、クラヴォ、レベックなどである。コレギウム・ミカエルムのメンバーには、撮影開始が深夜からとはとても言えず、夜の8時位からとしてスタジオ入りしてもらったため「いつまで待たせるのか」と、何度もお小言を頂戴した。先方は翌日午前から予定を入れていると聞いていたため、日が替わってからの撮影開始とは言えなかったのである。今思い出しても、冷や汗ものの接遇であった。

10日となった午前零時に、杉村春子が名古屋から到着。スタジオで現場リハーサルが始まった。当然、事前のリハーサルはできないため、キャストもスタッフもこの現場で段取りを確認しなければならなかった。カメラリハーサルが始まったのは、午前1時近かったと記憶する。そうして正味3分半程の撮影が終わったのは朝6時。杉村春子は撮影が終了するや否や、また手配した車に乗って名古屋へUターンした。夜が白々と明けていた。「『関ヶ原』の一番長い日」がこうして終わった。

福島県「飯舘村」が、「関ヶ原」となった

肝心の合戦シーン（約30分）の撮影について書くこととしよう。史実としては東西20万の軍勢がぶつかっている。この戦いのスケール感をどう見せるのか。「合戦」のロケはどこでやるのか。ロケ担当が全国から選んだのは福島県相馬郡飯舘村大火山牧草団地だった。そう飯舘村は「3・11」の原発事故で、避難を強いられた地域である。そこに118ヘクタールの牧草団地があったのだ。土地だけなら北海道も候補となるが、撮影時期は晩秋であり、気候条件からも「相馬」はギリギリの北限だった。この地の最大のメリットは、毎年「夏の風物詩」ともいえる「相馬野馬追」が行なわれていることだ。つまり、馬も人間も現地調達ができる。東京からは擬斗グループ「若駒」のメンバー50名が同行したが、一般エキストラは連れていっても鎧を付けて馬を乗りこなせる人はそうはいない。地元の人なら、それが可能。結局、多くの村民が、愛馬とともにエキストラとして出演してくれることとなった。

撮影部隊本体が現場入りしたのは10月21日。読売ジャイアンツの長嶋茂雄監督解任発表の当日だ。野球好きだった高橋ディレクターと福島行き特急の車中でした、「長嶋解任」をめぐる、短い野球談議を思い出す。

撮影期間の4カ月、『関ヶ原』時間を生きていたので、内外のニュースからもほとんど遮断されていた。この間のニュースで記憶に残っているのは、元日本共産党幹部・伊藤律の中国からの帰国騒動（9月3日）と、N・Yでのジョン・レノン暗殺（現地時間12月8日）位のものだ。他の番組を観る余裕などなかった。

相馬でのロケの話に戻る。合戦シーンの撮影はのべ8日間にわたって行なわれた。現地の村民の協力を得ての撮影で、馬に乗るエキストラとして出演する100～200名ほどの人たちには朝5時に集合してもらった。点呼をとって入りを確認したあと、手甲脚絆の装束を付けてもらう。日没まで約12時間、夕方になると気温はすでに氷点下、地元民の献身的な協力には頭が下がる思いだった。

武者が馬に乗り敵陣へ斬り込む、ハイライトの合戦シーン。ロー・アングルが迫力を生み出す

日当は即日現地払い。そのため、毎日かなりの現金が必要となる。俳優・スタッフの宿泊旅館・施設への支払いもあり、数千万円の大金を東京から持って行くことになり、本社経理部の窓口のスタッフが堅牢な金庫ともどもロケ地入りした。文字通りの「金庫番」である。この『関ヶ原』全般の経費管理に当たった制作マネージャーは、演出部の峰岸進だった。峰岸は「水曜劇場」黄金時代のディレクターとして鳴らしたが、『関ヶ原』ではマネージメント業務に徹した。のちの横浜（現・横浜 DeNA）ベイスターズ球団社長である。私は撮影終了時間を見計らって、毎日「金庫番」から日当支払いに充てる現金を受け取り、集合場所の体育館に赴くのがルー

ティンとなった。

夜遅く、夜行列車で現地入りする俳優も少なくなかった。ロケ地の最寄り駅は国鉄（現・JR東日本）「原ノ町」駅である。某日、福島正則役の丹波哲郎や、黒田長政役の菅野忠彦（現・菅野菜保之）らは、深夜2時半の現地入りとなった。駅で出迎え、宿舎に案内して翌日（すでに当日）の撮影シーンとスケジュールの説明をして、ようやくスタッフ宿舎に戻る。午前3時を回っていた。このロケーションでは、毎日2、3時間程度の睡眠だった。ディレクターの高橋一郎に至っては、この8日間、布団を敷いて寝ていた姿を見た記憶がない。ストーブの近くで着の身着のまま、束の間の仮眠を取っていたに過ぎない。

合戦シーンの迫力を、どう出すかディレクターの腕の揮いどころだが、高橋は空撮に挑んだ。東軍と西軍が、それぞれの陣営から突進して交錯するところをヘリ・ショットで捉えるのだ。しかし、現在DVDで観ると、合戦の迫力は地上のカメラアングルからのほうが伝わってくる。空撮は一画面の中の人馬の密度が物足りない。現在ならばC・Gを使うところだが80年当時は実写しかなかったのだった。

相馬ロケ終盤、演出部の中川晴之助プロデューサーから電話が宿舎に入った。東北放送（TBC）のドラマスタッフの研修で、「今、仙台にいるんだ」とのこと。陣中見舞いに立ち寄ると言い、「差し入れ持って行くけど何がいいんだ?」と尋ねられた。応対した私が所望したのは「パンの美味しいのが欲しいです」。相馬では、三食米飯で「都会の味覚」が恋しかった。翌日、仙台のデパートにあるパン店で購入した数々のパンを持参して、中川が現れた。この時のパンの味は忘れられない。今でも相馬ロケの思い出とともにある。

10月29日、ロケが無事終了、帰京することになった。中川が「市川、オレの車に乗って帰らないか?話し相手がいないとつまんないし」と誘われた。そして中川の車の助手席に乗って帰ることになった。道すがら世間話をして、と私も思ってはいたが、出発して20～30分すると睡魔に襲われた。「ちょっと眠っていいですか」「ああ、いいよ」の言葉に甘えたのが悪かった。リクライニングを傾けると、連日の睡眠不足から、たちまち爆睡状態に入った。目覚めたのは、なんと東京・新橋。すっかり日は落ちて、ネオンが光っていた。「おい、ここで降りろ。オマエ、イビキをかいて寝ているだけだったな」と呆れられた。中川の「話し相手」という期待を裏切った。非礼を詫びて、荷物を抱え新橋から赤坂のTBSに帰った。9日ぶりだった。すでに第2話の鴨下組も撮入、2班が動いている状態となっていた。

司馬遼太郎曰く「『関ヶ原』は現代のスタート」

11月に入ると、原作者の司馬遼太郎を招いて、家康役の森繁久彌と三成役の加藤剛と鼎談をしてもらう企画が大山から出た。放送日の三夜連続で、番組の「プレ・トーク」として使いたいとの意向だった。題して『関ヶ原の背景～司馬遼太郎氏にきく』、5分枠3本の制作だった。私にディレクターをせよ、と大山が指示した。司馬遼太郎、当時57歳。作家として最も脂の乗っていた時代だったと思う。

12月某日、鼎談のVTR収録を行なった。大山プロデューサーはフロアーにいて、私がサブに座ったが、司会役がいないため、森繁が鼎談の口火を切る形になった。さすがに、たちまち「談論風発」というわけにはいかない。VTRを回しっ放しにして、自然に会話がほぐれてくるのを待つ。森繁、加藤が司馬に訊ねるというスタイルでやりとりは進んだ。

司馬「（家康は）ナンバー2ですから、（秀吉が死に）家康の天下になるのは、当たり前なんですね。それに逆らった人がいるということなんですね。三成には家康に（天下を）渡してはいけないという、功利主義より、正義があったようですね。だいたい総務課長位の人が、あそこまで、半々の勢力というか、もうちょっと上の勢力によく持って行ったと思いますね」

司馬「……だけど（家康は）酷いことはしてないですね。家康の家来にしても、家康と付き合った人とは寛容に過ぎる位、また一度くらい裏切った人でも見ておくというかね……。肉の厚さとしかいいようがありませんね」

司馬「おそらく古今東西の戦略家が関ヶ原に行って、東西両軍の布陣（の説明）を聞いたら、西軍（三成方）の勝ちだというんです。明治10年代、日本政府が呼んだドイツの参謀メッケルという少佐が西軍の勝ちだろうと言った。しかし政略が働いて（西軍は）敗けた、と説明されて、ああ政略が働いたなら別だと……」

司馬「家康にとっては（関ヶ原の合戦は）戦争じゃなくてページェントで、一種の宣伝媒体としての戦いだったんですね。関ヶ原で勝ち負けを決めておかないと、津々浦々に家康が勝ったんだと知らせられないという……」

司馬「江戸時代という精密な封建制と、非常に強烈な貨幣経済というものがなかったら、明治国家というのはあり得ないわけですから。私は戦後国家の後裔と思っていますけど、明治国家も引いておりますですね。そういう意味だったら関ヶ原は現代のスタートだったと思います」

と、ほんの一部を引用したが、司馬史観の一端は窺えよう。正月の本放送では、ドラマの前に5分枠（正味は2分半程度）、鼎談

本編前に放送された原作・司馬遼太郎、家康・森繁久彌、三成・加藤剛の鼎談
（TBS DVD『関ヶ原』特典映像より）

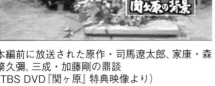

抄録を置いて、「今夜の見どころ」紹介としたのだった。

さて、長期にわたった収録は12月16日にアップした。放送までディレクターにはポスト・プロが待っており、プロデューサー・サイドは宣伝活動に力を入れた。目標視聴率は35％超である。テレビの番宣枠をいくつも押さえ、また人気番組にも『関ヶ原』出演者にゲストとして出てもらった。今ならスマホに番組の宣伝情報を流し、拡散する方法が一般的だろうが、この時代はアナログの時代である。大山プロデューサーから「宣伝ポスターを都内の銭湯に貼って来てほしい」との命が下った。「大晦日に会社の車で回って欲しい」とのことで、ＡＤの私と、フロアーディレクターだった原夏郎（俳優・原保美の子息、画家・中川一政の孫）と友房克文（もとクリエイティブネクサス社長）の三人で、都内の銭湯を回ることにした。ポスターは創立30周年記念番組ということで重厚な仕上がり。豪華な出演者の名前がならんで、中央にはタイトル文字が躍っている。サイズも大判で、銭湯に貼れば注目されるだろう。しかし、大晦日、都内を回ると、戦後35年を経ていた「東京」には銭湯は数えるほどしかない状態だった。１００枚近くポスターを積んで出発したが、1時間でせいぜい2、3枚貼るのがやっと。ＴＢＳの看板番組だった『時間ですよ』の時代が、急速に遠ざかっているのを痛感した。日没まで都内各地を回って「戦果」は十数枚位だった。

第1話と第3話担当の高橋ディレクターに正月はなかった。まだ最終話が完成していないのだ。

正月2・3日のオン・エアを、私は自宅で観た。第2話の3日、裏でフジテレビが21時から『和宮様御留』（有吉佐和子原作）を放送するのが、少し気になった。明らかに女性視聴者を意識した編成だ。森光子、大竹しのぶ、池上季実子、中村玉緒、園佳也子といった顔ぶれを揃えていた。それでも『関ヶ原』は負けることはないだろう。三が日明けの4日、高視聴率を期待して出社した。

第6話 時代の変わり目、ドラマも変わる

テレビにも「新しい時代」が始まっていた

1981（昭和56）年、TBSの創立30周年記念番組『関ヶ原』の放送は正月2・3・4日の三夜連続。第1・2話を自宅で観て、仕事始めの4日出社した。視聴率が出ていて、ショックを受けた。第1話は15％をどうにか超えていたが、第2話は10％を割っていた。

第2話は真裏のフジテレビ『和宮様御留』にダブルスコアで負けていた。ありえない事態が起きたと、私には思われた。スタッフ内の「希望的」予想は35％超えだったのだから。スタッフルームへ行くと大山勝美プロデューサーが伝票処理を番組デスクとやっていた。年初の挨拶を交わしたが、その後の会話は続かない。重い沈黙が部屋を支配した。その夜、最終話の3時間の放送があり、18・4％の視聴率で終わった。三夜平均ほぼ15％、今なら及第点だが、事前の期待が大きかっただけに、数字としては「期待外れ」とされたのだ。

視聴率の好不調で番組の評価が左右されるのは、当時も今も変わらない。口さがない向きからは、「司馬（遼太郎）さんのドラマは、もともと数字はあまりとれないんだよ」とか「テレビは、やっぱり女性が

観ないとね」といった訳知り風の「雑音」が、あちこちから聞こえてきた。どちらの見解にも反発は覚えたが、反面、「何か新しい時代が始まっているな」とも感じざるをえなかった。記念番組として取り組んだ『関ヶ原』は「ドラマのTBS」の総決算と言ってもよいドラマだった。それがフジの「和宮」に視聴率で負けた。

フジはこの年（81年）「楽しくなければテレビじゃない」というザッハリッヒなコピーを掲げ、「お笑い」「バラエティ」番組を前面に立て一大攻勢に乗り出す。70年代までの「重厚長大」に代わる、「軽薄短小」時代到来のテレビ的表象と言えようか。翌年、フジテレビは開局以来初の年間視聴率首位（全日帯・G帯・P帯三冠）に躍り出た。

今にして思う、『関ヶ原』は視聴率戦線においても「関ヶ原」だったのだと。しかし、「視聴率」だけが、テレビの全てではないのも真実の一面である。DVDなどで『関ヶ原』を今観ると、ドラマとしての完成度の高さに驚く。テレビ番組のレガシーとしての価値は、これからも揺るがないと思う。

『関ヶ原』の次に、私がシフトされたのは「金ドラ」枠ではなく「水曜劇場」枠で、制作プロデューサーは編成部から復帰した堀川敦厚であった。堀川は61年入社、『グッドバイ・ママ』（76年、脚本・市川森一）や『岸辺のアルバム』（77年、脚本・山田太一）、3時間ドラマ『風が燃えた』（78年、脚本・宮本研・阿井文瓶）などを手掛けた後、編成部のドラマ担当へ異動、そして3年ぶりの現場が「水曜」21時枠だった。かつてはTBSの独壇場の時間帯だったが、70年代後半からANB(※)の『欽ちゃんのどこまでやるの！』（76〜86年）が数字を伸ばし、80年代に入ると他を寄せ付けない人気番組となっていた。70年代中盤までのTBS「水曜劇場」の「客」がそっくり「欽ちゃん」に持っていかれた形である。

いわゆる「お化け」番組に挑戦する時のセオリーは、「二番煎じ」をよりパワーアップしてぶつけるか、さもなければ全く異なるカラーの番組を開発するのかの二つに一つである。「夢よ、ふたたび」で、かつてのコメディータッチの「水曜劇場」を作っても「客」を戻すことは難しい。堀川がこの難問にどう立ち向かうのか。この堀川の下にシフトされたのである。

放送初回は3月4日、撮影は2月初旬から始まる。1月の半ば、堀川に挨拶に出向くと、役回りはAPで、次のシリーズではディレクターをやってもらうとの話だった。すでに、第1・2回の台本は出来ていて『拳骨にくちづけ』というアバンギャルドなタイトルのドラマだった。ちなみにプロデューサーの堀川敦厚は、この番組から堀川とんこうと名乗ることとなった。脚本は寺内小春、田村孟（のちに北原優も加わる）、演出のチーフは高畠豊だった。主演は人気絶頂だった大原麗子である。他の出演者は、丹波哲郎、細川俊之、柄本明、本間優二ら。セミ・レギュラーでは笠智衆や山岡久乃といったベテランも出演する。全17回、ワンクールより長い連続ドラマだった。

大原扮する美術大学出の若い工芸家が、製作場として借りた鉄工場で遭遇する、男所帯の親子との「美女」と「野獣」の物語。ほろ苦いコメディーを目指した。が、初回こそ大原人気で2ケタの視聴率をとったが、以降は1ケタだった。第5回から、タイトルの「拳骨」を「ゲンコツ」と片仮名表記にしたが数字のテコ入れとはならなかった。私もAPとして、さしたる打開策も提案できぬまま、4月半ばには次の企画のディレクターとして、一足先に準備に入ることになった。

娘役二人のキャスティング——石原真理子と手塚さとみ

堀川制作プロデューサーの第2弾は「ホームドラマ」となった。原作は直木賞作家、藤原審爾の『落ちこぼれ家庭』（新日本出版社）。プロデューサー・演出にベテランの鈴木利正。私は2番手の演出を担当することになった。脚本は鈴木の盟友ともいうべき砂田量爾である。砂田の作品は、私も学生時代から新入社員の頃にかけて、『波の塔』（73年、NHK）、『風の色』（73年、TBS・木下プロ）、『風の町』（74年、TBS・木下プロ）などを観ていて、仕事をしたい脚本家の一人だった。早坂暁と同様、遅筆の作家として知られていたが、絞り出すように紡がれるセリフには定評があった。初めて砂田のホンを演出できるのは、楽しみだった。

原作の藤原審爾とは、いささかの縁があった。私の妻の父、すなわち義父が藤原と従兄弟の間柄だった。藤原の映像化作品のなかでは、『秋津温泉』（62年、松竹）が、私の好みである。吉田喜重監督と女優岡田茉莉子が結婚する前の抒情あふれる作品。吉田自らが脚本を書いた映画だ。

P・Dの鈴木利正についても少し触れておきたい。鈴木は、55年ラジオ東京（現・TBS）入社。テレビ開局の一期生である。これまで、何回か触れた中川晴之助とは同期である。鈴木は70年、木下恵介本人に請われてTBSから木下恵介プロダクションに出向した。この時に一緒に行った後輩が、これまで何回か登場した井下靖央である。この二人と、TBS57年入社で「円谷プロ」や「国際放映」への出向経験を持つ飯島敏宏が、専務取締役として木下プロ入りした。木下プロ「人間の歌」シリーズ初期の傑作ドラマ群は、主にこの三人（飯島、鈴木、井下）が中核を担っていたと言って良いだろう。私は木下プロのドラマをほとんど毎週観ていたので、『冬の旅』（70年、TBS）や『冬の雲』（71年、TBS）の演出家やプロデューサーとして、彼らの名前を学生時代からはっきり認識していたのである。

鈴木が木下プロからTBSに復帰したのが79年。「七刑」のADだった私は、すぐに表敬の挨拶に鈴木のデスクに出向いた。それから2年後に、鈴木とドラマでタッグを組むことになったのだ。そして、AP兼ADとして入社5年目の吉田健が加わった。

放送回数は7回と決まっていた。鈴木が先発で奇数回4本、私が偶数回3本のローテーションである。原作モノのドラマ化は、もちろん作家との関係次第だが、ドラマ化にあたって換骨奪胎することも少なくない。このドラマでは、どうだったか。

物語は、ある夏の日、二人の少女が図らって家出をする。一方は平凡なサラリーマン家庭に育った兄弟のある娘・宗子。一方は週刊誌記者と女優の間に生まれた一人娘・亜子。それぞれの家庭は娘の「家出」という予期せぬ出来事に見舞われる。さながらトルストイの『アンナ・カレーニナ』の冒頭の一節、「幸福な家庭は、どれもみな似たようなものだが、不幸な家庭は、みなそれぞれに不幸なものである」を思わせる。

80年前後、日本社会は確かに豊かにはなってきていたが、「家庭」がその「豊かさ」を手に入れるための「代償」も大きかった。すでに77年の『岸辺のアルバム』は、ホームドラマとして、その問題を描いた。10代の少年、少女の学園ドラマとしては『3年B組金八先生』（79～80年、TBS、脚本・小山内美江子）が、この時代の影を照射していた。

『落ちこぼれ家庭』にも同様の問題意識があったが、ドラマ化にあたっては「時代」のせいとか、「社会」のせいというよりは、むしろ16～17歳という繊細で壊れやすい「少女期」の心理に焦点を当てたほうがよいと、私は思った。「家出」する二人のキャスティングが、決定的に重要である。

宗子役には、制作の堀川とんこうから、「プロダクションからの紹介だけど」と言われたタレントに会った。それが石原真理子（現・真理）で、当時17歳だった。TBSの3ロビ（テレビ局舎3階喫茶室）に学校帰りの制服姿でやって来たが、典型的な「美少女」だった。同席の女性マネージャーによれば、前年の映画『翔んだカップル』（東宝、監督・相米慎二、主演・薬師丸ひろ子）でデビューして、本格的なドラマ出演は初めてとのこと。役にぴったりのイメージ、「即決」をした。

もう一人の娘・亜子役は、人気の写真モデルで、ユニチカの2代目マスコットガール（初代は、風吹ジュン）手塚さとみ（現・理美）に、白羽の矢を立てた。手塚も演技経験は石原と似たようなもので、78年のATG映画『正午なり』（原作・丸山健二、監督・後藤幸一）に少し出演しただけの、19歳のモデルタレントであった。手塚には、P・Dの鈴木利正と一緒に、渋谷東武ホテルのティールームで初めて対面した。事務所には所属していなかったのでマネージャーがおらず、母親が同伴していた。いわば出演交渉のつもりだったが（おそらく手塚も話を聞いてからという算段だったろう）、鈴木はいきなり「演技」の話を手塚にぶつけた（出演が既定のごとく）。「さとみ君がキッチンの冷蔵庫の扉を開けて、こう、牛乳パックを出すとするでしょ……」「その時、そうだ、これも使うなって、バターも取り出すのよ……」と身ぶり、手ぶりで熱っぽく語るのである。通り一遍の「出演交渉」では、まるでなかった。すでに「稽古」をしていた!? 言われた手塚も、いつの間にか「鈴木ワールド」に巻き込まれていった。鈴木は、プロデューサーというより、やはり根っからの「演出家」なのだった。鈴木の熱弁は3時間は続き、終わってみたら外は闇に包まれていた。手塚親子にも「出演」は、この時点で既定のものとなっていた。

こうして二人の娘のキャスティングは決まった。ちなみに、ドラマのヒロインは名取裕子、そして恋人になるのが奥田英二（現・瑛二）であり、奥田は石原演じる宗子の兄役でもあった。

撮影開始を前に、番組タイトルを決めなければならなかった。『落ちこぼれ家庭』は、テレビのタイトルとしてはあまりにネガティブであり、鈴木や吉田と捻り出したのが『娘が家出した夏』という、内容そのもののタイトルだった。

ドラマの制作過程を記すとキリがないので、ここでも私的な2、3の事柄に触れるに留める。ひとつは、砂田量爾の「遅筆」について。鈴木は多年にわたり、仕事をしていたので一向に焦らない。しかし、督促の必要があり、TBS近くにあった日本旅館「近源」に「カンヅメ」にすることにした。砂田のスゴい所は、たとえば前日は30枚まで書き進んでいた原稿が、翌日には20枚に減っていたりするのである。「ああでもない」「こうでもない」と煩悶懊悩するのであろう。自身のなかで登場人物のキャラクターが定着するまでの2、3回は特に「遅い」上がりとなる。

石原真理子・手塚さとみが出演した『娘が家出した夏』。1981年7月1日〜8月12日までの全7回シリーズ、「水曜劇場」枠で放送された
（81年7月東京・表参道）

鈴木がよく言い、私もまた同意したのは「（遅いけど……）やっぱり、（他の誰も書けない）きらりと光るセリフを書いて来るから、それで赦しちゃうんだよな」に尽きる。第2回目を私が演出をした時も、リハーサルは生原稿をコピーして行なうこととなった。しかも全部ではない。2日目のリハーサル時に漸く脱稿するという超スローペースだ。ディレクター2年目だった私は、二晩完

全徹夜に追い込まれた。3日目（スタジオ初日）の夜、カメラ割り（コンテ作成）しながら70時間ぶりに仮眠した。文字通りの「不眠不休」だった。

この第2回で忘れ難いシーンがあった。家出をしたが発見された手塚演じる亜子が帰宅した際、父親（小坂一也）に激しく叱責され頬にビンタを食らうシーンだ。カメリハまでは、叩くふりをしていたが、小坂は本番で本当に頬を引っ叩いた。面食らった手塚の瞳から、みるみる涙が溢れた。ここで台本通り、反抗のセリフが出ていれば、最高の演技だった。サブで私は、祈るような思いで、手塚のセリフを待ったが、もう芝居は続かなかった。VTRを止めてリテイクしたが、最初の演技には及ばなかった。小坂は、「それでセリフを言えたら、素敵なお芝居になるんだよ」と手塚に言ったと、手塚自身が回想している（『極上空間』BS朝日2016年12月10日放送）。このドラマは、7回という短めの連続ドラマだったが、駆け出しのディレクター時代の思い出深い作品の一つだ。

そして、「その日」がやって来た——母との永訣

「水曜劇場」枠は、視聴率的には苦戦が続いていた。結局この枠で数字が上がるのは、10月期の4作目『茜さんのお弁当』（脚本・金子成人、主演・八千草薫）だったが、私はすでに昼の「テレビ小説」枠にシフト変更されていた。

NHKのテレビ小説に対抗する形で、TBSにも68年から昼の時間枠に「ポーラテレビ小説」というドラマ枠があった。新人女優の登竜門でもあり、81年秋の『愛をひとつまみ』は27作目に当たる。ヒロインには新人の沖直美（現・直未）がオーディションの結果、選ばれていた。大分県竹田市を舞台に、後年上

京して料理の大家になる女性の半生を描くドラマである。女性の一代記は、「テレビ小説」の王道で、このドラマもその路線を踏襲していた。プロデューサーは村上瑛二郎と新井定雄。ディレクターが峰岸進、八木康夫、私、清弘誠の四人。演出陣は峰岸以外、皆30歳代に入ったばかりの若手だった。

キャストは、新人のヒロインを支える役どころにベテランや中堅が配置される。これはNHKのテレビ小説も同様である。『愛をひとつまみ』には、日下武史や、藤巻潤、浜田光夫、目黒祐樹、白川和子らがキャスティングされた。ロケ先の大分の宿で、同世代の目黒や白川と酒を酌み交わしながら、あれこれ懇談した。そんな縁もあり、後年、私の企画のドラマにも出演してもらったことがある。このドラマは4週に1週のペースで担当が回り、私は6～7週撮ったと思う。20分週5本の収録であり、場数を踏むという意味では、よい経験となる。2時間ドラマを1週間で撮るようなペースが求められるのだ。

1981年11月、ポーラテレビ小説『愛をひとつまみ』大分県国東半島ロケ。左端が筆者、右端が遊川和彦

このドラマのADに、今や脚本家として大成した遊川和彦が入っていた。当時26歳。この時代、制作会社のADがディレクターになる道は険しかった。遊川は先ごろ自らの脚本で、初めて映画（『恋妻家宮本』）を監督したが、若い頃からの夢だったとのこと。『愛をひとつまみ』の時も、ADではあるもののVTRチェックになると真剣にモニターを覗きにきていた記憶がある。「ON」と「OFF」のはっきりした男で、仕事を離れると、冗談ばかりの軽口を叩いていた。自己演出をしていたのだろう。

もう一人との出会いについても触れておこう。劇伴音楽を担当した林哲司。たしか、峰岸ディレクターが連れて来たのだと思う。林は79年の『ＳＥＰＴＥＭＢＥＲ』（竹内まりや）と『真夜中のドア』（松原みき）で注目を集め、80年代のJポップにおけるヒット・メーカーだが、劇伴音楽にも才を発揮した。ドラマの劇伴はこの時が初めてではなかったか。私とは、同年、同月生まれであり親近感を覚え、すぐに親しくなった。以後、私のドラマ作品の、最も数多い劇伴作曲家である。

　こうして現場ではさまざまな人間と出会い、それなりの刺激もあったのだが、やはり自分の企画でドラマを作りたいという気持ちを抱き続けていた。

　11月のある日、朝刊を眺めていたら、『文藝』12月号の広告が載っていた。81年の「文藝賞」に、高校生の書いた小説が選ばれていたのだ。

『１９８０アイコ十六歳』のタイトルで、堀田あけみという名古屋の高校生が書いた作品だった。いわゆるジュニア小説ではなく、「文藝賞」作品である。前年の受賞作の一つが、田中康夫の『なんとなく、クリスタル』。選者には江藤淳も名を連ねている。一読の価値あり、と思いさっそく赤坂の書店で『文藝』12月号を購入して読んだ。

　そして、ひらめいた。これドラマになるのではないのか！と。

　早熟な天才少女の作品といった体の小説で

1981年11月8日の朝日新聞朝刊に掲載された、『文藝』12月号の広告。「文藝賞」当選作の中に、『1980アイコ十六歳』はあった

は、なかった。しかし「おそらく今（81年）の時代、普通の、つまりは大多数の少女の生活、心情とはこんなものなのではなかろうか」と納得させられた。舞台も東京ではなく名古屋で、主人公が弓道部員というのもフックとなる予感がした。

ＴＢＳでは、「金八」が大ヒットしており、あの中３生たちが、高校に入学したあとどんな生活をしているか？というモチーフで行けると考えた。「中３」には「中３」の、「高１」には「高１」の「人生の大事」があるはずだ。

ドラマ化の権利だけでも、押さえておかなくてはと河出書房新社に電話を入れた。「文藝賞」の担当は金田太郎であった（河出きっての辣腕編集者だったらしい）。金田に訊くと、まだドラマ化の話は来ていないとのことで、即座に仮のドラマ化権を取った。テレビ小説の合間に「アイコ」の企画書を作った。そして、金ドラ『突然の明日』（80年、ＴＢＳ）のプロデューサーだった鈴木淳生に相談した記憶がある。その後のプロセスは、どうだったか？　実際に企画が具体化するのは、ほぼ半年後のこととなる。

テレビ小説『愛をひとつまみ』は、昼の時間帯だが2ケタの視聴率をキープし、及第点をクリアした。スポンサーのポーラ化粧品は当時、訪問販売がメインで、セールスレディが、各家庭の主婦たちとの会話にテレビ小説の話題を振ることで、販促効果を狙っていた。したがって、昼とはいえ「視聴率」の結果が強く求められていたのである。ＴＢＳのテレビ小説史上の最高視聴率は『文子とはつ』（77～78年）で、この頃がポーラテレビ小説のピーク（平均18％超）だった。それから4年、徐々に視聴者離れが起きつつあった。「男女雇用機会均等法」以前の時代ではあるが、専業主婦の時代が変化しつつあった。ここから視聴率10％が番組の好不調の目安となった。

年が変わると、82年4月の第28作のテレビ小説の企画が明らかになった。プロデューサーは、村上瑛二郎と内野建。演出のチーフは山田護。私も引き続き二番手で演出を担当することになった。そして1年後輩の吉田秋生もローテーションに入った。

ちょうどこの春以降、TBSドラマは港区赤坂から郊外の横浜市緑区（現・青葉区）の緑山スタジオで制作されることになった。前年3月、緑山スタジオが竣工し、すでに木下プロなど制作会社のドラマ制作がスタートしていた。TBS制作局のドラマも、1年遅れで緑山での制作になったのだ。

4月企画のテレビ小説は、時代劇で『女・かけこみ寺』というタイトル。この枠としては異色の題材だった。鎌倉の東慶寺と思しき、江戸時代の駆け込み寺、縁切寺が舞台のドラマだった。主役はその寺に逗留して絵草子を書く女性という設定。現代ならさしずめ女流ノンフィクション作家といったところだろうか。ヒロインは根本律子（現・りつ子）。かつらの似合いそうな古風な美形だったが、実際はモーターショーのキャンペーンモデルも務めた現代女性。後年、森繁久彌の人気シリーズ『おやじのヒゲ』（86〜96年、TBS）で息子（竹脇無我）の嫁役が当たり役となった女優である。『女・かけ込み寺』は連続ドラマではあったが、寺に駆け込んで来る女たちのエピソードが1週ずつ展開されるという仕掛け。劇的な話は、駆け込み女にあり、ヒロインは観察者の役回りである。なかなか難しい運びの「連続」だった。

そして、この頃（82年春）は個人的にも辛い日々が続いていた。母が重病の床にあり、余命いくばくかの状況に追い込まれていたのだ。そして、遂に「その日」がやって来た。5月の「母の日」に容態が急変して危篤となった。

その週はテレビ小説の自分の（演出）担当であり、「母の日」の見舞いが「最期の別れ」となってしまった。それから5日目の朝、母は亡くなった。スタジオ収録日、そのまま平静を装って緑山スタジオに出勤、演出をしたつもりだったが、頭のなかには「母の死」が貼りついていた。深夜24時に収録終了。ようやく演出チーフだった山田護だけに伝え、緑山から「深夜宅送」のタクシーで、浦和の実家に向かったのである。芸能界では、昔から「芸人は親の死に目には会えない」との言葉があるが、私も親の「臨終」に立ち会うことはできなかった。翌日は、昼からリハーサルがあり、それを終えたところで村上プロデューサーにスタジオ収録を替わってもらうことになった。そして、1週間の服喪休暇をとった。男にとっては、母親の死は特別な喪失感を抱くものである。しかし、そうした心のへこみを、いささかでも埋めてくれたのは、またテレビドラマの仕事でもあった。

以前に出していた「アイコ」の企画が実現することになったのだ。

※1977年、日本教育テレビ（NET）が全国朝日放送（ANB）に社名変更。さらに2003年、現在のテレビ朝日となる

第7話　初プロデュースの『アイコ16歳』

なぜかアイドルが輩出した1982年

1982年4月から、TBS水曜夜9時の放送枠がリニューアルされることとなった。70年の『時間ですよ』以来、「水曜劇場」はいわば「鉄板」の人気ドラマ枠だったのだが、80年代に入ると、数字的（視聴率）不振が目立つようになる。いったん退潮傾向になると、その「失地回復」が実に難しいのが、テレビの視聴率というものである（近年のフジテレビ「月9」の動きを見てもよくわかるのだが）。

TBSは、そこでどう動いたか？　営業と編成が連携して、スポンサーの枠移動を敢行、日立製作所の一社提供枠を水曜夜9時に置くことにしたのだ。

有力スポンサーの一社提供はテレビ局にとっては有難いもので、「番組」が成功すれば、テレビ局、クライアント、代理店の「三方一両得」の安定的関係となる。「民放の雄」と言われた時代のTBSには、「東芝」や「松下電器」、「花王」など有力スポンサーの一社提供枠が少なからずあった。そこに「日立」が水曜夜9時枠を持つことになったのである。

当時水曜9時枠はNTV『水曜ロードショー』とANB『欽ちゃんのどこまでやるの！』が強く、挟撃されていたTBSは、2ケタの視聴率を獲るのがなかなか困難になっていた。「日立」の意向は「ノンジャンルの特別番組を毎週放送したい」であった。

その枠で、前年の秋に私が出した企画『アイコ16歳』がラインアップされることに決まった。その時期が、前回書いた「母の死」（82年5月）の前か後かは、はっきりしない。しかし、当時の「制作ノート」を今回見返すと、どうやら4月中には企画決定がされていたようだ。

枠のタイトルは「水曜劇場」に替わり、「日立テレビシティ」となる。制作プロデューサーは、「日立」の3時間ドラマなどの縁もあり、大山勝美が担当することになった。『関ヶ原』以来、1年半ぶりの、大山枠の仕事である。「番頭格」の制作マネージャーには峰岸進が就き、予算管理と番組全般のマネージメントを担当、『関ヶ原』のスタッフが再集結した格好となった。

「日立テレビシティ」第1回放送は82年4月21日、オープニング番組『テレビ・夢・未来』である。私は当時、この番組を観られなかったのだが、データを調べると、司会が石坂浩二と宮崎美子。出演者がビートたけし、タモリ、筑紫哲也、竹村健一、中村メイコ。番組内では、戦前、実験制作された日本初のテレビドラマ『夕餉前』も再演されたらしい。

たけしとタモリが、40年以上の歳月を経て今なおテレビの人気者なのには驚くが、番組司会も含め、当時のテレビ人気の高い顔ぶれが揃えられたと言える。

この番組の構成作家の一人に、若手脚本家の小林竜雄が入っていた。制作の大山勝美が声をかけたのである。小林については、後に詳しく書く。

さて、「テレビシティ」は、2週目から青島幸男の直木賞受賞作『人間万事塞翁が丙午』が始まった。

本来「水曜劇場」の企画だった連続ドラマだ。久世光彦がKANOX制作で、3年ぶりに水曜9時枠に復帰した形である。「水曜劇場」で、数々のヒット作を放った久世だが、すでに枠は「テレビシティ」に衣替えしている。視聴率的にはかつての勢いを取り戻すには至らなかった。70年代と80年代では、「時代の空気」の入れ替わりが、起きていたという他ない。

どんな年だったのか、82年前半の出来事を少し挙げると、東西冷戦の中、アメリカのレーガン政権の核戦略を巡って、「反核」運動が高まる。2月には永田町のホテルニュージャパンの火災、翌日は日航機が機長の「逆噴射」で、羽田空港前の海面に墜落事故。共に多くの犠牲者が出た。4月にはフォークランド紛争（イギリスがアルゼンチンと戦闘）勃発。自民党政権は鈴木善幸内閣で、「調整」型の総理と言われ、ロッキード事件後の政治危機が続く中、田中角栄元首相の強い影響下にあった。前任の大平正芳が「角影」内閣、そして鈴木善幸は「直角」内閣との異名を一部マスコミからは付けられていた。

話は、少し横道に逸れるが、82年はアイドルが続々と輩出した特異年である。小泉今日子、堀ちえみ、早見優、中森明菜、石川秀美、原田知世らが「82年デビュー」組である。TBS『ザ・ベストテン』の人気も、この頃、絶頂期を迎えている。

アイドルというと、80年に山口百恵が引退・結婚、その同じ年に松田聖子がデビューしている。「百恵」以前の70年代型アイドルと、「聖子」以降の80年代型アイドルは、明らかに異質なものである。アイドルは時代の夢と欲望のシンボルだが、その夢と欲望においても、70年代と80年代では大きな変化が現れた。百恵の「結婚」→「引退」は一般社会での普通のOLの「結婚退職」と見合っていた。だが、80年代の松田聖子は「結婚」しても「アイドル」を止めなかった。それは「男女雇用機会均等法」以後の女性の生き方の先行モデルともなった。

話を「テレビシティ」に戻すと、連続ドラマ『人間万事〜』終了後、本来の単発スペシャル企画がスタートすることとなった。私が企画提出していた『アイコ16歳』（原作・堀田あけみ『1980アイコ十六歳』）は8月下旬もしくは9月初旬放送予定でラインアップされた。

前後篇の2週にわたって放送することも決まった。私にとっては、初のプロデュース作品である。女子高校生の書いた小説であり、いかに「文藝賞」作品といえども、テレビドラマとしての再構成が必要となる。同時にまた、10代の高校生のコンテンポラリーなセリフがカギとなる。そこで白羽の矢を立てたのが、前出の小林竜雄である。制作の大山に紹介してもらい、会うことになった。私が小林に注目したのはATG作品『もう頬づえはつかない』（79年、監督・東陽一）を観てからである。すでに70年代終盤、映画では新進のシナリオライターとして脚光を浴びていた。テレビでもTBS3時間ドラマスペシャル『遙かなりマイ・ラブ』（81年、演出・今野勉）でデビューしていた。『頬づえ〜』のヒロイン（桃井かおり）のセリフの鮮度が、強く印象にあった。きっと「アイコ」にも、小林の感性はフィットすると期待した。

自らの企画であり、演出をやりたいと大山に申し出たが、「イノ（井下靖央）ちゃんで、どうかな」と逆提案された。初めてのプロデュースであり、それに専念せよとの意と理解した。井下は金曜ドラマ『突然の明日』の時のチーフ・ディレクターだが、確かに「アイコ」のような題材にも適していると、私は自分の気持ちを収めた（結果として、私の演出は1年半後の「アイコ」パート2『アイコ17歳』で実現する）。

脚本の打ち合わせに取りかかる矢先、営業経由でスポンサーからの注文が入った。原作の「アイコ」の苗字は三田だが、それを替えてほしいというのだ。日立の社長が「三田」姓だという理由だ。大スポンサーの意向ということで、すんなり受け入れ、尾張名古屋ゆかりの「織田」姓に替えることにした。

あえて「フツー」の少女たちのヴィルドゥングス・ロマンを

そうして、小林竜雄と打ち合わせが始まった。愛知県海部郡の堀田あけみの自宅を、挨拶を兼ねて、小林、井下と三人で訪ね、そのあと名古屋市内各所のシナリオハンティングを行なったのは、6月初旬だったろうか。シナリオの打ち合わせと並行して、キャスティングをしなければならない。主役は企画決定時からイメージがあった。『3年B組金八先生』第2シリーズ（80〜81年、脚本・小山内美江子）でアイドルとなっていた伊藤つかさである（なぜか当時、タモリが一押しのアイドルだった）。児童劇団「劇団いろは」の子役出身であり、82年輩出のアイドルとは異なる「地味」なタレントであった。しかし子役としてのキャリアは豊富で演技力には定評がある。原作の名古屋の「フツー」の公立高校1年生というイメージにピッタリと思えた。

主役のアイコには伊藤つかさ（左端）を起用。（右へ）共演の三田寛子、遠野友理、宮田恭男（1982年7月 信州ロケ）

主役に伊藤つかさを決め、あとは脚本が出来てからのキャスティングとなった。原作は夏休みの弓道部の合宿から、その年末に至る物語だが、脚本では夏休みのひと月余りの話とした。1学期の終業式で始まり、2学期の始業式で終わる構成。「アイコ」以外は、母親と女性の先生（弓道部顧問）のハッキリとしたキャラクター付けがカギとなる。アイコにとって最も身近な「大人」であり、「ロールモデル」たる存在が「母」であり、女教師と考えた。結果（視聴率）が問われる「水曜21時」の時間帯であり、10代だけでなく「大人」の視聴者も摑まなくてはならない。

脚本は6月10日に上がった。期待通りの出来だった。「セリフが生きているね」と演出の井下も納得の台本だった。母親役には加賀まりこ、先生役に大谷直子と秋野太作、謎の学生起業家に三浦洋一と芸達者な俳優を集めた。ドラマの主題歌（『なんとなくソクラテス』）を歌う、かまやつひろしにも人気カメラマン役として出演を依頼した。

「アイコ」の弓道部仲間には、三田寛子（現・中村芝翫夫人）、遠野友理（ユニチカ4代目マスコットガール）、宮田恭男（のちに『スクール☆ウォーズ』で人気）ら10代タレントを起用した。

ドラマの舞台となる高校の撮影は、2つの高校に協力を仰いだ。弓道部の練習場まわりと校庭は神奈川県立川和高校（後日談だがこのドラマ撮影時、TBSの後輩プロデューサーの鈴木早苗が、在学していてロケ撮影を観ていたのだとか）、終業式と始業式の行なわれる体育館は山梨県立峡北高校（現・北杜高校）に撮影をお願いした。実際の高校の終業式にお邪魔して学校行事が終わった直後に、俳優たちに教員、生徒の列に紛れ込んでもらって撮影した。エキストラとは違う、「本物」のアクチュアリティが出た。この撮影は、泉放送制作のAPの福田真治が信州ロケハンの途中、思いついたアイデアである。

話は少し前後するが、このドラマのロケーションマネージャーとして、同期入社の清弘誠が同行してくれた。演出部長の中川晴之助の「配慮」だったが、清弘の「友情」には今でも感謝している。名古屋ロケでは、こんなことがあった。伊藤つかさの母親役の加賀まりこが名古屋入りした時のこと。加賀は一人でやって来て私が迎えたが、撮影スケジュールが夜のため、時間待ちで加賀と麻雀をやることになった。卓を囲んだ、あと二人が、メイキャップの兵庫谷幸子と、清弘だった。現在、加賀と清弘はパートナーとなっているが、この時の「アイコ」の際の手合わせ以来の由縁か。

「アイコ」撮影時の思い出をいくつか。80年代の女子高校生モノといえば、『セーラー服と機関銃』『スケバン刑事』が思い浮かぶが、「アイコ」はそうしたアクション物ではない。「フツー」の高校生の日常を描く。平板になりそうなところだが、弓道部という設定が良かった。胴着を付けた袴姿の少女たちのヴィジュアルが効果的だった。10代の少女たちのヴィルドゥングス・ロマン（成長物語）に相応しい衣裳となった。

また、信州ロケのある夜、宿でスタッフと飲んでいた時、ディレクターの井下がこんなことを言った。「ボクはね、撮影の前の夜はいつも眠れないんだ。トップシーンからラストシーンまで、ワンカットずつ、1枚ずつ全部辿って、ようやく寝られるんだ」「全部ですか?」「ああ、最初から、終わりまで」。1時間ドラマでカット数は通常350～400枚である。その400枚近い「画」をイメージの中で反芻するのだと言う。

井下の演出は、まずコンテありきで、俳優の芝居もその「画」の中に嵌める流儀であるが、その演出術の一端に触れた思いがした。好対照のディレクターは、「水曜劇場」の時の久世光彦である。久世はまず「芝居」ありきの人で、カメラ割りは、テクニカルディレクター任せのところがあった。まあ、この両端の幅のなかで、ディレクターは苦闘しているわけであるが。

話を「アイコ」に戻す。前・後篇2話は、ほぼ3週間の撮影だったが、この「テレビシティ」の番組枠には、オープニング・コーナーがあった。その夜の番組内容を、松下賢次アナウンサーがナビゲートするのだ。そこで私は、松下に原作の堀田あけみにインタビューをしてもらうことにした。場所は堀田が在学する愛知県立中村高校の校庭、二人のやりとりを撮った。その年の夏は、不順な天気で曇りの日が多かったのだが、この日は真夏の太陽の強い日差しが降りかかり、校庭の照り返しで猛烈に暑かった記憶がある。

「アイコ」は、単発番組としては第3弾であった。最初が『王貞治物語』（プロデューサー浅生憲章、演出・高畠豊）前後篇、次が人気漫画家・赤塚不二夫の人気キャラクターを用いた『ニャロメのおもしろ数学教室』というアニメーション企画が3回続いた。『アイコ16歳』の放送は、当初8月25日と9月1日の予定だったが、何かの都合（ナイター中継だったろうか？）で1週ずつ遅れることとなった。

名古屋ロケの際の記者会見。左端が筆者、右が原作者の堀田あけみ（1982年7月）

当初から、前篇が夏休みの最終週と、後篇が新学期の始業日という日程に合わせてストーリーを組み立てていたため、私は編成に抗議したものだ。担当は『ザ・ベストテン』出身の弟子丸千一郎だった。どんな説明か忘れたが、放送は結局、9月1日と8日の放送となった。

「テレビシティ」が、毎回単発スペシャルとしてドラマもあれば、アニメやドキュメンタリー、さらに音楽もということになると視聴習慣の定着の難しさがあった。それはテレビ局の編成も、スポンサーも百も承知でスタートしたのだが、『王貞治〜』と『ニャロメ〜』では、トリプル・スコア以上の差が開いた。「まあ、2ケタを何とか」が当面の目標とされた。前回も触れたが、前年（81年）まで、TBSはゴールデン・プライム帯の視聴率首位の座を独走していたが、82年に入りフジの台頭が目立っていた。9月の時点で年間の数字はどうだったか？

現在に比べ「長閑」な時代だったのであろう。編成はともあれ、ドラマの現場ではフジをライバル視することはなかった。私がフジのドラマを意識したのは80年代の終わり頃からだったろうか。

『アイコ16歳』が完成した。井下演出は、ツボを押さえた見事なもので小林竜雄の脚本、林哲司の音楽とともに、少女たちの心情や行動を、的確に表出して見せた。「試写」を放送記者対象に行なったが、ワンクールの連続ドラマではないため、放送当日のラテ欄に批評が載ったのは『毎日新聞』の「視聴室」欄のみ。

「ごく普通の女子高校生たちがくり広げる青春ドラマ。これといったヤマ場もないが、方言まじりで気どりのないところがよい」という素気ないもの。ホメているのか、クサしているのか、わからない「批評」であった。

はたして、観てもらえるのか?

プロデューサーとして(なにせ初陣である)、この時ほど「数字」を気に懸けたことはなかった。

翌9月2日、朝出社すると、はたして『アイコ16歳』は、「好視聴率番組」として貼り紙が掲出されていた。当時はビデオリサーチ社とニールセン社の2本立て調査で、どちらかでも15%に達すると、宣伝部がロビーや関係部署の廊下に掲出する仕組みだった。「アイコ」はニールセン15%(ビデオリサーチは13・6もしくは13・7%)で、前週の3倍増。かつては金曜8時枠が、視聴率苦戦枠だったが、当時は水曜9時枠が低迷し、それゆえの「テレビシティ」という番組枠の新設だったわけである。前々作の『王貞治~』も15%を超え、タイムリーな企画であればドラマでも、この枠で数字が稼げるのではないかという機運が高まった(結果として、「アイコ」は84年3月に続篇『アイコ17歳』が作られることになる)。

作り手にも影響を与える批評とは

同じ頃、「玄人」評は高いが、視聴率の低迷する連続ドラマがあった。金曜ドラマ『淋しいのはお前だけじゃない』(脚本・市川森一)である。2年前の『港町純情シネマ』に続く、市川森一のファンタジックなドラマであった。

私は前作に関わったが、『淋しいのは〜』は、高橋一郎、浅生憲章、そして同期の赤地偉史が演出陣だった。いずれも親しい先輩・同輩スタッフの仕事なので、私も時間の許す限り見た。作家性の強いドラマで、好きな人には堪《こた》えられないが、「視聴率は取れそうもないな」というのが私の感想だった。事実、視聴率は概ね1ケタで推移したと思う(『港町〜』も、数字的には同じようなものだった)。編成部や制作にも、冷やかな反応は多かった。曰く「趣味の世界だけ、やられてもなあ」とか、「仲間内だけで面白がっている」「芝居の世界に興味ない人は見ないよ」とか。

しかし、以前にも書いたが「金ドラ」は、テレビドラマの「前衛」的な、そうした役割を担っているという思いをスタッフは持っていた。「数字」だけがすべてではない、の価値観が、かすかに生きていた時代でもあったのだ。

それでも、フジの「楽しくなければテレビじゃない」というコピーが風靡していた時代、「数字がすべて」の時流の中で、スタッフたちは心なしか、肩身が狭そうに見えた。そんな空気を一変するテレビドラマ批評が出現した。

『アイコ16歳』放送直後の82年9月10日の朝日新聞夕刊文化欄。作家で文藝評論家の丸谷才一が、紙面半分を使い『淋しいのは〜』を賞讃したのだ。

丸谷は文壇でも一目置かれ、批評眼の厳しさに定評がある。その丸谷が文藝作品ではなく、テレビドラマを正面から批評として取り上げたのだ。

テレビドラマは、当時は放送当日の「試写」評が中心で、放送後も「作品」として正当な批評を受けることは、極めてまれだった。今でも本質的にはさしたる変化はなく、近年でも映画評論家のこんな佐藤忠男の発言がある。

「今、テレビ批評でよく知られ、みんなが読んでいるものは何かあるのでしょうか。映画批評はある程度確立されていて批評家の傾向も知られている。だから批評家を選んで読むことができるけれども、テレビ批評には確立されたものや読み方の常識みたいなものがまだ足りないのではないでしょうか。……やはり権威のある批評家がいたほうがいい。『あの人が言っていた番組を見逃したら困る』と読者が思い、そしてそれが語り継がれるような批評家がいて、作り手にも影響を与えるといいですね」（『民間放送』2017年3月23日号）

その意味で、かつての丸谷才一の「テレビドラマ批評」は、私の記憶に残る。丸谷は、その時こう書いている。

「日本のテレビ・ドラマというものはわたしにはどうもおもしろくなかった。評判のもの、人が褒めるも

朝日新聞（夕刊）
文化
貴重なリアリズム離れ
パロディ手法で成功
丸谷才一

丸谷才一が『淋しいのはお前だけじゃない』を文化欄で長文批評（1982年9月10日『朝日新聞』夕刊）

のを見ても、一向に感心しなかった。そのことは何度か書いて、テレビ関係者を怒らせた記憶がある。しかし今度、これはなかなかいけるぞと思うテレビ・ドラマを発見した。ＴＢＳの『淋しいのはお前だけじゃない』（制作・大山勝美）である。わたしは十三回つづきの芝居を全部見物した」という書き出しで始まり、なぜこのドラマを丸谷が評価するのかを、手際よく説明していた。「表面では、われわれが見るのは大人のための童話劇であって、それは日常的な現実の外へ快く連れ出してくれる。そこには、『青い鳥』や『不思議の国のアリス』に通ずる遊びごころがある。そしてこれこそは、『淋しいのはお前だけじゃない』を在来のテレビ・ドラマと分かつ最も重要な点であった」「たいていの場合、リアリズム離れは単なるでたらめになりがちだったのである。それなのにこの難問を、テレビ・ドラマというまだ幼い分野で何とか解決した作者の力量は、充分に尊敬されてよかろう」「これ以後の作品によって大衆の好みをじわじわと変革し、リアリズムの専制を転覆することは、このチームの課題となるであろう。彼らにはそれだけの力があるとわたしは思っている」と一番組評としては、異例の長さで丸谷が賞讃したのだ。

反響は大きかった。「低視聴率」ゆえの「雑音」がピタリと止み、「自分も、もともと評価していたんだ」と急に「擁護」派を装う向きもいた。そして結果的に「テレビ大賞（※）」の受賞作ともなった。丸谷才一の「批評」の賜物だった。前記の佐藤忠男の発言を読み、この時の丸谷の批評が真っ先に思い出された。

後年、私が『調査情報』編集長として「テレビドラマについて」丸谷に原稿を依頼した際、この時のことにふれたが、「いやア、あの時は例外でね。最近は家人の看護もありテレビドラマを観てないんですよ」と丁重に断られた。数年後（２０１２年）、丸谷は亡くなったが、82年のテレビドラマ批評は、「番組批評はかくあるべし」と、今でも強く私の記憶にある。

さて『アイコ16歳』の放送後、私に「テレビシティ」枠で、ジョン・レノンの音楽ドキュメンタリーをやらないか、との話が舞い込んだ。初プロデュースの「アイコ」の好結果への、「褒美」の意味があったのだろう。制作マネージャーだった峰岸進からの打診だった。ジョン・レノン射殺から2年。角川書店からレノン一家の『家族生活』（撮影・西丸文也）という写真集が発刊されるタイミングに合わせた企画であり、放送はレノンの「命日」の12月8日だという。

「やります！」私は即答した。

※1968年に制定。当初は週刊TVガイド賞としてスタートした

第8話　ジョン・レノンを追って

「あの日」から2年の音楽ドキュメンタリー

　1980年12月8日午後10時50分、ジョン・レノンは自宅のあるニューヨークのダコタ・ハウスに戻ったところ、狂信的ファンによって銃撃された。緊急搬送された病院で数十分後、死亡。日本は12月9日の昼だったが、速報で伝えられた。当時、私は81年正月放送の7時間ドラマ『関ヶ原』のスタッフルームで、「レノン射殺」を知り、衝撃を受けた。

　それから2年、TBS「日立テレビシティ」枠で、『ザ・ビートルズ特別企画　ジョン・レノンよ永遠に』のタイトルで音楽ドキュメンタリー番組の制作が決定し、ディレクターをやることになった。担当プロデューサーとなった先輩の峰岸進に、話を持ち掛けられ、その場ですぐに引き受けたのだ。

　普通ならば音楽番組のディレクターに振られる企画だが、ドラマ畑の人間に話を持ってきた。「テレビシティ」には、そんなフレキシブルなところがあり、作り手にとってはそこが「魅力」でもあった。私は49年生まれのため、高校時代は周囲にビートルズファンがたくさんいた。66年のビートルズ武道館公演には級友のKが、午後の授業をエスケープして聴きに行ったことを思い出す。まあ同世代にとっては、最も近い音楽だったろう。しかし、私はクラシック音楽に嵌まっていた。

66年といえば、H・V・カラヤンとベルリン・フィルのコンビが4～5月にかけて2度目の来日を果たし、大きな社会的反響を巻き起こすほどのコンサートが行なわれていた。そのフィーバーぶりは今でも明瞭に憶えている。私は、5月3日、上野・東京文化会館での演奏会を聴きに行った。モーツァルト『喜遊曲 変ロ長調 K287』とリヒャルト・シュトラウス『交響詩 英雄の生涯』というプログラム。10代のファン心理など、どんな音楽ジャンルでも似たようなものだろう。演奏に興奮した私は団員の「出待ち」をして、何人もの名演奏家たち（M・シュヴァルベ、T・ブランディス、K・ライスター、L・コッホ、土屋邦雄ら）にプログラムにサインをしてもらった。

「レノン」企画は、最初のスタッフ打ち合わせが9月16日に行なわれた（当時の作業日誌より）。電通の持ち込み企画のため、私の他に電通の松下康（のち同社常務）、TBSでは編成の弟子丸千一郎（もと『ザ・ベストテン』プロデューサー）、プロデューサーの峰岸進、APの桑波田景信（のち日音社長）、ADの中山禄郎、構成作家の長束利博らが顔合わせした。長束は『ザ・ベストテン』の構成や、山口百恵の引退コンサートの舞台監督を手掛けた人物だ。

確認事項としては、放送はレノンの命日12月8日であること。当日、角川書店から発売されるレノン一家を撮影した『家族生活』（撮影・西丸文也）のスチールを何点か紹介すること。レノンゆかりのリヴァプール、ロンドン、ニューヨーク3都市でロケーション撮影を行なうこと。ビートルズやレノンの既存映像に関しては、東芝EMIと日本におけるヨーコ・オノの代理人を務めるビートルズ・シネ・クラブ浜田哲生代表から借用することなどを確認。また関連アーティストの取材は、TBSの海外支局に協力を仰ぐことにした。

イギリス、アメリカそれぞれのロケにはコーディネーターを依頼。イギリスロケは電通の肝煎りで、FM東京『サウンド・マーケット』が「ザ・ビートルズ特集」を放送した際、音楽プロデューサーのジョージ・マーティンを出演させたというMに依頼することとした。本隊の海外ロケは、出発10月18日、帰国11月6日で予定が組まれた。それまでの4週間、準備作業に忙殺される。ナレーションは必要最小限にして、もっぱら映像と音楽で構成したい。音楽ドキュメンタリーとして撮る以上、多くのディレッタントの鑑賞に堪えうるものでなくてはならない。「ザ・ビートルズ」「ジョン・レノン」の楽曲を毎日繰り返し聴き、撮影予定地の映像に相応しい曲目と組み合わせを考えていった。

私は、ロンドンへは73年と76年の2回、プライベートな渡航歴があった。特に73年は2カ月近く滞在した。TBS入社前の自由な時間で、さまざま貴重な文化体験をした。クラシック・コンサートが中心だったが、伝説の大女優イングリッド・バーグマンの舞台公演があるのを知り、観に行った。S・モーム作『コンスタント　ワイフ』だった。学生時代に『カサブランカ』（42年、監督マイケル・カーティス）や『誰が為に鐘は鳴る』（43年、監督サム・ウッド）を観て、魅了された女優だ。彼女は当時すでに58歳、往年の輝くような美貌は失せていたが、「映画の幻」を舞台の彼女に重ねた。夢のような芝居見物だった。

第4次中東戦争の影響で西側諸国はオイル・ショックに見舞われた時代で、ロンドンの街も多くのネオンが消えていた。「ハロッズ」などデパートも最小限の店内照明で、ロウソクの灯りで営業する売り場もあった。鉄道ストも頻発、また「北アイルランド紛争」関連のテロ騒ぎも起きていた。73年という年も、世界は決して平穏ではなかった！

アラブとイスラエルの対立を巡り、こんなこともあった。73年12月某日。ロイヤル・アルバート・ホールでイスラエル・フィルのコンサートがあった。ベートーヴェンのピアノ協奏曲と交響曲。どちらも第5

番、すなわち『皇帝』と『運命』という人気プログラム。ピアノが巨匠のA・ルービンシュタイン、指揮は若きD・バレンボイムだった。いわばユダヤ系の新旧トップ・アーティスト競演である。会場で「爆弾テロ」騒ぎがあるかも知れない、そんな不穏な噂も囁かれていた。幸い杞憂に終わり、演奏会も忘れ難い歴史的名演となった。先のマンチェスターでのアリアナ・グランデ コンサート爆弾物テロ事件を知り、ロイヤル・アルバート・ホール当夜のことが思い出させられたものである。

「運を天に任せて」、ロケ出発

海外ロケ出発を前に、演出1部（ドラマ）で1つの企画が持ち上がっていた。「『ドラマのTBS』という看板に、いささか翳りが生じていないか？ ついてはドラマの若手スタッフから企画を募りたい」という編成部からの提案が、中川晴之助演出1部長へあった。「水曜劇場」枠はすでになく、「金曜ドラマ」枠もややマンネリ化、テレパック枠の「木曜8時」、木下プロのドラマにもかつての勢いが見られない、そんな時期だった。「新鋭ディレクターシリーズ」と銘打ち、若手社員のディレクターやADから企画を募集してドラマ化、翌83年3月の日曜夕方の時間帯に4週にわたって放送するという。

金ドラの『突然の明日』で初演出したのが30歳の時。その後何本も撮り、この年82年『アイコ16歳』で初プロデュースもしていた。そんな状況でもあり、企画提出には躊躇いもあったが、かなりの鳴り物入りの企画となりそうなため、応募だけはすることにした。単発であり、かつ「新鋭らしい企画」といった以上の制約はなく、自分のやりたいドラマをやれるというのは魅力的だった。ロケの準備の合間に1本の企画を立ち上げた。新人作家・中平まみの「文藝賞」受賞作『ストレイ・シープ』のドラマ化だった。

『1980アイコ十六歳』（堀田あけみ著）の前年80年に、田中康夫の『なんとなく、クリスタル』と同時受賞していた作品だ。応募者の互選で、4作品が選ばれるが、その時は海外ロケ中だ。「運を天に任せて」、10月18日に約20日間の海外ロケに出発した。コーディネーターのMは先乗りしていて、18日に成田から出発したスタッフは制作、技術6人のメンバーだった。

現地時間10月19日、朝9時ヒースロー空港到着。迎えのロケーション車に乗って、そのまま撮影予定地のロケハン、そしてユーストン（EUSTON）駅で早々に撮影を行なった。休みなしの強行軍である。イギリスロケは10月いっぱいの予定で、この間にロンドン・リヴァプール2都市の撮影を行なわなくてはならない。ロンドンでの宿は、ホテルは高額の上、撮影機材の保守・管理もあり短期滞在だが貸家を借りた。部屋数はあり、不都合はなかったが、朝食の手当てがない。朝の食事の用意と部屋の清掃をする人を手配していた。翌朝現れた「お手伝い」を見て驚いた。中年の女性が来るだろうと思っていたら、なんと20歳前後の白人男性だった。当時、イギリスの雇用状況は悪く、若い失業者も少なくなかった。この青年もその1人だった。雇用を増やすことは、当時のサッチャー政権の最優先課題の一つだったろう。彼の用意したスクランブル・エッグやトースト、そしてミルク・ティーの朝食を摂りながら、（当時の）イギリスの現状の一端に触れた気がした。それから連日、ビートルズゆかりの各所を撮りまくった。

映画『ビートルズがやって来る ヤァ！ヤァ！ヤァ！』（64年）『レット・イット・ビー』（70年）に映る

『ストレイ・シープ』『映画座』、中平まみの2作品を原作として、ドラマ化

主要な撮影ポイントを、次々と押さえていった。アルバムジャケットで有名なアビイ・ロード・スタジオ近くの横断歩道も、もちろん撮った。スタジオ内の撮影も行なった。ビートルズ・ナンバー中、9割近い188曲が録音されたスタジオだ。副調整室は、G・マーティンが座り指示を出したビートルズファンにとって垂涎の場所である。『レット・イット・ビー』の演奏シーンで知られる（アップル・オフィスの）ビル屋上も撮った。

レノンは、イギリスがドイツの激しい空襲に晒されていた40年リヴァプールに生まれたが、父親が時の首相チャーチルびいきで、ミドルネームに、（チャーチルと同じ）ウィンストンを入れている。そこでロケの合間に、チャーチルの映像を入手すべく、帝国戦争博物館やVIS NEWSで関連映像をリサーチした。リヴァプールへ移動の前日は、レノンが初めてヨーコ・オノと出会ったインディカ・ギャラリーを撮影する。一方、何とか実現したいと思っていたポール・マッカートニーの取材は糸口もつかめていなかった。頼みにしていたコーディネーターがマッカートニー側に、コンタクトを取ることができないままだった。

残りのイギリス滞在期間に何とかなるだろうか。

82年当時、バッキンガム宮殿の衛兵行進には『ミッシェル』が演奏され、ロンドン名物の2階建てバスの背面にはビートルズ時代のジョン・レノンの写真が
(『ジョン・レノンよ永遠に』より)

「誰が為に鐘は鳴る」リヴァプール、弾丸ツアーも実らず

10月25日朝、車でリヴァプール入り。ロンドン―リヴァプール間の道は約350キロ、東京―名古屋間に相当する。リヴァプールはビートルズのメンバーが生まれ育った土地。モーツァルトのザルツブルクがクラシックファンの聖地となった如く、ビートルズファンにとってここは聖地なのだ。レノンやマッカートニー、ジョージ・ハリスンが少年時代に学んだ学校も訪ねた。

リヴァプールでの撮影の思い出を一つ。レノンが学んだクォーリーバンク中学(※)を撮影した際、前校長のウィリアム・ポブジョイをインタビューした。彼が校長として赴任した時、レノンはすでに4年生。秀才の集まる学校だったが、レノンは異端児として「勇名」を馳せていたと語った。絵画や音楽といった芸術的才能に秀で、頭も良かったが、学校の規律破りはしばしば。レノンが尊敬していた青年教師が1人いて、彼から社会的関心などに目を開かれたようだと言う。そして、学校の仲間とともに、「クォーリーメン」と校名を冠したバンドを結成、本格的音楽活動を始めた。

人間ジョン・レノンの形成にまつわる、W・ポブジョイの証言

ポブジョイへのインタビューの前、在校生（16～18歳の男女）10人に集まってもらい、彼らにとってレノンやビートルズの音楽はどんな存在なのか、訊ねた。好きな曲はほとんどバラバラだった。それはビートルズ・ナンバーの多様性の証明でもあるが、やはりこの土地（リヴァプール）を歌った『ペニー・レイン』『ストロベリー・フィールズ・フォーエバー』を挙げるものが複数いた。当然この2曲それぞれに歌われた土地の映像を収録したが、正に詞に書かれた光景が眼前に広がっていた。82年当時、レノンらが10代で音楽活動をしていた時から四半世紀の歳月が流れていたが、東京と違いそれほど景観に大きな変化はないようだ。むしろ、そのままに保存したいという都市の意志さえ感じられた。結局、リヴァプールで4日間撮影し、再び3日間、市内各所の撮影をする予定でロンドンに戻った。

戻って2日目の夜、新聞の三面記事の片隅に、マッカートニーが翌日リヴァプールの教会で行なわれる親戚の結婚式に出席予定との短信が載っていた。「ラスト・チャンス」に賭けることにした。ロンドン出発の前日にリヴァプールに日帰り「弾丸ツアー」を敢行する。アポなしの「直撃」を試みるのだ。どこかで接点が持てれば良いが。

10月31日早朝、コーディネーターの運転するロケ車はリヴァプールに向けて出発した。昼前には新聞に出ていた現地の教会に到着した。門扉は閉ざされているが、セレモニーが行なわれている気配は感じられなくもない。スケジュールを考えると、この場所で粘れるのもせいぜい2～3時間。その間に教会から人が出て来てくれれば……。

暫時、待機していたら教会の鐘の音が響き渡った。「あの鐘を鳴らすのは……」「誰が為に鐘はなる」。だが人の出入りの気配は遂になかった。もはや、これまで。午後3時、私たちはロンドンに向けてUターンすることになった。ロンドン最後の夜は宿舎で「反省会」となった。「なぜ、ポールの取材ができなかったのか」。コーディネーターは、先乗りしてマッカートニーのレコーディング・スタジオに張り付いているとの話だったが、結局、先方とのコンタクトが取れていなかった。批判の的はコーディネーターに向かった。しかしドキュメンタリーたるもの、万事想定通り進むことなどないのだ。「明日からはニューヨークだし、まあ今夜はこの辺で」と、私は「反省会」を打ち切った。

「ラブ&ピース」の世界は、実現可能なのかという問いに……

翌朝ロンドンからニューヨークに向かった。11月1日、時差の関係でニューヨーク到着も同日である。空港には、先乗りしていたADの中山禄郎と、アメリカ人の女性コーディネーター2人（アントン姉妹）が私たちを迎えた。

ニューヨークの撮影初日は、空撮でヘリをチャーターした。やってきた初老のパイロットは朝鮮戦争での従軍経験があるという。カメラの小南朗と2人で乗り込み、レノンゆかりの各所を空撮した。ベテラン・パイロットは、さすがの操縦技術だった。自由の女神を眼下に、右はるか前方に2001年のテロで倒壊する世界貿易センタービル2棟を捉え、上空からダコタ・ハウスやニューヨーク・メッツの本拠地シェアスタジアムを空撮した。撮影は1時間ほどで終わり、地上撮影になった。

65年8月15日のビートルズのコンサート会場がシェアスタジアム

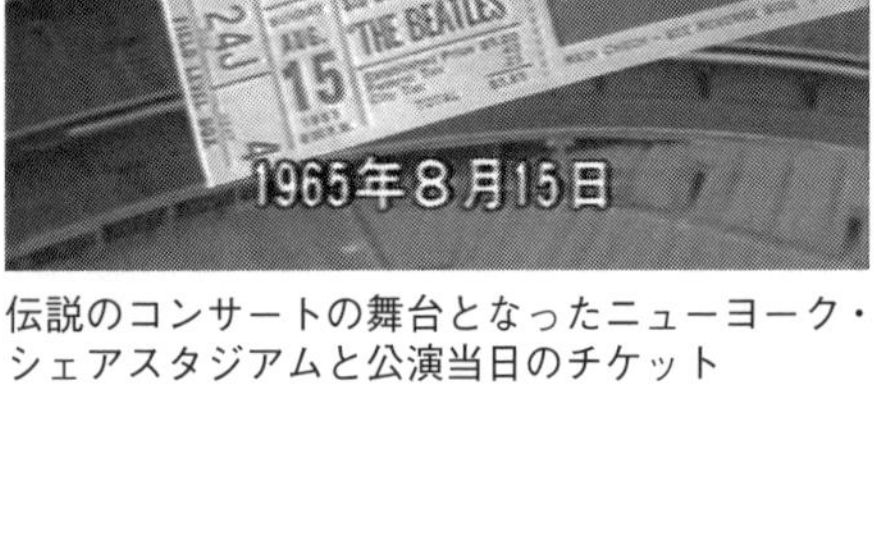

伝説のコンサートの舞台となったニューヨーク・シェアスタジアムと公演当日のチケット

なのだった。その日の公演はビートルズファンの中で伝説として語り継がれるほど熱狂的なものだった。コンサートの記録映像からもその熱気は窺る。舞台の袖からリズムを取りながら、得意そうにビートルズを見遣るマネージャーのブライアン・エプスタインの姿が印象的だ。マウンドにカメラを据え360度パンをしてみるとその時の球場内の興奮が甦ってくるようだ。

レノンのアメリカへの思いはアンビバレンツなものだった。音楽面においては、少年時代からエルビス・プレスリーらに触れ、大きな恩恵を受けてきたが、60年代半ばからのアメリカのベトナム戦争に対しては強いプロテストの意志を示した。ニューヨークの生活も平坦なものではなかった。ヨーコとの別居も経験した。しかし75年ヨーコの暮らしていたダコタ・ハウスに戻り、息子のショーンを儲けた。子どもを溺愛し、ハウス・ハズバンドに徹した。その間の写真が『家族生活』で、番組でもいくつかのショットを使うことにしていた。撮影の最後はセントラル・パーク。レノンとヨーコの憩いの場所であり、レノンの追悼集会もここで行なわれている。

ニューヨーク6日間の撮影を終え、帰国すると、すぐに編集作業に入った。オン・エアまで、ほぼ1カ月である。ロケ出発前、提出した「新鋭ディレクターシリーズ」の企画『ストレイ・シープ』が入選した（企画提出者20数名）という嬉しい知らせが待っていた。この年前半は、母が亡くなるなど苦難の日々が続いたが、後半に入り何やら運気が好転しつつあるように感じた。「人間万事塞翁が馬」と言うが……。

さて『ジョン・レノンよ永遠に』の全体の構成を説明する紙幅はないが、1カ所だけ内容を紹介したい。レノンは、音楽活動を通して「ラブ&ピース」というメッセージを世界に訴えた。アーティストたるもの、「ラブ&ピース」を志向せよとのレノンの主張は、アメリカに渡ってからの「反戦活動」に繋がっている。この有名なメッセージ「ラブ&ピース」について世界の映画人のインタビューを集めたのだ。ピーター・フォンダ、ロマン・ポランスキー、クロード・ルルーシュの3人。フォンダのみ来日中に直接インタビュー、他の2人はTBSの海外支局に依頼した。インタビューに応じたのが、結果として彼らになったのだが、三者三様の意見でそれぞれに興味深い。

フォンダ「『イージー・ライダー』という作品の成功を思い返してみてください。私はアメリカ国内での同世代の代弁者のように思われていましたが、それは正しくありません。私は、他人に問いかけるのではなく、私自身に問いかけようとしていました。ジョン・レノンも同じだったと思うのです。……彼の作品を通して私が影響されたものは私達は自分自身が行動を起こさなければいけないということでした」

ポランスキー「音楽で『ラブ&ピース』が実現されるとは思いません。国家間の関係は経済状況によって決定されるのです。文化はただその反映にしかすぎないのです」

ルルーシュ「劇や映画と同じように音楽でも『ラブ&ピース』を実現できると思います。今は、平和のために戦うべき重要な時で、それは芸術家の責務なのです。彼らの曲を聴くと『ラブ&ピース』ということが、すんなりと頭の中に入ってきます。芸術家は、すべて、レノンがいったように『ラブ&ピース』を追求すべきだと思います。そのことにこそ芸術家としての意味があるのです」

彼らの出自や体験を考えれば、それぞれ真に理解できるコメントである。大きな存在の父（ヘンリー）や姉（ジェーン）を持ったフォンダにとっては、「自立」こそが自身のテーマだったのだろう。またナチスの収容所で母を喪い、父とは別々に辛うじて戦時下を生き延びたユダヤ系ポーランド人のポランスキーの心底には人間不信があるのだろう。69年に妻のシャロン・テートがカルト教徒に惨殺された悲劇もあって、人間世界とはそんな「甘い」ものではないと表白したわけだろう。ほとんど「唯物史観」である。ルルーシュは中では最もオーソドックスなヒューマニズムを信じているように思える。向日性というか、人間の未来に希望を見ているのだろう。たった数分のインタビューだが、ここで番組のテーマが浮かび上がった思いがした。

レノン40年間の生きざまを

「テレビシティ」はオープニングでナビゲーターの松下賢次アナが（時には当日のゲストとともに）番組内容を紹介する件がある。ゲストを入れるか否か。一般的にはレノンを信奉するミュージシャンだが、私は一計を案じ、野球界から王貞治（当時、巨人軍助監督）を招き「レノン」を語ってもらうことにした。王もレノンも40年生まれ。そして王の選手生活引退も、レノンの悲劇的な死も、奇しくも同じ80年であった。王が果たして、ビートルズやレノンの音楽を耳にしていたかはわからない。しかし同じ年に生まれ、それぞれの世界でトップに立った男。王でしか、語りえない「レノン」観が、きっとあるだろうと期待して出演を依頼した。11月某日、TBSでスタジオ収録をした。王は人柄そのままに、こちらが用意した質問に誠実に答えてくれた。「（選手としてミュージシャンとして）勢いがあった時期が、一緒だったといいますかね。……さあこれから、という時に、ああなって……。ほんと無念だったと思いますよ」。スーパースターならではの感懐を述べてくれた。

編集が終わるとMAV（音入れ作業）である。ビートルズ・ナンバー、レノン・ナンバーが全編に流れる。ナレーション部分は少ないが、ミス・マッチは絶対に許されない。ここは林美雄アナウンサーが良いと思った。林とは5年前、情報番組で3カ月間一緒に仕事をしたことがあった。彼は70年代初頭、深夜放送『パック・イン・ミュージック』第2部で、一部の若者ファンからマニアックな人気を得ていた。メジャーになる前の荒井（松任谷）由実や石川セリにいち早く注目、番組で紹介したり、斜陽化していた日本映画にも彼一流の目配りで光をあて、70年代カルチャーの水先案内人的存在となっていた。映像を見ながらのナレーション読みだが、出過ぎず、引っ込み過ぎず、頃合いが真に良かった。ザ・ビートルズやジョン・レノンの「音楽」自体が「劇伴」ではなく「主役」なのだ。ドラマでも同じだが、この番組のポスト・プロ（後作業）も実に愉しいものだった。

番組完成。11月30日に社内試写、スポンサー・プレビューが同時に行なわれ、反応は上々だった。編成担当の弟子丸千一郎が話しかけてきた。「音楽番組担当じゃない、君にやってもらって良かった。音楽畑の人間じゃ、こういうのは作れない」と、妙な褒め方をされた。12月8日夜9時放送。翌日発表の視聴率も音楽ドキュメンタリーとしては良かった（確か9・1%?）。14日の朝日新聞朝刊「はがき通信」欄にこんな投書が載った。「『ジョン・レノンよ永遠に』は、素晴らしい内容でした。……レノンの四十年間の生きざまを適切な選曲と共に見事な映像で映し出していました。……思わず画面に引き込まれました（横浜市・地方公務員・24歳）」。「プロ」の批評ではなく、「一般視聴者」の感想だったが、たいそう報われた思いがした。

そして私はドラマ『ストレイ・シープ』に取りかかることになった。

※イギリスの公立学校での中等教育は、日本の中高一貫校にイメージが近く、11〜18歳を対象に行なわれる

第9話　明日はどっちだ！

キャスティングでドラマの成否が決まる

1982年12月、「日立テレビシティ」の『ジョン・レノンよ永遠に』を終えるや、すぐに「新鋭ディレクターシリーズ」の『ストレイ・シープ』（原作・中平まみ）のドラマ化に取り組んだ。

脚本は、『アイコ16歳』の小林竜雄に、半年ぶりに執筆してもらうことにした。2作とも河出書房新社の「文藝賞」作品で、どちらも河出の辣腕編集者と呼ばれた金田太郎が、手掛けていた。挨拶を兼ね、小林と一緒に河出に出向き、金田と中平まみに会った。かつて2度、映画化の話があったが、いつの間にか立ち消え、「今度は、大丈夫なんですよね」と、中平に念を押された。原作は私小説で、彼女と父・中平康との実話がベースとなった作品だ。ボリュームの点で少し物足りないので、2作目の著作『映画座』と合わせて原作としたいと申し出て了承を得た。

中平康は、日活映画随一の鬼才と謳われた監督だったが、78年52歳で早逝した。56年の『狂った果実』は、フランスのヌーヴェル・バーグの監督たちにも影響を与えたというのは、われわれ世代の映画青年には一つの「神話」であった。その後、日本の映画産業自体の衰退で、中平の仕事は減ったが、76年の最後の映画『変奏曲』（主演・麻生れい子、ＡＴＧ作品）は、五木寛之原作でもあり、私も封切りで観ている。以後、中平はテレビの2時間ドラマを数本撮り、世を去る。『ストレイ・シープ』は、娘の視点から父の最期を描いている。父は娘が8歳の時に家を出た。他所に好きな女性ができたのだ。ここまでは通り一遍の噺だが、そこに〈娘の現在〉が絡む。ドラマの内容については後述する。

脚本の小林は映画界出身で、中平康作品に通じており、『ストレイ・シープ』執筆は正に適任だった。「アイコ」は名古屋の10代女性が主人公だが、今回は東京の20歳代女性、ヒロインのキャスティングでドラマの成否が決まる。

プロデューサーは3年後輩の松田幸雄が担当となり、コンビを組むことになった。松田とは80年の「金曜ドラマ」2作で一緒となり、私には気心が知れた、心強いパートナーだった。松田も加わり、私と小林の三人でヒロイン候補をリスト・アップした。過去に仕事をした女優もいたが、意中の本命は小林麻美だった。72年に『初恋のメロディー』で歌手デビューしたが、いわゆるアイドルとは一線を画していた。印象的だったのは、77年のＰＡＲＣＯのＣＭ。「淫靡と退廃」という、いささかショッキングな惹句が付けられ、このイメージが鮮烈だった。映画では松田優作と共演した『野獣死すべし』（80年、監督・村川透）、主演で『真夜中の招待状』（81年、監督・野村芳太郎）があるが、テレビドラマに頻繁に出る女優では、なかった。同期の赤地偉史が半年前の金ドラ『淋しいのはお前だけじゃない』でゲスト役に起用、半ば「自慢」していた。私もそれは観ていたが、今回の『ストレイ・シープ』こそ「嵌まり役」ではないかと思えた。

ヒロイン「実果」は24歳のモラトリアム人間、都会的でどこかアンニュイな雰囲気を湛えている。早速、マネージャーと出演交渉をした。企画書と原作本2冊を渡し、返事を待った。83年の正月休みを挟んだろうか。「やりたい」の返答を貰った。マネージャーの言によれば、「ヒロインと父親との関係は、本人にも思い当たるところがあるようです」とのこと。かなり役に「思い入れ」があるようだった。次は父親役である。これも私には最初から意中の人がいた。仲谷昇である。仲谷は文学座出身（当時は「円企画」所属）の中堅俳優だが、中平康監督の日活作品で2回も主演を果たしていた。64年『猟人日記』（原作・戸川昌子）と『砂の上の植物群』（原作・吉行淳之介）、中平康を演じるのは彼を措いていないだろう。こちらもすぐに快諾を得た。キャストの軸が決まり、他の配役もスムーズに運んだ。母親役の河内桃子、父の愛人役の赤座美代子もすんなり決まった。

妹役の鈴子を演じることになったのは、福家美峰である。「金八先生」第2シリーズ（80～81年）に出演しており、83年当時マネージメントをしていたのが、寺山修司（同年5月に亡くなる）の公私にわたるパートナー九條今日子だった。顔合わせを兼ねて会食したが、その際に福家がお茶の水の文化学院(※)に在学している話題になった。小林麻美も文化学院に在籍したことがあり、同窓生となる。まったくの偶然だが、姉妹役にはプラスに作用するだろう。伊丹十三だったか、「演出の八割方は、キャスティングで決まる」のセオリーを語っていたが、私も体験的にそれに同意する。『ストレイ・シープ』は、好箇の例である。

この時期、世間ではどんな出来事が起こっていたか少し振り返ってみよう。82年11月、中曽根康弘内閣が誕生、「行財政改革」と「日米関係の強化」を掲げた。「風見鶏」と皮肉な見方をされた中曽根だったが、首相就任後の動きは素早かった。83年1月、韓国と米国を訪問。前内閣時、悪化していた日韓、日米関係の修復に動いた。その一方、中曽根に自民党総裁選で挑んだ中川一郎が地元の北海道で自死、永田町で揣摩憶測が流れた。ロッキード裁判では、田中角栄元首相に懲役5年が求刑された（1月26日）。秋の判決はどうなるか、連日『日刊ゲンダイ』や『夕刊フジ』には大見出しが躍った。政界は、どんよりとした景色だったが、この年は東京ディズニーランドがオープンしたり、カフェバーが流行する。若者の表層文化はみるみるカラフルになり、振り返ればバブルの前兆が起きていたといえるだろう。写真週刊誌『FOCUS』(新潮社)は、170万部の驚くべき発行部数を記録。人々の野次馬的興味をそそる出来事が連続していた。タモリの『笑っていいとも!』は2年目に入って視聴率を急伸させ、たちまちフジテレビの看板番組となった。

TBSの「金曜ドラマ」枠にも、「変化」が起きた。前にも書いたが、「金ドラ」はTBSの制作局制作で、これは枠がスタートした72年の二作目以降「不変」の看板だった。しかし、視聴率的にしばしば苦戦するようになり、編成的にテコ入れが急務となっていた。そして83年2月の「金ドラ」に、初めて木下プロダクション制作の『金曜日の妻たちへ』がラインアップされる。プロデューサーの飯島敏宏は、ここでTBSとは馴染みの薄かった鎌田敏夫とコンビを組み、「金ドラ」枠に「新風」を吹き込んだ。飯島は自らの回想で「(鎌田と)会ってみたらB級映画で意気投合したり、作家としても芸術至上主義じゃないことを言うし、TBS的じゃないな、これは面白いな、と思った」(『飯島敏宏』白石雅彦著、双葉社)と語っている。この鎌田の起用が奏功し、『金曜日の妻たちへ』は、平均15%を超える「金ドラ」久々のヒット作となった。

ある映画監督の「切歯扼腕」

あれこれ寄り道をしたが、つまりはさまざまなところで「パラダイムシフト」が起きていた、ということだ。「新鋭ディレクターシリーズ」もその動きの一つだった。

『ストレイ・シープ』に話を戻す。小林竜雄の脚本は2つの原作（『ストレイ・シープ』と『映画座』）を見事に一本化していた。前者はヒロインのテレビ局での上司との「不倫」の顛末にスペースが割かれていたが、2作目の『映画座』にはドラマの「核」がはっきりと読み取れた。タイトルはともあれ、こちらをメインに「作劇」しようというのが、小林との合意だった。この時は知らなかったが、小津安二郎が吉田喜重に語ったとされる「映画はドラマだ。アクシデントではない」の意味するところと同義である。

脚本を手に、ロケーションの準備。成田空港、首都高速、お茶の水界隈、そして赤坂見附とTBS局舎などだ。中平まみが勤務したのは六本木の某局だが、設定を赤坂に替えた。いずれも土地勘の働く所で、キャスティング同様、私には迷いがなかった。

1時間の単発ドラマは、コンパクトな撮影スケジュールで収録しなければならない。撮影初日の2月7日は、早朝の首都高速での撮影。ヒロインが迎えのハイヤーに乗って、出勤する設定。車中の小林麻美と、走行する車を客観で撮らなければならない。それもトップ・シーンとラスト近くの翌朝のシーン。これを早朝5時台の高速道路上で、手早く撮影した。カメラは若手の大場俊。入社6年目で、チーフ・カメラマンとしての初仕事だったが、見事なカメラ・ワークだった。好天で、東京の美しい夜明けが予定通り撮影できた。そのままTBS報道局でロケ。まだ局員が、ほとんどいない時刻。その後は社内食堂。放送局が舞台のため、「本物」のリアリティーは何ものにも代え難い。

この後は父親が入院する病院の設定で、「お茶の水」界隈。ここで、一つこだわりのシーンがあった。父を見舞った娘二人が話しながら歩く道。そこを文化学院の校舎沿いの道路にしたのだ。姉妹役の小林、福家とは因縁のある学校である。画的にも面白いアングルで撮れるアーチの門があり、その前で演技をしてもらった。良いシーンが撮れた。日没を待って、病院にヒロインが駆けつけるシーンを撮った後、赤坂に戻り、見附付近のロケ。結局、初日ロケが終わったのは夜10時を回っていた。

8日もロケした後、9・10日と赤坂でリハーサル。2月11・12日が緑山でのスタジオ収録だった。初日は父親の病室シーンがメイン。娘二人が見舞っていると、そこに父が最後の仕事をしたテレビ局の部長と担当者が訪れる。焦燥にかられ次回作の構想を持ち掛ける父を、部長はまずは健康回復をと、取りなし辞去する。そこで父の鬱憤が爆発する。掛けていた眼鏡を部屋の冷蔵庫に向かって叩きつけ、こう言い放つのだ。小林竜雄のシナリオから引く。

【秀造（父）「（吐き棄てるように）偉そうにィ。何様だと思ってるんだ。テレビ屋風情がッ。俺の話もロクにきかないで……大層な説教しやがってッ」（息が荒くなり、自分から横になる）】

かつて映画黄金時代、テレビは「電気紙芝居」と映画界から揶揄されていた。しかし70年代、勢力は逆転。病身の監督の切歯扼腕ぶりが表出するシーン。これを仲谷昇が好演した。

角川書店『ザ・テレビジョン』が、「新鋭ディレクターシリーズ」の特集を組み、『ストレイ・シープ』に密着取材をしていた。その時の記事から一場面、クライマックス収録の件を引用する。

〈……父の死の知らせを胸に麻美が家に戻るシーンは、NGが続く。会社組織のなかで決められた予算と時間でドラマをつくるということに、制作者だれもがジレンマを感じているはず。市川さんが時計

『ザ・テレビジョン』誌が特集誌面で「新鋭ディレクターシリーズ」を取り上げた

を気にすることが多くなってきた。麻美の瞳にはすでに涙があふれている。やっと「ＯＫ」の声がスタジオに響いた。５回繰りかえされたこのシーンの間、麻美は涙を流しつづけた。ドラマは、熱くなってきた〉（83年3月11日号より）。2月12日24時、無事収録終了。

ポスト・プロでは音楽をイサオ・ササキに頼んだ。2年前、先輩ディレクターの福田新一の紹介で『娘が家出した夏』に起用したジャズピアニスト・作曲家である。53年生まれ、30歳になったばかりの新進音楽家だった。その後は日本と韓国で活躍したようだが、この『ストレイ・シープ』の音楽は秀逸だった。彼自身のピアノの他にはヴァイオリンとシンセサイザー、ベースとドラムのシンプルな編成だったが、テーマのメロディーが強く印象に残っている。近年、選曲の劇伴も少なくないが、やはりオリジナルの音楽が良い。

ここで、ようやく他の3作品について触れてみたい。放送順で言うと、3月6日が清弘誠（50年生まれ、74年入社）の『雪の記憶』（原作・四反田五郎、脚本・井沢満）、13日が赤地偉史（48年生まれ、74年入社）の『17歳の戦争』（原作・ほんまりう、脚本・西岡琢也／赤地偉史）、20日が八木康夫（50年生まれ、73年入社）の『ひとりぼっちのオリンピック』（原作・山際淳司、脚本・畑嶺明）。そして27日が『ストレイ・シープ』である。選考過程には、私は不在で関わらなかったが、タイトルを見ただけでも、それぞれ個性の異なる作品が択ばれたのがわかる。

それぞれの作品のプロデューサーには、ディレクターの何年か後輩の若手が配置された。その所為か、枠タイトルも放送直前に「新鋭ディレクターシリーズ」から「新鋭ドラマシリーズ」と変更された。関東ローカルで、しかも日曜夕方4時半からの放送だったが、それなりのパブリシティーが行なわれ、四人のディレクターへの取材もあった。

結果として、この時間帯としては視聴率もまずまずで、『ストレイ・シープ』は8・1%だった。原作の中平まみが、何年後かのエッセイで「……TVで観客として見直してみると……台本が私の二作品をうまくドッキング、演出が適確で鋭く、音楽も抑制のきいたクールな哀感と叙情を湛え……」「主演の小林麻美さんが体型雰囲気ともに、切り抜いたようによくはまっていて、父親役の仲谷昇氏、母親役の河内桃子さん、キャスティングもよかったと思う」(『令女好みの振袖紋様』河出書房新社)と書いていた。

原作者の反応は気になるもので、中平のリアクションは「我が意を得たり」の思いだった。

つかこうへいとのコラボレーション

『蒲田行進曲』の制作発表記者会見。前列左より美保純・大原麗子・有馬稲子、後列左より柄本明・つかこうへい・沖雅也(83年5月16日)

翌月、「テレビシティ」枠で、つかこうへいの『蒲田行進曲』のテレビ版を担当することになった。大山勝美との共同プロデューサーである。作業日誌によると、83年4月7日午後、TBS会館地下にあった「シド」の喫茶室で大山と共に、つかと会っている。『蒲田行進曲』は、80年に舞台初演、81年小説化(同年下半期直木賞)、82年映画化(同年「キネマ旬報」ベストテン1位)された、究極のメディア・ミックスともいえる作品である。すでにトリプル・クラウンを獲っているようなものだ。

この上、「テレビ」で、なにができるのか? 大山には、「テレビドラマ」という表現は、「舞台」とも「小説」とも「映画」とも異なるものだという、テレビ第一世代としての「存在証明」を見せたいとの思いがあったようだ。つか自身も、テレビという「装置」で、自分の芝居をどう見せるのか?の目論見があったと思う。映画は深作欣二監督作品で、現場につかはタッチしていない。そのため、テレビでは、つか自らが演出するという条件である。リハーサルをしながら、つかが台本をどんどん改変していくつもりという。つかは「自分は芝居をやる」から、カメラ割りはTBSのディレクターにやってほしいとの意向だった。大山は「赤地にやらせる」と応じた。キャスティングは、つかがすでに主役の三人を決めて来ていた。「小夏」は大原麗子。「銀ちゃん」は沖雅也、「ヤス」が柄本明のトリオである。音楽は、つかの盟友たる大津あきら(根岸季衣の夫君・97年没)、これもつかの希望で決まった。他に劇中登場する売れっ子女優役に、つかが美保純を強く推した以外は、TBSサイドで決めることになった。つかの「演出」を経験したいという俳優もいて、キャスティングはほぼ順調にいった。

収録は緑山で行なうが、「撮影所」まわりのシーンは東映大泉撮影所で撮ることになった。松竹映画の「蒲田」は東映京都で撮られたが、テレビの「蒲田」は東映大泉で撮る。クライマックスのヤスの「階段落ち」シーンも大泉である。

4月某日、自由が丘の小料理店で、つかと2回目の打ち合わせ。赤地もディレクターとして参加した。ドラマ冒頭部分に、つかのリハーサルをドキュメント風に付けることが合意され、つかからはドラマの中の「町」はイメージとしての「町」であり、具体性を持たせないこと、またテンス(時制)も客に忘却させて欲しいというユニークな注文が出た。「ルーティン・ドラマトゥルギーの脱却」の言葉が飛び交った。前々話で記した丸谷才一の「脱リアリズム」のドラマ論に通じるところがあった。

脚本は、ゴールデン・ウィーク明けには書き上げると、つかが約束し散会した。5月下旬から撮影、6

月下旬に前後篇に分けて放送の予定だった。

10月にドラマの「新企画」を

「蒲田」のさなか、もう一つ大きな仕事が振られた。10月からの木曜夜8時枠のドラマを、浅生憲章と私の二人でプロデュースせよとの話であった。「資生堂」がメインの提供枠で、若い人とりわけ女性客がターゲットという。5月中旬には企画提出の急な話であった。

「木曜8時」枠は64年の『ただいま11人』以来、石井ふく子プロデューサーのホームドラマの「鉄板」枠であった。中でも、『肝っ玉かあさん』（68～72年）や『ありがとう』（70～75年）は圧倒的な視聴率を獲得した。しかし、80年代に入り、視聴率的に不振が目立ち、かつての強みは失せていた。前にも書いたように、いくつかの連ドラ枠で「制度疲労」ともいうべき、「客離れ」が起きていた。「金ドラ」のテコ入れは、『金曜日の妻たちへ』で、ひとまず成功した。次に「改革」のメスが入ったのが「木曜8時」枠だった。スポンサーの意向もあり、明確に若い女性ターゲットのドラマが求められたのだろう。個人視聴率の概念はまだなく、F1（20～34歳の女性）やティーンの数字が、あからさまに析出される時代ではなかったが、それでもフジの躍進を横目に、「若者」志向の番組作りの流れが大勢となりつつあった。

そこで、前年「テレビシティ」枠のドラマで一定の結果を出した浅生憲章（『王貞治物語』）と私（『アイコ16歳』）の二人に白羽の矢が立ったのだ。浅生とは、『七人の刑事』でADとして4～5本、仕事をしたことがある。「七刑」の中では「ハデ」な話を好むタイプだった。「犯人」役に人気絶頂だった沢田研二を起用したり、「話題性」に富んだ「ドラマ」作りに長けたプロデューサーだった。

プロデューサー二人制は役割分担が重要になる。趣向も嗜好も重なるところも異なるところもあるだろうが、食い違った際の結論は浅生に従うとして、自分なりに、やりたいドラマ作りを目指すことにした。

「蒲田」の合間に浅生と企画作成の打ち合わせをした。

「ストイックな青春ドラマ」「若い女性のグループドラマ」「辛口のホームドラマ」など当世風のドラマ・コンセプトについて意見交換した。

「来年（84年）オリンピックがあるよな」浅生が私に水を向けた。

「夏は盛り上がりますよね。でも10月企画だとちょっと遠いですね」

「そうだよな。夏だと水泳のヒロインなんていいけどね……」と、やりとりするうち、数カ月前に読んだ『文藝春秋』の、あるドキュメントが甦った。

それはオリンピックを目指す、フィギュアスケートの天才少女の話だった。当時、中学2年生14歳の伊藤みどりのドキュメントだ。すでにフィギュア界では将来の大器と期待されていたが、右足首を骨折したり、年齢制限の問題もあり、84年のサラエボ五輪出場は不透明という状況だった。この話を浅生に振ると、たちまち乗ってきた。「フィギュアね。絵になるし、行けるんじゃない。冬だけどフィギュアなら華やかで、いいよな」と、この話し合いで「舞台」は決まってしまった。

今日のフィギュアスケートブームを見ると、まさに昔日の感があるが、83年段階ではフィギュアは一部ディレッタントのものだった。浅生も私も、女子フィギュア界のマドンナは札幌オリンピックのジャネット・リンだった。「リンも出したいよな」と浅生は早速言った。そして伊藤みどりと山田満知子コーチを早めに取材しようという話になった。

「蒲田」の仕事と連日同時進行で、新企画の準備に忙殺されることになった。

喜べない「高視聴率」

時系列が一部、前後するが「蒲田」を締め括りたい。つかこうへいのリハーサルは独特なもので、完成した台本はリハーサル時にはなかった。

例えば小夏役の大原麗子と、ヤス役の柄本明の掛け合いのシーン。セットと状況設定こそあるものの、二人のセリフは、演出のつか本人からいちいち口伝えで（その時、初めて）告げられる。俳優は心の準備ができない。つかの機関銃のように放たれるセリフを、そのまま、役が憑依したように吐き出すのだ。スタッフサイドでは録音して、リハーサルが終了した段階で、原稿用紙に書き起こし印刷にまわす。したがって本番当日にようやく完成台本が全員に渡る。カメラ割りした赤地も大変だった。

それでも、それから2週間あまり。試行錯誤の末、収録最終日に東映大泉撮影所で、「階段落ち」の撮影が行なわれた。実際に「危険な」シーンであり、私もその日は撮影現場に立ち会った。夜半近くまでかかり、遂にヤスの「階段落ち」。大部屋俳優が文字通り、「体を張って」階段を転がり落ちるシーンである。擬闘の指南役は國井正廣。TBSドラマ常連のプロフェッショナルのリハーサルを受け、柄本は本番に挑んだ。転落の成否が不明の中、付き人の「安否」に思わず、銀幕スターの「銀ちゃん」が「ヤスーッ」と叫ぶクライマックス。

「本番！」カウント・ダウンが始まり、「サン・ニィ・イチ……」キューが振られる。柄本が階段を転がり落ちて行く。息を飲むシーンである。階段上から「銀ちゃん」沖雅也が絶叫する。「ヤスーッ！」。この時、モニター画面は沖雅也の泣き顔のアップを映し出していた。スクリプターの原田靖子が呟いた。「沖クン。どうしちゃったの。ちょっと泣きすぎよね」。とにかく撮影は無事に終わり、6月22・29日の放送へと進んだ。

『決定版！　蒲田行進曲』前篇の放送は15％に迫り、「つか演出」への関心の高さがうかがえた。後篇放送の前日、衝撃的なニュースが飛び込んできた。「銀ちゃん」役の沖雅也が、都内の高層ホテルで投身自殺を遂げたというのだ。翌日、沖の自宅を弔問した。つかも大原麗子も柄本明も来ていた。つかは「今夜の放送はここで観るよ」と言った。

仕事仲間には想像を絶する出来事だったが、私には撮影最終日の沖の「異常な涙」が思い出された。後篇の視聴率は18％に達したが、これほど喜びの伴わない「高視聴率」は、なかった。

この後、秋の新企画のドラマに専心することとなる。すでに企画の出発点として、6月初旬、浅生と私と脚本家（小林竜雄）の三人で名古屋の山田満知子コーチへの取材を終えていた。

※現在は両国に移転。跡地は日本BS放送（BS11）の社屋となっている

第10話　女子フィギュアのドラマ『胸さわぐ苺たち』

フィギュアスケートの天才少女

１９８２年度Ｇ帯（19〜22時）平均視聴率で、ＴＢＳは62年の調査開始以来、初めて首位の座を奪われた。ＴＢＳは15・２％、フジが15・９％という結果だった。60〜70年代、圧倒的な視聴率を誇った人気枠にも陰りが見えていた。

木曜夜８時枠も、その一つだった。石井ふく子プロデューサーの『ただいま11人』や『肝っ玉かあさん』『ありがとう』といった高視聴率番組は、この枠から生まれている。「昭和」のホームドラマの典型のような番組だったが、この時代、日本社会に起きつつあった「変容」を捉えきれなくなっていた。そういう意味では、「テレビ」は容赦ないメディアで、時流を捕まえられないと「視聴率」は付いてこない。その数字を期待され浅生憲章と私が、83年10月からの連続ドラマのプロデューサーを託されたのだ。前回書いたが、選んだ題材は冬季オリンピックを目指す女子フィギュアスケーターの家族の「ホームドラマ」だった。

現在ならば、男女を問わずフィギュア選手はしばしば脚光を浴び、浅田真央に至っては人気芸能人を凌ぐ「国民的アイドル」のような存在だ。しかし83年時点では、特別注目を集めていたスポーツではなかった。オリンピックも夏の大会はともあれ、冬の大会は国民的関心事とは言い難い時代だった。それでも「フィギュア」を採り上げる。

編成部からは「なぜ、フィギュアのドラマなのか？」という至極真っ当な疑問が呈された。これに浅生と私は、どう答えたか？「札幌オリンピックの72年頃を起点に、日本の家庭に起こってきた変容を描くホームドラマ」「72年の夢と希望のシンボルがジャネット・リンで、本人にも出演してもらう」とプレゼンテーションした記憶がある。

それにしても企画の発端は、『文藝春秋』に載っていた当時中学2年生の天才アスリート伊藤みどりのドキュメントである。女子フィギュアという世界を一から取材しなくてはいけない。

加えて、撮影には日本スケート連盟の協力も仰がねばならない。幸いTBSはこの頃、世界フィギュアスケート選手権大会の放送権を持っていた。スポーツ局には56年全日本選手権男子フィギュアの覇者・杉田秀男がいて、スケート連盟とは太い絆があった。

フィギュアの練習シーンは、東京ならば品川プリンスホテル内のリンク（品川スケートセンター）で撮ることになる。スケート連盟に絶大な影響力を持ちプリンスホテルのトップを務めるのは国土計画の堤義明社長であり、撮影には同氏の裁可をもらわなければならない。第一のハードルだった。この時期、映画でフィギュアを題材にした倉本聰の初監督作品（フジテレビジョン製作）が動き出していた（『時計 Adieu l'Hiver』、86年10月に公開された）。堤と倉本は麻布中・高の同級生で親交があった為、この映画以前に制作されるフィギュアのドラマをどうジャッジするか懸念したが、「スケート界振興のためなら」とゴー・サインが出た。品川スケートセンターのリンクも午前0時から5時までならば撮影可能となった。倉本作品が、どんな内容か知る由もなかったし、私たちは頓着することなく、10月スタートに向け、制作に取りかかったのである。

5月半ば浅生と私は、脚本家に小林竜雄を起用することにした。小林は、私とは前年以来3作品目であるが、浅生とは4月放送の3時間ドラマ『聖母たちの行進』で1回だけコンビを組んだ。当時話題だったベビーホテルを題材にしたドラマだったが、予定していた脚本家が執筆不能となり、『ストレイ・シープ』で好評だった小林が緊急登板で急場を凌いでいた経緯があった。

83年7月、札幌での撮影を前にロケハン。左が浅生憲章、右が筆者

浅生、小林と私の三人でフィギュア界（とりわけ女子フィギュア）への取材を開始した。日本人初の五輪女子フィギュア出場選手だった稲田悦子を取材した。当時59歳、戦前の36年ガルミッシュ・パルテンキルヒェン・オリンピックに12歳で出場している。いずれオリンピックのメダリストと目された天才少女だった。彼女の口からも、「伊藤みどり」の話題が出た。自身、天才少女スケーターと呼ばれ、悲愴な思いで滑っていた。「やめようと思ったこともあったけど、私のためにみんなが苦労してるでしょう……」と、昔の自分を重ね合わせているようだった。翌日、戦後に活躍した福原美和にも取材した。2回の五輪出場経験を持つ、現役コーチだった。品川のリンクで指導に当たっていた。このドラマのスポンサーでもある「資生堂」の創業者、福原一族の出身だ。「私の選手時代のことは母からも話を聞いてみて」と言われ、後日、母上も取材することになる。

そして、私たちは名古屋に赴いた。伊藤みどりのコーチ・山田満知子に会うためだ。6月2日の夜、名古屋の都ホテルのレストランで山田コーチから話を聞いた。伊藤みどりは、山田コーチの自宅で生活しているという。山田の家族同様に寝食を共にしているそうだ。「娘からは、私のことを放っておいてと、よく言われますけど」。伊藤みどりの家庭の事情もあっての発言だったが、フィギュアの天才アスリートを育て上げることへの山田の献身ぶりには、「ここまでやるのか」と驚かされた。それまでは女子フィギュアは裕福な家庭の出身者が多かった。実際、全日本レベルの一流スケーターになるには大きな経済的負担が生じる。そんなハンディも、伊藤みどりの「天才」は乗り越えているというのだろうか。「明日も朝6時から瑞穂のリンクで滑ってますから、見に来てください」と山田に言われた。

数時間じっくり話を聞き散会した際、離れた席に石井ふく子プロデューサーの姿を認めた。名古屋の舞台の仕事で滞在していたようだが、木曜8時枠を9月いっぱい担当しているため、偶然と言うしかない。浅生が言った。「何か、歴史的な夜だな」。私の思いも同じだった。

翌朝、瑞穂のスケートリンクに、伊藤みどりの練習を見に行った。小柄だったが、抜群のスケート能力を持っているのは、すぐわかった。翌年のサラエボ大会の出場は微妙だったが、将来はメダリストではと、素人目にも察せられた（後日譚だが、92年アルヴェールビル大会で、伊藤は銀メダリストになった。その中継を、深夜の社内で浅生と私はたまたま一緒に観ていて「よかったよな」としみじみ往時を懐かしんだ）。山田コーチに紹介され挨拶すると、彼女ははにかみがちに一寸会釈を返してくれたが、会話するまでには至らなかった。

スカウティングで全国行脚

帰京後、本格的に制作準備が始まった。スポーツはドラマの一要素にすぎない。基本的には「ホームドラマ」を作ることが私たちの合意である。しかし、フィギュアスケートが「嘘」に見えたら、ホームドラマのリアリティも失われる。「フィギュアのできる女性タレントなどいるのだろうか?」。リサーチするうちに、一人だけ浮上した某タレントがいた。彼女なら人気もあり、本当に滑れるのならば「即決」と、所属プロダクションと交渉を開始した。だが、この話はあえなく潰えた。某タレントのスキャンダルが写真週刊誌に大々的に取り上げられたのだ。浅生と私は「タレントや女優でスケートのできる人間を探すよりも、スケートをやっている女子で演技のできる子を探す」方向に転換することにした。プロ野球のスカウトよろしく、全国のリンクを行脚して、主役を担える「原石」を探すのだ。「テレビ小説」のヒロイン選びとは比べ物にならない難しさだ。ディレクターとしてスタッフ入りした同期の赤地偉史もスカウトとして各地を回った。同時にスケート連盟からも候補を挙げてもらうことにした。

一方、ドラマの筋立てては、浅生と私と小林の三人で協議を重ね、全13回の流れが見えて来ていた。街場の食堂経営から身を興し、レストラン・チェーンのオーナーとなった立志伝中の男の家庭が舞台。苦労を共にした妻は、数年前に獣医師と駆け落ち、父と三人娘が残った。しかし、父が母を見返したいと、横浜市議会議員選挙に立候補。腹心の部下に選挙資金を持ち逃げされ、選挙も落選、レストラン経営も火の車となる。父もまた、失踪。娘たちだけが取り残されるところからストーリーが始まる。スケートをしている娘は三女の設定。三人の娘は、それぞれ24歳、21歳、16歳。もちろん、まず若い女性視聴者に観てもらおうという思惑だ。このキャスティングが決定的に重要だ。

いま少し、ドラマの内容について触れておく。裕福だった家庭が一挙に崩壊する。横浜の山の手にあった豪邸を手放さざるを得なくなり、三姉妹で都内の安アパート暮らしを余儀なくされる。末妹のスケート続行も、おぼつかなくなる。オリンピック出場の夢は断たれるのか？　家族の再生の機会は訪れるのか？という流れで物語は始まる。そして姉妹の前に現れる男たち。負債の取立人を装った、敵か味方か不明の謎の男（根津甚八）。次女の恋人はアヤシイ学生起業家（三浦洋一）、三女のボーイ・フレンドのアイス・ホッケー選手（鶴見辰吾）と、ワンクールの連続ドラマに充分な人物配置を考えた。

そしてドラマのシンボル的存在として、「札幌（オリンピック）の恋人」ジャネット・リンに出演を交渉した。彼女は、札幌オリンピックの後、プロに転向し、アイス・ショーで活躍。すでに結婚し、三人の子供の母親になっていた。アイス・ショーの関係で、プリンスホテルグループと接点があった。そのルートで出演の可能性を探った。その結果、8月中旬、1週間ほどならば出演ＯＫとの返事が戻って来た。この1週間に最大限の協力をしてもらおうと、浅生と私はスケジュール・プランを練った。撮影は品川のリンクと札幌オリンピック所縁の真駒内。そして撮影に先立って、ドラマで三女役の公開オーディションの審査員にもなってもらう、それを番組の制作発表としたら抜群のＰＲとなるだろう、と二人で大いに盛り上がった。

6〜7月、決めなければならないことが山ほどあった。スケート少女のスカウト作業は全国に及んでいた。各地のスケートセンターで指導するコーチからの推薦も集まり、有望な候補の絞り込みを始めた。最終オーディションでは五人から選考することにした。この少女のキャスティングは最後として、他のレギュラーキャストは先行して決めなければならない。三姉妹の長女と次女を誰にするか。候補をリスト・

アップして、スケジュールを打診する。ワンクールといえども、今回は8月から5カ月近く撮影に要する。そうして選ばれたのは、長女役が小林麻美、次女役が石野真子だった。小林は『ストレイ・シープ』に出演したばかりである。浅生から名前が出たと思う。石野は長渕剛と離婚後間もないドラマ出演だったがまだ若かったので次女の女子大生役だ。父親役が中条静夫、母親役が中村玉緒。それに前記の男性陣が加わり、主要キャストが決まった。フィギュア界から世界選手権の男女メダリスト・佐野稔と渡部絵美にも出演してもらうことになった。

最終オーディションでの少女たちの「明暗」

ドラマのタイトルをどうするか？　オリジナルドラマの時は、あれこれ思案することになる。この年のＴＢＳ金曜ドラマで、若い世代にウケたのが『ふぞろいの林檎たち』。浅生には、「くだもの」をタイトルに入れたいというこだわりがあった。ドラマのコンセプトも異なるし、私には異論があったが、ここは浅生に従った。何回かのタイトル会議の結果、『胸さわぐ苺たち』と決まった。

脚本執筆開始を前に、福原美和の母上から話を聞いた。「（美和は、）オリンピックチャンピオンだったソニア・ヘニーの映画を観て憧れたの。消極的な子でしたので、親としてはテニスかフィギュアをやらせようと。ジャンプも粗削りで、器用なタイプではないけど練習熱心で、60年（米・スコーバレー）と64年（オーストリア・インスブルック）に連続出場して、64年には5位入賞しました」と、天才というより努力家タイプだったと言う。朝4時に起きて、通学前に練習に出かけたというから、親のサポートは並大抵ではなかったろう。さて今回のドラマの設定は成立するのか？「崩壊家庭」の少女にスケートを続行させるには、どんなサポートが必要なのか？　以後、浅生と私は頭を捻ることになる。
5月に始動して、3カ月にわたる準備期間。8月18日の制作発表に引き続いて、撮影がスタートすることになった。通常の連続ドラマより3〜4週間スタートが早い。フィギュアのシーンが多く、撮影も手間がかかるためである。

制作発表を兼ね、「三女」役の最終オーディションが行なわれた。東京、横浜、京都のリンクで練習している少女五人が決選に臨んだ。スケーティングの実力の程は？　今、話題の将棋界に譬えると、「奨励会」クラスの中位レベル（高校生の「東日本大会」や「西日本大会」で上位の実績を収めていた）の少女たちだった。当日の模様をもう少し記す。会場は品川スケートセンター。一人2分のスケート演技とMCとのやりとりで審査した。審査員は、TBS側が居作昌果制作局長、中川晴之助演出一部長、プロデューサーの浅生憲章と私。それに脚本家の小林竜雄と出演者の小林麻美、石野真子。フィギュア界からジャネット・リン、渡部絵美の総勢九名。MCもTBSの松田幸雄と同時通訳で名を馳せた鳥飼玖美子（現・立教大学名誉教授）が起用された。豪華版である。

オーディションは京都から参加した二人の少女のトップ争いだった。僅差で原田結実という高校3年生の少女が選ばれた。もう一人の少女は高校2年生、結果を知って号泣したとADから聞いた。オーディションの「残酷さ」に、いささか感傷的な思いにとらわれた。

三女役が決定するや否や、翌日から早くも撮影が始まった。ジャネッ

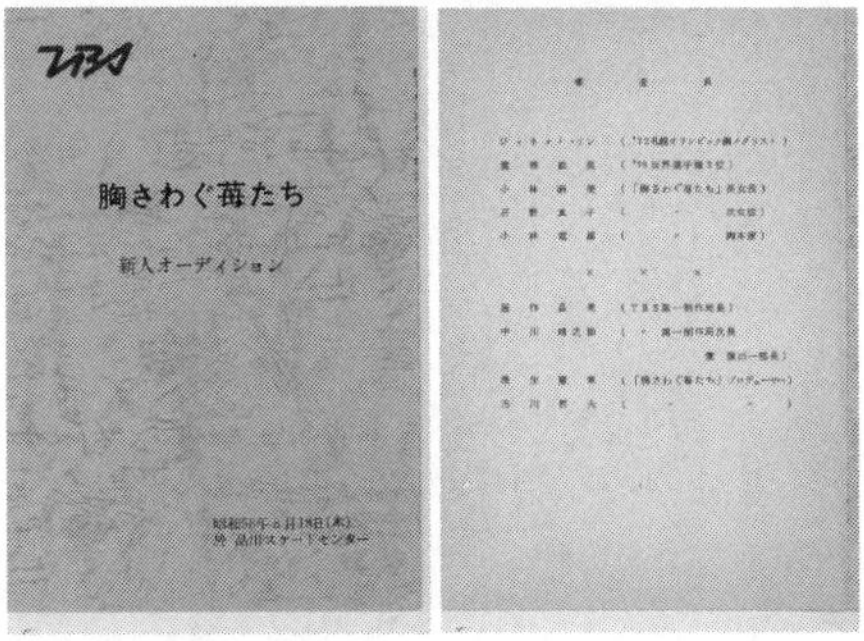

制作発表を兼ねたオーディションの進行台本

ト・リンが初回と2回目にゲスト出演する。滞在する僅か1週間に、品川スケートセンターと札幌オリンピックの思い出の地での撮影をしなければならない。

この先発2回のディレクターは、プロデューサー浅生憲章が担当。70年代までに時々見られたP・D兼務という体制である。私もまた、全13回のうち数本ディレクターをやることになっていた。あとディレクターは二人、前記した赤地と、『8時だョ! 全員集合』(69~85年)のディレクターの一人だった塩川和則も加わった。塩川は浅生の指示で、サラエボ大会のスケートリンクの撮影に出向いた。この映像をドラマ中の合成画面として使用する意図だった。

全13回の撮影は、通常ドラマの5割増くらいの労力を要した。フィギュアのシーンは、品川スケートセンターで深夜から早朝まで毎回撮影が行なわれた。当時、開発されたばかりのSONYベータ・カムで撮影した。他のドラマのチームがロケを終えて帰って来る頃、入れ違いに出掛ける状態だった。

札幌の真駒内アイスアリーナもドラマの舞台となった。札幌は8月と12月にロケを行なった。8月のロケにはジャネット・リンも参加。私がアテンドをしたが、飾らない人柄で好感が持てた。夫と幼い子どもたちと家族で来日したが、札幌では日本のマネージメント会社が手配した女性通訳と行動した。アスリートとしての節制からか、レストランで食事の際も、野菜や白身の魚料理がせいぜいで、肉料理などは口にしなかった。彼女にとっても「サッポロ」は、特別な街だった。64年の東京オリンピックでは、チェコスロバキアのチャスラフスカが「東京の恋人」と呼ばれたが、72年の札幌オリンピックでは、ジャネット・リンが同様の存在だった。浅生は「(リンの)撮影の時は、人だかりで大変だろうな」と来日前から言っていたが、往時から10年以上が経過していて、杞憂に終わった。

しかし、反面懸念も生じた。今(83年)の視聴者にとってはいささか「過去話」になっているかもしれない。テレビよ「お前はただの現在にすぎない」というテーゼもあったが、その時にそこまで考える余裕などない。木曜8時枠で「失地回復」したいの一念だった。かつての「鉄板枠」が1ケタが当たり前になっていたのだから。平均で何とか15%、初回はロケット・スタートで18%が浅生と私のとりあえずの目標だった。主題歌は当時ニューミュージックの世界で人気絶頂の松山千春が担当。『流れ星』という歌である。

ドラマ生放送にも挑む

放送は10月13日にスタートした。前日の12日、田中角栄元首相にロッキード事件の一審判決が下った。私は第4回のディレクターで、都内のロケにかかり切りだった。撮影の間にトランジスター・ラジオで、ニュースを聴いた。懲役4年の実刑判決。「しばらくこのニュースで持ち切りだな」と思った。この時、撮っていたのは11月3日放送の映像だった。「文化の日」当日早朝、何軒か「日の丸」が掲げられた町内を、三女（原田結実）が自転車に乗って品川のリンクに急行する件。彼女は主題歌の『流れ星』を鼻歌まじりで唄っている。この日（文化の日）が「誕生日」という仕掛けなのだ。およそ3週先行して撮影をしていた。

翌日の初回オン・エアー、各紙朝刊「試写」欄には全く取り上げられていなかった。現在と違い、ニュースはもちろん、ワイドショーや情報番組で当日取り上げられるなど、ほとんどなかった。15秒の番宣スポットに予告が何本かといった「牧歌的」PRの時代だ。83年10月スタートのTBSの制作局が作るG・P帯の連続ドラマは他に2本あった。金曜8時『青が散る』（原作・宮本輝、脚本・山元清多）、金曜ドラマ『もういちど結婚』（脚本・石松愛弘ほか）である。演出一部（ドラマ）の同じ部屋で仕事をしていれば、否応なしにライバル意識が生じる。「一番数字を取りたい」と思うのが人情である。初回は12・4%、できれば18%と思っていたので少し落胆した。『青が散る』も話題作だったが11・2%。15%超えは『もういちど結婚』だった。8時台のドラマが伸び悩む意外な結果である。

視聴率で言えば、「苺たち」は前作に比べ数パーセント上昇したものの、全回平均では確か10・6%で終わり、プロデューサーとしては不本意な結果となった。しかし、ディレクターとしては、私が結局一番多く4本を撮り、やり甲斐のある仕事であった。特に浅生の発案で11月3日の担当回は生放送となった。半分近くは先にVTR収録を済ませ、その日のオープニングは、松山千春が『流れ星』を歌う、福岡からのコンサートの生中継（RKB毎日発）映像だった。さらに、三姉妹の住むアパートでのスタジオ・セットシーンと、失踪中の父親が誕生日を迎えた末娘の姿を求めて品川スケートセンターの内外を彷徨うシーンを生放送した。

第4回のオープニング。タイトル・バックには福岡サンパレスからの松山千春コンサートの生中継映像が放送された（83年11月3日オン・エアーより）

放送が終わると、スタッフとキャストでリハーサル室に集合、オン・エアー同録したビデオを見直した。「生」放送直後の視聴、フシギな感覚を味わった。「生」ゆえに、セリフの間が空いたり、詰まったり。それが妙な緊迫感を醸し出していた。70年代には、「水曜劇場」枠で久世光彦がしばしば生放送に挑んだ。浅生は久世ドラマには何回もスタッフに入っており、「生」放送へのこだわりを強く持っていた（結局「苺たち」では1回限りであったが）。

アーウィン・ショーに刺戟され

私のディレクター担当回では、第12回の「札幌のめぐり逢い」が印象深い。札幌は、出奔した母が、獣医師の男（小坂一也）と暮らしている街。その札幌で末娘がフィギュアの強化合宿を行なっている。妊娠していた母が、雪道で車に接触。結果、流産してしまうが、東京から引き寄せられるように、娘たちや失踪中の父、そして取立人の男（根津甚八）やスケート関係者らが登場、交錯する。取立人は、しっかりものの長女（小林麻美）と親しくなり、二人に恋愛関係が生じる。

真駒内アイスアリーナで、撮影した強化合宿のシーン。臨時コーチ役の渡部絵美（左）と三女役の原田結実

全篇のクライマックスと言える回だった。真駒内アイスアリーナで末娘が滑るシーンでは、臨時コーチ役で渡部絵美が出演した。現役時代、フリーでの表現力に定評があったが、ドラマでの演技も玄人はだしだった。そういえばセミ・レギュラーで出演した佐野稔の演技も堂に入っていた。フィギュアスケーターの特性だろうか？　浅田真央や羽生結弦の演技も見たい気がするが。

札幌ロケも終わり、ドラマ収録も大詰めに差し掛かった。放送は年を跨ぎ、84年1月12日が最終回だが、収録は12月25日に終わった。打ち上げは翌日だった。会場はカフェ・バー「インクスティック六本木」、いかにもこの時代らしい店だった。バブル前夜のこの頃、東京の街の雰囲気が大きく変わりつつあった。若者（特に女性）の、ファッションも、表情も大きく変わった時代である。

このドラマのタイトル・バックを撮影したのは夏の初めだったが、この頃、アーウィン・ショーの『夏服を着た女たち』という短編小説が一寸評判になっていた。浅生も私も読んでいて、タイトル・バックのコンセプトは、このセンで行こうということになった。夏のニューヨークを行き交うサマー・ドレスの女たちが美しい、というだけの短篇小説だが、ヴィジュアルでシャレた会話からなる文章。街の日差しや、風の匂いといったものまで感じられる。そこで、都内の街で、「苺」たち即ち「若い娘」たちの表情を捉えるべく、カメラを回した。ドラマの姉妹たちと同世代の女性たちの活き活きした表情を捉えた。主題歌とも良くマッチしていた。肖像権とか、現在なら問題になるが、当時は毎週オン・エアーしても、何のクレームもなかった。テレビにとっては良き時代だった。

年が明け、ラスト2本が放送され、『胸さわぐ苺たち』の仕事は終わった。予算を大分オーバーしていた。浅生が「オレがアクセル踏んで、お前にブレーキ踏んで欲しかったけどな」と言われたが、確かに二人とも、「前のめり」だった。「二頭立て」体制の難しさを、この時につくづく感じたものだった。

この後、私は3月下旬放送予定で、テレビシティ枠の『アイコ17歳』（『アイコ16歳』の続篇である）を、浅生は6月放送予定の「西武スペシャル」を制作することになった。

第11話　ノンフィクションドラマ『一度は有る事』の機微

『1984』年は、こうして始まったが……

G・オーウェルの『1984』は、1948年に書き上げられた近未来小説だが、監視社会が完成した全体主義国家の恐怖が描かれている。ユートピア小説ならぬディストピア小説である。さて現実の「1984年」は、どんな様相を呈していたのか。

前年10月からの連続ドラマ『胸さわぐ苺たち』のモチーフとなった「オリンピック」の年でもあった。「苺たち」の放送は1月12日で終わったが、冬の大会は2月にユーゴスラビアのサラエボ、夏のオリンピックはロサンゼルスで行なわれることになっていた。米ソの冷戦が続いていて夏の大会が完全な形の「五輪」となるかの懸念を持たれていた。

国際情勢は不穏な年明けだったが、国内では、ふたつの事件が世間を騒然とさせる。いわゆる「ロス疑惑」と「グリコ・森永事件」である。「ロス疑惑」は、『週刊文春』がこの年の1月26日号から「疑惑の銃弾」と題した、81年に起きた日本人夫婦銃撃事件の数々の「疑惑」検証記事の連載に始まる。銃撃された妻を献身的に看護し帰国した夫はかつて「美談」の主人公だったが、事件を企てたのは、この夫ではなかったのかという「驚愕」のスクープ記事だったのである。ここ1、2年「文春砲」の炸裂が話題となるが、この「ロス疑惑」は、最近のスクープ記事のどれをも凌駕していた。そしてテレビのワイドショーの恰好のネタとなり、以後1年8カ月、世間の関心はこの「劇場犯罪」に惹きつけられる。現実の出来事は、しばしばフィクションの想像力を超えるもので、こうした時期は、ドラマの作り手にとっては強烈なアゲインストとなる。

さて1月に「苺たち」を終えた私は、再び日立「テレビシティ」枠で『アイコ16歳』の続篇を制作することになった。放送が3月21日、28日の前後篇と決められていたので、ドラマの設定も「アイコ」が高2から高3に上がる春休みの話とすることにした。したがってタイトルは『アイコ17歳』となった。原作はもう使えないのでオリジナルの話を考えなければならない。私と脚本の小林竜雄は、原作者の了解を得るために、また名古屋に赴いた。「16歳」のドラマの時は、高校生だった堀田あけみも名古屋大学の1年生になっていた。堀田の小説は「原案」としてクレジットすることとした。ちょうどこの頃、映画版の『アイコ十六歳』(監督・今関あきよし、製作総指揮・大林宣彦)も上映されていた。

普通の高校生の書いた小説がテレビドラマになり、映画にもなり、またドラマで続篇が作られる。なにが同世代の少女たちの共感を呼んだのか、これがわかれば「続篇」も当たるはずだ。私と小林で、「サイレント・マジョリティー」の少女たちの心性を推し量った。

小林との間で、17歳の「アイコ」が、ロール・モデルを描けるような先輩を設定しようという話になった。弓道部先輩で才媛の女子大生を登場させることにした。TBSの西武スペシャル『風の鳴る国境』(82年、原作・角田房子、脚本・寺内小春)でデビューした真野あずさをキャスティングした。他にも、「16歳」の時とは異なるキャストを数人起用した。「アイコ」の親友役「おキョン」は、三田寛子が連ドラ出演中で出られず、武田久美子に替わった。新設の「アイコ」のボーイフレンド役には、映画『家族ゲーム』（83年、監督・森田芳光）で好演した宮川一朗太、「おキョン」の恋人役には、『時をかける少女』（83年、監督・大林宣彦）で原田知世の相手役だった高柳良一を配した。

『アイコ17歳』では、演出も自ら手掛けることになり、P・D兼務と負担は倍加したが、やり甲斐も大きい。スタッフも入れ替わりが多く、私以外は、ほとんど「16歳」とは異なるメンバーとなった。いわゆるパート2だが、一から作り直すつもりで、取り組むことにした。

前篇のサブタイトルが「大学どうするの?」、後篇が「優等生なんかつまらない」。これからも察せられるように、「アイコ」のヴィルドゥングス・ロマン（成長物語）を狙った。撮影は順調に終わり、手応えも感じていた。事実、放送日の毎日新聞ラテ欄「視聴室」には、「……揺れ動く不安定な思春期の女子高生の心理が素直に、明るく描かれている。テンポのある演出と伊藤ののびのびとした演技が、多感な少女の心の揺れをよく表わしている」の好意的批評が載った。これで「数字」も行けると踏んだが……。「好事魔多し」。オン・エア直前に大ニュースが飛び込んできた。放送3日前、江崎グリコの社長が自宅を襲った2人組に拉致され行方不明になった。その江崎社長が監禁場所から自力で脱出し、保護されたというニュースが報じられたのだ。「グリコ・森永事件」の始まりである。記者会見も行なわれ、ニュースはこの事件で持ち切りとなった。直後に『アイコ』の放送という次第だったが、真ウラの

視聴室
テレビシティ
「アイコ十七歳」
（TBS—後9・0）

84年3月20日、毎日新聞「視聴室」に掲載された『アイコ17歳』の番組評（放送日の21日は新聞休刊日）

ＮＨＫ『ニュースセンター9時』（当時は木村太郎と宮崎緑の強力コンビがメインキャスター）が大々的にこのニュースを伝えていた。

翌日発表の視聴率、「アイコ」は2ケタに乗せるのがやっとだったと思う。テレビドラマには、往々にしてこういうことが起きる。私の三十余年に及ぶドラマ生活でも数回そうした大ニュースと遭遇し、煽りを被った記憶がある。「いつもと変わらぬ日常」こそがドラマ制作者にとって、有難いことなのだ。

僕は詩集しか読まないんだ——服部晴治は呟いた

84年5月、『月の川』都内ロケで演出する服部ディレクター（手前は小林聡美）

『アイコ17歳』が終わった直後だったろうか、「苺たち」で仕事した浅生憲章プロデューサーから相談された。今、取り組んでいる「西武スペシャル」の海外ロケだけ助けてくれないかとの依頼だった。ディレクターは服部晴治だが「服部サンが、ちょっと体調がよくなくて、アメリカロケが無理なんだ。ヒロインがオリンピックの聖火ランナーで、ニューヨークで走る所を撮ってきてもらいたいんだ」。浅生からの頼みであり、服部が困っているとのこと、すぐに引き受けることにした。ゴールデン・ウィークにロケハン、撮影は5月中旬、短期間に2度のアメリカ行きである。浅生とは夏の「オリンピック」でも関わることになったのだ。服部とは水曜劇場枠のドラマ（『花吹雪はしご一家』『さくらの唄』『拳骨にくちづけ』）で何本か仕事をした。こちらはＡＤやＡＰの立場だったが「先輩風」を吹かせるところもなく、対等に付き合ってくれた。テニスに誘われプレーしたこともあった。

こんな思い出が記憶にある。私は暇があれば1日1回は本屋に行く。ＴＢＳ勤務時代は、赤坂一ツ木通りの「金松堂書店」が行きつけだった。水曜劇場のＡＤ時代だったと思う。その書店で、ばったり服部と出会った。服部が、その時、私にこう話しかけてきた。「市川クン、君はどんな本読むの？」「ボクですか？　雑食ですから……。なんでも読みますよ」「そうなんだァ。僕はねえ、詩集しか読まないんだ」と、現代詩人の本棚の前で呟いた。たしかに、その頃「思潮社」から鮎川信夫とか、吉増剛造や、金井美恵子、富岡多恵子といった現代詩人の詩集が出ていたのだ。「カッコいい男だな」と思った。

脚本家・向田邦子の信頼が篤く、彼女の代表作のひとつ『冬の運動会』（77年）の演出は服部がチーフを務めた。その服部は82年8月、大竹しのぶと結婚した。結婚歴があったが、困難を乗り越えた末のゴールイン。そして西武スペシャルは大竹との結婚後初のドラマだった。２０１７年10月、「金スマ」で、大竹しのぶの還暦パーティーの模様が放送された。大竹と服部の5年に満たない結婚生活（服部は87年7月死去）についても回顧されていた。84年春、すでに服部は病に侵されていたが、その時は、深刻な状態とは思わずに私は引き受けたのだった。

もう少し、このドラマのことを書く。脚本は早坂暁。アメリカ・ロケハンの時点で、やはり台本は出来ておらず、浅生プロデューサーの指示に従ってロケハンに赴くこととなった。

浅生は、ロサンゼルス郊外のサボテンの樹が育つ砂漠地帯と、ニューヨーク・マンハッタン地区の「聖火リレー」区間をロケハンし、ロサンゼルス五輪組織委員会の事務局でドラマ撮影の許可も取って来て欲しいとの指示をした。コーディネーターの大塚勝が同行した。海外ロケはコーディネーター次第とよく言われるが、大塚はＴＢＳの「全員集合」チームとよく仕事をしていて、勘所はよく押さえている人間だった。

私と同年の男で、気兼ねのないロケハンでスムーズに事は運んだ。大塚はロサンゼルスに留学経験があり土地勘を持っていたため、レンタカーで砂漠地域のロケハンをした。ここでハプニングが起きた。車が砂地で脱輪して、にっちもさっちも行かなくなった。「公道で車止めて、ＧＳまで行かないとダメですね」と大塚は言い、私と二人で車を呼び止めようとしたが、フル・スピードで走る車が止まってくれるわけもなかった。ここロサンゼルスでも「疑惑の銃弾」事件は知られているのだろうか？とまで邪推する始末。1時間以上経過、「砂漠で夜更かしかな」と悪い冗談まで飛び出した日没寸前、ようやく老夫婦の乗るセダンが、私たちの前で止まってくれた。人の良さそうなアメリカ人夫婦で、私たちをＧＳまで送ってくれて事なきを得た。旅先で温かい人情に触れると、ことのほか嬉しいものである。

続いて、五輪組織委員会で事務的手続き。今では有名だが、この大会では組織委員長Ｐ・ユベロスのオリンピック商業化政策が進められていた。聖火ランナーさえ、「お金（３０００ドル）」を出せば、どの国の人間でもニューヨーク～ロサンゼルス間を走れるというアイデア。大会競技場には世界的大企業の広告が展開。その反面、支出は徹底的な切り詰め。競技場は既存施設の再利用とし、メイン・スタジアムは、32年大会で使用された競技場そのものだった。組織委員会の事務局も質素な造りで、スタッフは大勢働いていたが、多くは若いボランティアだった（ロサンゼルス五輪は2億１５００万ドル、日本円で当時の５００億円を超える黒字を計上したと言われている）。その後、ニューヨークの撮影地区のロケハンを終え帰国した。

私はドラマ全体には、関与していなかったが主役の女優の降板劇があった。大竹しのぶ演じる平凡な主婦を「夜」の世界に誘い、破滅に導くファム・ファタール（運命の女）役である。結局、服部の『冬の運動会』に主演した、いしだあゆみがヒロイン役を務めることとなった。

5月中旬のニューヨークロケ本番には、浅生プロデューサーも同行した。聖火リレーの撮影は陸上と空撮を同時に行なうため、ADの佐藤健光も参加した。スタッフから2日遅れで、いしだあゆみがニューヨーク入り。所属事務所の井澤健社長も一緒に現地入りした。翌日いきなり本番だった。本物の聖火リレーに女優が走るからと言ってリハーサルなどできない。一発勝負だった。幸い、いしだあゆみは少女時代フィギュア・スケーターで、スポーツ・ウーマンだった。1キロ区間のランニングなど全く問題にしなかった。撮影もスムーズに運び、「助っ人」としての私の「お役目」は終わった。服部ディレクターも無事全篇を撮り終え、6月8日夜10時から西武スペシャル『月の川』は放送されたのである。

この後、同じ6月だったろうか。同期の赤地偉史が、『胸さわぐ苺たち』に出演した原田結実と結婚した。当時、赤地が35歳、原田は高校を卒業したばかりの18歳だった。17歳の年の差は、服部と大竹と同じである。大学進学を考えていた原田を「オレという大学に入ればいいんだ」と、赤地が口説いたと仕事仲間の間でウワサになった。

赤坂プリンスホテルの旧館で披露パーティーが行なわれた。同期の私と清弘誠が司会進行を務め、『蒲田行進曲』や『胸さわぐ苺たち』の多くの関係者も参加し賑わった。そして、主賓の居作昌果制作局長の破天荒な祝辞から、パーティーは「無礼講」となった。当時、TBSの制作局の人間は結婚披露パーティーでは「手ひどいスピーチ」の洗礼を覚悟しなければならなかった。この夜は、主役の赤地がスケープゴートとなった。後のスピーチも推して知るべし。原田家の親族には、気の毒な展開になってしまった。もっとも新婦本人は、3次会の麻雀大会でも、ずっと赤地の傍に控えて座り、卓を囲む「悪友」たちから

「よく出来た女房だねえ」と妙な感心をされていたものだ。

誰もが経験する、『一度は有る事』

7月に入って演出一部（ドラマ部）長の中川晴之助から、10月からの昼の「テレビ小説」のプロデューサーを命じられた。68年以来のポーラ一社提供が終わり、この年4月のリニューアル以降、「ポーラ」時代のNHK同様の女性の一代記ものから、現代劇で構わない方針になった。4月からは看護師がヒロイン（藤真利子）のドラマ『あなた』（脚本・清水曙美）が進行中だった。

この話を受けて、やりたいなと思う企画がひとつあった。ノンフィクション作家・上坂冬子の『一度は有る事』という作品だった。「中日新聞」の文化部長が上坂に執筆を勧め、83年8月から11月まで、「中日新聞」「東京新聞」夕刊に連載されていた。(※) 上坂のノンフィクションは、病身の老父の介護を誰が引き受けるのか、実際の上坂家（実名は丹羽家）に起きた出来事のてんまつを綴ったものだった。「1984年」当時、「高齢者介護」の問題は現在ほど深刻ではなかった。国民の平均年齢も30歳代だったと思う。まだまだ総体として日本社会は「若い」時代であった。ただ、「介護」あるいは「親の扶養」の必要な世帯が、じわじわと増えつつあっ

『一度は有る事』の原作は放送開始に合わせて文庫化もされた

た時代であった。

「高齢者夫婦」の場合、「夫」が先に逝き、「妻」が遺ることが圧倒的に多い。もともと夫の多くが年上で、平均寿命は女性のほうが6～7年長いからである。しかし当たり前だが、年下の妻が先立つ場合もある。上坂の両親は、そのケースだった。83年5月3日夜7時すぎ、上坂の母は、父の具合が悪いので薬局に用足しに行き、帰り、自宅近くで不慮の交通事故に遭う。そして、その夜遅く亡くなる。上坂は子ども十人の中で、ただ一人「親の死に目」に会わず、葬儀も出席せずにいた。「母親の死」を認めたくなかったからだ。その後、遺された既に81歳となった父親の介護をどうするか、子どもたちの対応を綴ったのが『一度は有る事』である。私は、その時期『胸さわぐ苺たち』の仕事にかかりきりだったが、なぜかこの連載は読んでいた。いつかドラマ化しようという魂胆があったわけではない。ただ82年に、私も母を亡くしており、父が遺ったというシチュエーションが、このノンフィクションを「他人事」と思わせなかった。

ポーラ時代の「テレビ小説」は新人女優の登竜門的枠だったが、4月以降、それは絶対条件ではない。ウラはフジの『笑っていいとも！』が絶好調だが、昼の在宅視聴者を想定すれば、中高年女性が多いはずであろう。高齢化した「親」や「舅」の介護に苦労する人々も少なくなかろうと考え、「いいとも」に十分対抗もできる企画だと思った。

脚本家は、3月まで最後のポーラテレビ小説『千春子』を書いたばかりの重森孝子に依頼した。重森とは初めてのコンビとなるが、題材的にフィットする脚本家だと思った。上坂冬子がモデル、ノンフィクション作家が主役のドラマ。初めて会い、じっくり話して、この選択は間違いないと確信した。重森は「父を亡くしたばかり」だった。

7月25日に重森と自由が丘の上坂冬子のマンションを訪ねた。初対面だが、すぐに意気投合した。三人の年齢には、それぞれ10歳位の隔たりがあったが、「相性」が合ったのだろうか。上坂は、「父の様子も見てやって下さい」と言い、愛知の豊田市の実家を訪れることが決まった。これで3年連続、「愛知」「名古屋」絡みのドラマに関わることになった。

8月8日、私と重森は豊田市に赴き、上坂の案内で自宅療養中の「父」を見舞った。1901（明治34）年生まれで、「昭和」天皇と同い年である。ベッドで仰臥されていたが、体調には波があり、上坂の末弟夫婦が世話をされているとのことだった。「白内障」も患い、視力も落ちているようだったが、私たちを認め、軽く手を動かした。しかし眼光には「鋭さ」が感じられた。

上坂の著書によれば、この父は菓子商の末っ子として生まれ、優秀な頭脳を持っていたが、小学校を終えると奉公に出された。しかし一念発起して巡査となり、22歳の巡査部長の時、普通文官試験に合格、16歳の妻を娶った。その後、上京して警察講習所で研修後、大抜擢され出世コースに乗り、内務省警保局の官吏となった。主に右翼の思想活動対策の担当だった。敗戦で公職追放処分を受け、家族そろって帰郷、地元で度量秤店を営んだ。公職追放処分が解けても官吏には戻らず、市井の人間として生きた。十人の子どもに恵まれ、育て上げた。上坂は次女で、少女時代は都心の官舎で暮らした。父が始めた秤店は末っ子の七男が継いでいる。『一度は有る事』でも、この七男「誠」がキー・パーソンとして書かれている。ドラマでは、上坂と「父」、そして七男夫婦が軸となることが見えてきた。

原作とテレビドラマのあいだ

しかし、原作がノンフィクションといえどもドラマ化に当たっては、もう少し人間関係を「整理」したい。結局五男三女の兄弟姉妹に再構成した。

それにしても大家族である。キャスティングが大変だった。前出の四役、上坂本人には白川由美、父は殿山泰司、「誠」に江藤潤、そしてその妻に浅田美代子を決めた。上坂は、本人役の白川、そして弟夫婦役の江藤・浅田には大満足だったが、殿山は「イメージがちょっとねェ」と、私に内々不満を洩らした。上坂には「父」といえば『東京物語』の笠智衆や、「たとえば大友柳太朗さんとか」のイメージがあったようだ。私はなぜ「父」が殿山泰司でなければならないかを丁寧に説明した。

殿山は、おそらくは上坂の「父」とは対照的な人生を歩んできたろう。一方は厳格な「官吏」の人生、それも内務省警保局である。対して殿山は、「自由人」そのもののバイプレーヤー。あの歳（当時69歳）で、フリージャズとミステリーを愛する男で、軽妙なタッチの著書も多い趣味人だ。当時ＴＢＳ前の「一新」でジャズを聴きながら、ミステリーを読む殿山をよく見掛けたが、とても良い感じだった。我々世代には「カッコイイ老人」の代表格だった。このドラマをシリアスなトーン一色の作りにはしたくなかった。「老父の介護という日常の中でも、ホッとする一瞬とか、父の『ボケ』たセリフに思わず笑ってしまうようなシーンが欲しい。そんな味わいも、殿山さんなら出せるんですよ」と上坂に伝えた。「じゃあ、見てみましょうかね」と漸く納得したが、結論から言うと、上坂は殿山の「父」役が「大のお気に入り」となった。

『一度は有る事』は、10月1日から12月28日までの放送となった。月曜から金曜まで13週65本の長尺である。出演者も通常の連続ドラマの倍近い俳優・タレントが登場することになった。大家族なので、アクセントを付けたキャスティングが求められる。1週目だけだったが、事故で亡くなる「母」役は名古屋中心で活躍するベテラン女優の山田昌を起用した。東京での活動は多くはないが、十分存在感を発揮した。子どもたちや、その連れ合い役には芸達者を揃えた。次男役はＤＪの小林克也に出演依頼した。映画『逆噴射家族』（84年、監督・石井聰亙〈現・石井岳龍〉）に出演、なかなかの役者ぶりだったので起用した。この縁で、この後も何本か私のドラマに出てもらった。その息子役を演じたのが、当時18歳の永瀬正敏だった。後に映画俳優として活躍しているのを見るとチョット嬉しい。浅田美代子とは水曜劇場『花吹雪はしご一家』の時のAD時代以来9年振りの仕事だった。浅田にとっては、かつての「アイドル」から「女優」への転機でもあった。舅の世話をする「嫁」役だったが、天性の「明るさ」で「救い」となった。上坂役の白川由美も外見はスキのない淑女だがざっくばらんな人柄で、シリアスなドラマだったが、現場では「笑い」が絶えなかった。

84年12月、奈良ロケでのクランクアップ直後のスタッフ・キャストの集合写真。殿山泰司、白川由美、江藤潤、浅田美代子の顔が見える

私は、このドラマでは全13週の内、1週だけ演出も担当した。初コンビの脚本の重森と、脚本づくりやキャスティングに多くの時間を割いた。実話に基づくため、フィクション化しても視聴者は「上坂（丹羽）」家そのものと思うかもしれない。そして、他の兄弟姉妹やその連れ合いから「不満」が出るかもしれない。これがノンフィクションドラマの「難しさ」だが、「全く気にしないでドラマ作ってね。家族が何言ってきても、私がビシッと抑えるから」と上坂は言った。私小説やノンフィクションの場合、作家の家族との、こうした「葛藤」は付き物である。私は、『ストレイ・シープ』をはじめ、実在のモデルがいるドラマを何作か手掛けたが、最終的には原作者が「満足」してくれ

るかが「勝負」と思って作ってきた。今後も、その辺りについては「実例」を挙げ、何回か書こうと思う。

『一度は有る事』の視聴率は前作より微増（ビデオリサーチの最高回10・8％、ニールセンの最高回13・3％）だったが、視聴者の反響が大きかった。毎週のように、視聴者からの投書が手元に届き、各紙の放送欄にも掲載された。高齢者や、介護に当たっている家族からの切実なリアクションだった。『一度は有る事』は、内心では2年前に亡くなった母への「供養」という思いもあった。原作者の上坂冬子、脚本家の重森孝子にも、それぞれ同じような思いがあったろう。それなりの「達成感」を感じられたドラマだった。

一息つく間もなく、幸いなことに次の仕事の話が持ち込まれた。「新鋭ドラマシリーズ」の3年目で、プロデューサーとして80年入社の渡辺香の企画を担当して欲しいとの話だった。これも実話を基にしたドラマで、クラシック音楽の世界で起きた珍事件を題材にした話だという。そのネタは新聞で読んでいた記憶がある。「面白そうだな」と直感し、さっそく渡辺から話を聞くことにした。85年も忙しくなりそうだなとの予感があった。

※連載後の84年2月、中央公論社より単行本化された。また、「東京新聞」夕刊の同枠には、76～77年にかけて山田太一の『岸辺のアルバム』が連載されていた

第12話　オーケストラの指揮者とプロ野球監督

男の憧れの仕事、二つ

1985（昭和60）年も、年明けから忙しかった。前年末から、TBS「新鋭ドラマシリーズ」の渡辺香（80年入社・元キャスト・プラス社長）の企画のプロデューサーを担当することが決まっていた。彼は演出一部（ドラマ部）の6年後輩にあたり、83年の『胸さわぐ苺たち』の際にはAPを務めていて旧知の間柄だった。企画のあらましを聞くと、私にも興味をそそられるものだった。渡辺は英国のコメディアンだったピーター・セラーズの映画が好きで、79年作品の『チャンス』のようなドラマをやりたいのだと言う。

「ちょうど、このネタならどうかと……」。

ほぼ1年前（83年11月）に新聞の社会面や週刊誌などで報じられた「珍事件」が、その「ネタ」だった。「クラシックおたく」の中年男が、一流オーケストラを、まんまと騙し自作自演のコンサートをやってのけたという「詐欺事件」であった（実際のコンサートは、83年5月と6月の2回行なわれたそうである）。その事件を報じた記事は私も目にしていて、なかなか目の付け所の良い企画だなと直感した。何年か前、騒ぎとなった「佐村河内」事件の先駆けみたいな話であった。

「戦中派」の男の憧れの仕事は、「連合艦隊の司令官」か「巨人軍の監督」か「オーケストラの指揮者」などとの俗説の名残も残っていた時代でもあり、私にも理解可能な人物像だった。「脚本は、ボクが書くよ。キミが直しを入れて演出すればいい」と渡辺に持ち掛けた。彼もすぐ納得し、次の課題はキャスティングと「音楽」をどうするかとの話になった。主役の「迫丸英世」（役名）は、都心にある高級マンション（当時の流行りの呼称としては「億ション」）の住み込みの管理人。そのマンションのオーナー夫人で、最上階に住む「有閑マダム」が、彼のサポーターという仕立て。

この二人を誰にするか？　これはすぐ決まった。「男」は、『一度は有る事』で仕事したばかりの小林克也。当時44歳、すでに洋楽のDJの第一人者となりつつあった。10歳くらい年上の「老け役」ならいけると踏んだ。「女」は、歌手の奥村チヨだった。奥村はヒット曲『恋の奴隷』や『終着駅』などで、私の世代にはファンが多かった。歌手は芝居もうまいというのは、テレビドラマの世界では定説だが、この時の奥村も、役にぴったりの演技をしてくれた。

このドラマのもう一つの主役は、「音楽」である。渡辺は、事件の「男」が書いた『聖女』なるスコアの使用が可能かどうか、収監中の「男」の弁護士にもあたったそうだが、結論から言うと「不可」であった。結局、「劇伴」を担当することになった城之内ミサが、ドラマ用のもう一つの『聖女』を作曲することになった。城之内は、音楽好きな先輩ディレクターの福田新一が、テレビドラマの「音楽」の世界に誘った若手作曲家だったが、ＴＢＳのドラマの「劇伴」を幾つか担当する売れっ子になっていた。このドラマのクライマックスは、小林克也扮する音楽家に成りすました主人公が「自作」を指揮する演奏シーンである。

オーケストラは、実際「事件」に巻き込まれた「楽団」に出演依頼はしかねるので、別のオーケストラ

東京交響楽団を指揮する小林克也（ＴＢＳドラマ『噂のコンサート』より）

を探した。これも一発で、東京交響楽団が出演してくれることになった。プロのオーケストラが無理なら、学生オケでもと考えていたが、「東響」が引き受けてくれて、「音楽」面は「鉄板」となった。

私の脚本の初稿は、ペラ（２００字詰原稿用紙）で、１５０枚。大分長尺だったが、そのままディレクターの渡辺に渡し、「あとは、キミに任せるよ」と、私は他のキャスティングを進めることにした。因みに、初稿でのタイトルは、鶴田浩二の名曲をもじって、『夢だらけの人生』としておいた（本タイトルでは、渡辺の意向で『噂のコンサート』となったが）。

実は、この時もう一つの企画を抱えていたのである。「どんなジャンルに挑んでもよい」という「日立テレビシティ」枠の番組企画だった。この番組枠自体、編成の事情で、水曜夜9時枠から、84年10月以降、土曜夜10時枠に変更されていた。週末の深い時間ということもあって、やや男性目線に傾いた企画もラインナップに取り上げようとの狙いもあった。ＴＶＣＭでも、パソコンなどの宣伝が目立ち始めた時代である。

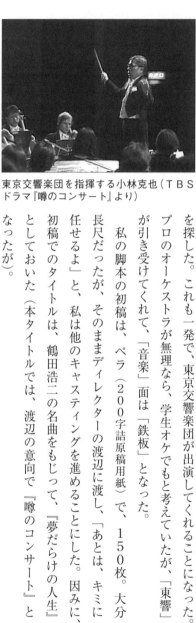

ある日、週刊誌をめくっていたら、気になる記事が目に留まった。

「○ビジネスマン必読　新・指揮官研究　監修／南　博（一橋大学名誉教授・日本心理センター所長）」（『週刊ポスト』１９８５年1月25日号）と銘打ったいかにもサラリーマン向けの特集で、当時の企業経営者たちを、歴史上の代表的人物4人に類型分けしていた。その人物とは、織田信長、坂本龍馬、西郷隆盛、伊藤博文である。そして、「一流」企業68社の社長が対象となっていた。私は、その時ひらめいた。「この分類をプロ野球の監督12人でやったら、テレビ番組になるんじゃないか」と。前にも記したが、「巨人」をはじめプロ野球の監督とは、男たちの憧れの職業である。85年時点で、プロ野球は圧倒的な人気を誇っていた。男性なら、内閣の大臣の名は知らなくても、12球団の監督名なら知っていた時代である。ドラマ部にも野球ファンは多くて、大抵それぞれの贔屓チームを持っていた。私は、少年時代からずっと「阪神」ファンだったが、この企画では熱烈な「中日」ファンだった八木康夫にも共同プロデューサーとして名を連ねてもらうことにした（同世代で、ともに「アンチ・ジャイアンツ」ということもあり、プロ野球談義を時々したものだった）。こうして、私には二つの仕事が同時進行した。放送日は、「新鋭ドラマ」が3月3日。「テレビシティ」が4月6日だ。

テレビセミナーではないのだ。

「新鋭ドラマ」に、話を戻したい。

「指揮者」と「プロ野球監督」という、かつての男性の憧れの「仕事」を、期せずして番組で、同時に取り扱うことになった。私自身も、子どもの頃から「オーケストラ」のコンサートや「プロ野球」には、放送を通してだけでなく、実際のホールや球場に足を運んだものである。

さて、ドラマで出演するオーケストラは東京交響楽団である。東響は、TBSがKRT（ラジオ東京）の時代、サポートしていたオーケストラで、そうした意味では因縁の深いオケである。85年1月某日、新宿区百人町の東響に赴き、金山茂人楽団長と山下喬事務局長と打ち合わせをした。業界内の「珍事」であったので、先方もこの「事件のてんまつ」は、よく承知していた。しかし、「出演」に関しては、妙な条件は一切なく、きわめてビジネスライクに事は運び、演奏シーンは信濃町の日本青年館で撮ることも決まった（実際に行なわれた「コンサート」と同じ会場である）。

「コンサート」のシーンの撮影現場には、私も立ち会った。実際の指揮の「身振り」「手振り」は、小林克也のトレーナーとして山本直親（ファゴット奏者・指揮者山本直純の実弟）が手ほどきをした。その甲斐あって画面で見る限り、小林の指揮は玄人はだしに見える。渡辺も新人らしからぬ演出ぶりでスムーズに進行し、スケジュール通り撮影は終わった。

余談だが、２０１０年に『オーケストラ！』（09年フランス映画、監督ラデュ・ミヘイレアニュ）という洋画が日本でも公開された。これは、かつてのソ連の有名指揮者が、国家の崩壊で今や清掃作業員に身をやつしていたが、あるきっかけから昔の楽団員を集めて、パリ公演を行なうという「感動作」だが、この映画を観て85年のドラマ『噂のコンサート』を思い出したという人がいた。クライマックスの撮影を見届けたので、私は「テレビシティ」の仕事に専念することになる。

「監督」を歴史上の人物に見立て分類するというアイデアは、それだけでは「テレビ」にはならない。別にテレビセミナーをやりたいわけではないのだ。気取って言えば、ボーヴォワールの『第二の性』の本文の冒頭、「人は女に生まれない。女になるのだ」（生島遼一訳）に倣って、「人は監督に生まれない。監督になるのだ」というのがモチーフである。この時、恰好の対象になったのが当時、日本ハムの監督に就任したばかりの高田繁（元巨人のＶ９メンバー）だった。高田は当時39歳。ＮＨＫで野球解説をやっていた。コーチ経験を持たない人間が、いきなり監督とは「大丈夫なのか」と、スポーツ・マスコミもやかましかった。故に、企画にふさわしい人物と私は考えた。

ドラマではないが構成作家として、白羽の矢を立てたのが佐々木守だった。佐々木守とは、AD時代の『乱塾時代』（77年）以来の仕事だが、以後も何回か企画絡みで話をする機会があり、意気投合することが多かった。台本の打ち合わせでも、話題が四方八方に飛び「本題」そっちのけで「盛り上がる」というタイプの作家で、「打ち合わせ」が面白いということでは、山田信夫と佐々木守が双璧だった。佐々木は放送ではラジオ東京の仕事でデビューしたので、TBSの中には彼と親しい人間が大勢いた。私などは新参者のほうだったが、佐々木は何十年来の旧友のように接してくれ、その態度は終生変わらなかった。

打ち合わせに佐々木を招いて企画を話すと、「面白いね！」とすぐ話に乗ってきた。彼には『男どアホウ甲子園』（画・水島新司）という野球漫画のヒット作があるが、実は「野球そのものには、詳しくないんだ」と言われてびっくりした。それでも、「ボクもキャンプに付き合いたいな」と沖縄・名護には同行すると言う。

さらに番組の演出のアシスタントとしては、『関ヶ原』（81年）以来の原夏郎が加わった。以前も書いたが、原は中川一政画伯の孫であり、ドラマ部の上司の中川晴之助の甥にあたる。さらに言えば原の妻は、あの高名な野球評論家小西得郎の息女だった。佐々木守とも旧知の仲、スタッフにはうってつけだった。

さて、取材対象をどこまで広げるか？　また企画の発端となった南博の日本心理センターにどのような協力を仰ぐのか？　問題は山積していた。

その人の貌を見ればわかりますよ。

最初に六本木にあった日本ハムファイターズ球団事務所に赴き、全面協力を依頼した。後にはパ・リーグ人気球団の一つとなった日本ハムだが、85年時点はパ・リーグの中でも人気は下位の球団だった。本拠地は東京・後楽園球場だったが巨人が各地でビジター・ゲームの時に、日ハムは後楽園でホーム・ゲームを行なうといった具合で、どうしても人気面でハンディを抱えていた。その意味では、北海道移転は「革命的」な大成功と言って良いだろう。当時、巨人出身の高田を監督に抜擢した裏には、巨人ファンの一部でもパ・リーグでは日ハムを応援してくれればという思惑があったのは推測に難くない。球団側は、私たちの申し出のほとんどを受け入れてくれた。本来極秘のスタッフ・ミーティングにも1回だけカメラを入れて良いということになった。そして千葉・鴨川の一次キャンプと、続く沖縄・名護の二次キャンプにも密着取材が可能になった。

名護キャンプで筆者のインタビューに答える、日本ハム高田繁監督（左端は佐々木守）

一方で南博の研究グループとの打ち合わせを始めた。彼らは82年に『「日本人とプロ野球」研究』（南博編・ブレーン出版刊）という本を出していた。当時、日本人が「かくもプロ野球好きなのはなぜか」というのは、彼らの日々の研究テーマの一つでもあったのだ。東京・原宿にあった南のマンションを訪ねると、メンバーがリビング・ルームに集まっていた。南のパートナーの女優の東恵美子が紅茶をいれてもてなしてくれた。碩学を囲むサロンの雰囲気だった。南と東が、よく「日本のサルトルとボーヴォワール」と呼ばれたのもむべなるかなという感じがした。私たちは、構成の佐々木守と、原と三人で訪問したが、南のメンバーの中には、『週刊読書人』編集長の植田康夫（のち上智大教授）もいた。その場の話し合いで、セ・パの12監督に回答してもらう15の設問を考えた。併せて、補足的質問として、「少年時代をどう過ごしたか?」「級長タイプかガキ大将タイプか」、などということも加えた。問題は、全監督から回答が戻って来るかのほうだった。しかし、結果はすべての監督から回答がもらえたのだ。簡単なアンケートではなかったが、全監督から丁寧な回答があり大いに「番組」に活かせた。またTBSの野球中継のエース格だった、石川顕アナウンサーからは、「放送の参考にしたいから、回答を見せてよ」と、求められた。彼からも、野球アナとしてのプロフェッショナリズムを感じさせられたものだ。

2月1日、日本ハムファイターズは千葉鴨川で一次キャンプに入った。私たちも、前日に球団と同じ宿舎に入り、初日の海岸の日の出から撮影を始めた。そして、宿舎に戻り、全選手を前にした高田新監督の、「出陣」挨拶を撮った。

「1カ月のキャンプは、あっという間だよ。早いよ。各自、目的意識を持ってね、自覚を持って臨んで欲しい。よし！　さあ行こう」と、きわめて短いものだった。1月から、すでに自主トレに立ち会っていたこともあり、今さらグダグダ言うこともないというわけだろう。すぐにグラウンドに移動した。そこでは、瀬古和男球団社長が、やはり簡単な挨拶をしてすぐ練習が開始となった。瀬古社長は三菱商事出身。日本ハムとは食品事業の縁で球団経営を任された。「野球」については、もちろん「素人」である。瀬古に高田招聘の意図を訊いた。

「前任者の大沢（啓二）君が10年やって、（81年にはリーグ優勝するほど）チームを強くしてくれたんだけど、ここのところ成績も落ちてきて、ややマンネリというところも出てきたので刷新するといいますか……」。そこで次には大沢「親分」にインタビューした。後年、TBS『サンデーモーニング』で、張本勲とコンビを組んで人気を博したが、当時は日本ハム球団の強化育成部長のポストだった。「高田クンは、監督、コーチといった指導者の経験がないから、NHKの評論家からいきなりってんで、どうかなと（最初は）疑問も持ったんだけど、チーム・球団がそういう方針で決めたってんで、よし日本一目指して協力していこうと……言ってみれば、会社のサラリーマンがいきなり社長になるってもんですよ。だから優勝なんて、できればいいけど、難しいと思うよね。すぐに優勝なんて考えなくて、じっくりチームを育てていってもらいたい。われわれも全面的にバック・アップするからと……」と、複雑な胸中を率直に吐露してくれた。

この番組では、球団関係者のみならず多くの著名人に「監督」論、「リーダー」論を語ってもらった。ラグビーの松尾雄二、映画監督の大島渚、明大野球部監督島岡吉郎、指揮者の岩城宏之、そしてプロ野球界からは現役監督・OBたち。この原稿のために当時のビデオを見直したが、まことに含蓄のある発言が多い。二、三ピックアップしてみよう。

大島「監督になれるかっていうのは、その人の貌を見ればわかりますよ。（映画）監督っていうのは、カメラができるわけでもないし、ライティングができるわけでもない。美術もできない。だけどそうした力を集めて（映画）つくるんだな監督が。昔、南海の鶴岡（一人）監督が、〈指揮官が悪いと部隊は全滅する〉といって監督辞めたことがあったけど、映画もそうなんだな。私も体調・気力が充実してない時の画はわかりますよ。スタッフは一緒なんだけど、そういう時はなんか（画が）薄っぺらいんだな」

島岡「（高田繁は）野球も上手かったし、私生活も良かったからね。監督という性格には真面目すぎるんじゃないかなあ。あれの言う通りに下ができればいいけど、そりゃあなかなかできない。そこに難しさがあるんじゃないですかね。これからの高田の行く道はねえ」

岩城「うんと若い時は、手綱を締めて馬を走らせるようなところがあるんですが、最近になって、手綱を緩めるっていうか馬に走りたいように走らせるって言いますかね。昔よくカラヤンなんかに言われたんだけど、その辺が少しわかってきたというか……指揮者としてはまあ僕くらいの50前後の年齢がいちばん難しい頃ではあるんですけど」

長嶋茂雄という「天才」

この番組でどうしても、インタビューしてみたい人物がいた。長嶋茂雄である。

長嶋は巨人の監督を80年に解任させられ、この頃は「自由な」身分だった。高田とは、彼をレフトからサードにコンバートして選手として「再生」させた因縁がある。そうした背景があって、ともかく私のような戦後生まれの野球ファンにとっては、正に「スーパー・スター」だった。スタッフの原夏郎が、こんな話をしてくれた。「(義父の)小西得郎の通夜に、ONが弔問に来たのよ。通夜には近所の人や見物人も、いっぱいいたんだけど、そんな中、長嶋には後光が射しているっていうか、まわりに明るい輪が見えたっていうか、フシギなのよ」。

長嶋の「後光」を、ぜひ見てみたい。さっそく、長嶋の出演交渉を行なった。『報知新聞』経由だったと思う。3月20日(水)の午後3時半から、北の丸公園内の千代田スタジオでインタビュー収録することが決まった。時系列では後の話だが、ここで先に当日の様子を書いておこう。

スタジオ玄関前で原と二人で待っていると、外車が到着し、スプリング・コートを羽織った長嶋が降り立った。長嶋は当時、「ミスター・サンヨー」と称して、「三陽商会」のCMもやっていたのではなかったか。まるでCMのワンシーンのような登場だった。

確かに「後光」が見えた気がした。ほとんどミー・ハー状態の心持ちになって挨拶を交わし、収録場所の傍の喫茶室に案内した。ウェイトレスが注文を取りに来た。「何になさいますか?」彼女が緊張して尋ねた。

長嶋はメニューを凝視すると、

「そうですねえ……うーんコーヒー……うーんアイス・ティーもいいですねえ……うーん、どうでしょう」

と飲み物ひとつに「全力」を傾ける。

「監督の決断」について語る長嶋茂雄（TBS『ザ・監督』より）

「よおし、アイスティーにしよう!」

長嶋の「天才」は、これだと直観した。

現役時代から、並外れた「集中力」と「ひらめき」で大試合で活躍した。注文を訊いたウェイトレスも長嶋の態度に魅せられたようだった。監督・長嶋「凡人」なら、飲み物ひとつの「注文」に、ここまで拘泥はしない。注文の采配については「毀誉褒貶」あるが、長嶋に指導された選手たち（中畑や篠塚や原や松井）が一様に彼に「心酔」してしまうのは、そうした長嶋の、すぐ「無我夢中」になれるという人間性にあるのではなかろうか。肝心のインタビューについては一つだけ書いておく。

「高田君のレフトからサードへのコンバートというのは、そうですねえ、私の選手時代も含めて三本の指に入る、ギャンブルというか決断でしたねえ。もし、成功しなくて不成功を収めるということになりましたらねえ」と、「長嶋語」全開で熱っぽく語ってくれた。

日ハムの沖縄・名護キャンプに話を戻す。構成作家・佐々木守も同行した。那覇空港から名護まで、タクシーに乗り県道を一路北上した。佐々木が車中で呟いた。「学生の時、この道路を縦断して沖縄の子どもたちに児童文学を読ませる旅をしたんだよなあ」。佐々木には、『お荷物小荷物』(制作朝日放送〈ABC〉。TBS系放送)という「脱ドラマ」という異名を持つ、一風変わったドラマがある。放送が70年から71年にかけての番組で、「沖縄」が色濃く投影されたドラマだった。佐々木にとっては、沖縄はとりわけ思い入れのある地域だった。ここでも、私たちは日本ハムの宿舎のホテルに投宿した。何日目の夜だったか高田繁の自室で、長時間インタビューをした。部屋の中で一冊の本が目に留まった。

野球人は、あまり本は読まないという俗説がある。「目に悪い」から、読書はしないのだというのは、それなりに理には適っているが(例外もいて、昔大洋ホエールズにいた江尻亮という選手は大変な読書家だったとか、私は彼にそれだけで、好感を持っていた)。さて、高田がキャンプに持参したのは、会田雄次著『統率力の研究』という本だった。

ビルマでの自らの捕虜体験をつづった『アーロン収容所』(中公新書)で名高い、京都大学名誉教授である。会田の著作は私も読んでいたし、彼は名うての「トラキチ(阪神ファン)」としても知られていた。よし、「会田を甲子園球場の観客席でインタビューしよう」と思い付いた。帰京後、会田に電話を入れた。「なるほど。やりましょう」と電話口の向こうから、二つ返事が聞こえた。即決である。

そして3月16日(土)の甲子園球場でのオープン戦・阪神対南海を観ながら、左中間の外野スタンドで話をしてもらうこととなった。当日、京都市内の会田の自宅に迎えに参上し、タクシーで甲子園に向かった。会田は当時69歳。京大を退官し、しばらく経っていたが、京都人らしく洒脱な人柄だった。車中で、たちまち打ち解けた。同好の士が阪神戦を見物に行くといった気分だった。球場入りして、外野スタンドに向かった。ゲームはすでに始まっていた。当日の会田の発言を番組から抜粋する。

会田「よく名選手が監督として失敗するというのは、やはりどうしても自分の部下にね、自分と同じような能力を期待しすぎるんだと思うんですね。これ、日本が戦争に敗けたのと一緒でしてね。アメリカが戦争に勝った理由は、兵隊というのはそう勇気があるわけでもないし、そう闘争能力も本能も持っていない。それを前提に〈武器〉から〈装備〉から〈作戦〉から全部考えた。日本は〈忠節無比〉なる勇敢で能力ある兵隊として〈装備〉から〈作戦〉を考えた。（実際は）そうじゃないから敗けたということがあります。とにかく日本人というのは、野球も選手も観客も逆上型になりましてね、そうすると判断を間違える。（略）ゆとりを演出してみせる。つまりボケてみせる。実際上、名経営者とか、日本でも名指揮者とか、良き意味での俳優なんですね」

甲子園のスタンドで「リーダー論」を語る会田雄次

　会田は、グラウンドで展開するゲームを見遣りながら持論を語った。撮影が終わり、会田とともに、ネット裏で阪神戦を観戦した。ある投手が、例年のように突然崩れ、自滅するさまを見て、会田は呟いた。「〇〇は、今年もダメですなあ」。このオープン戦、阪神は7対3で完敗し前途多難を思わせた。しかし、その85年、阪神に奇跡が起きることになる。

第13話　85年夏、北陸を舞台に『愛の風、吹く』

「少子化」で野球界も変わる——南 博の38年前の予言

1985（昭和60）年春、私は二つの番組に取り組んでいた。

仕事に忙殺されると世間の出来事には疎くなりがちだが、2月の終わり（27日）に田中角栄元首相が病に倒れたというニュースには関心を払わざるを得なかった。田中の側近は、軽症を強調したが、田中の「政治生命」が終わるということは世間一般の目にも明らかだった。

「今太閤」と称された田中は1972年総理に就任したが、おそらくはこの年が人気の絶頂、73年の「オイルショック」と74年の「金脈問題」のダブル・パンチで2年5カ月の政権だった。退陣の時まだ56歳だった田中は、いずれ「再登板」の野心を隠さなかったが、76年2月に発覚した「ロッキード事件」により逮捕され（76年7月）、その可能性は断たれた。

しかし政治家・田中の凄みは、それからのサバイバルにこそ見られた。76年7月に逮捕されても、政界の最大実力者の座に留まり、田中派の勢力はむしろ拡大に転じた。以後、自民党内の政治力学は田中派が支持した政治家が「総理」となる時代が続き、田中は「今太閤」から「闇将軍」と言われるようになっていた。しかし、田中が83年10月「ロッキード事件」の一審の東京地裁で、懲役四年の実刑判決を受けると、派内の結束に翳りが生じることになる。自派の総裁候補を持ち得ないという不満が派内に充満し、やがて竹下登を推す中堅・若手が「派中派」ともいうべきグループ結成に至ったのだ。

85年2月7日竹下らは「創政会」を立ち上げる。田中の憤懣やるかたなしの思いは頂点に達し、鬱憤晴らしに昼間から酒を呷るようになり、遂に2月27日脳梗塞に見舞われた。

なぜ、くだくだと田中派の変転を書いたかというと、その時私が制作していたのが、プロ野球の『ザ・監督』という一種の「リーダー論」風ドキュメンタリーだったからだ。

一球団の監督のチームの掌握と、政権党の派閥領袖のリーダーシップには共通するところも少なくないだろう。強い個性を持ったメンバーを、どう統率していくのか手腕が問われる。

その手法を探ったのが『ザ・監督』である。番組では終盤、社会心理学の泰斗、南博と彼が所長の日本心理センターのメンバーが、アンケートを基に12球団の監督の人物像を類型化して見せた。

85年のシーズン、各球団の監督はセ・リーグが広島・古葉竹識、中日・山内一弘、巨人・王貞治、阪神・吉田義男、ヤクルト・土橋正幸、大洋・近藤貞雄であり、パ・リーグは阪急・上田利治、ロッテ・稲尾和久、西武・広岡達朗、近鉄・岡本伊三美、南海・穴吹義雄、日本ハム・高田繁といった顔触れだった。

前年の覇者は、セ・リーグは広島、パ・リーグが阪急であり、日本一となったのは古葉が率いた広島だった。新人監督の高田は、古葉を

アンケート作成中の南博と日本心理センターのメンバー（TBS『ザ・監督』より）

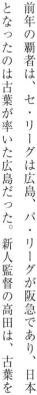

目指すべき監督像に挙げていた。

『ザ・監督』は、番組内で南博がスタジオ出演し、アンケート調査を分析してみせた。

各監督には様々な設問に回答してもらったが、一部の監督（古葉、稲尾、高田）には、取材がてら我々スタッフの面前で、用紙に回答を記入してもらった。

印象深いやりとりが一つ記憶に残っている。南が用意した設問に、こういうのがあった。

Q：もし野球以外の職業でしたら、次の内どんな仕事に魅力を感じますか。

Ⅰ　芸術・芸能など自由な創造活動

Ⅱ　政治家

Ⅲ　ビジネスマン

これを古葉監督と直にやりとりしたが、その時古葉は目を輝かせて、「政治がもの凄く好き！」と答えた。当時は、球界では「政治には我関せず」が一般的だったから、古葉の反応には、ちょっと驚いた（事実、古葉は後年２００３年の広島市長選、04年の参議院選比例区と立候補したが、いずれも当選には至らなかった）。

南は回答を分析し、「私が経営者に対して行なった調査アンケートと回答がよく似ている」と番組で語った。歴史上の人物の４類型（※）に当てはめると、織田信長タイプはゼロ。坂本龍馬タイプは近藤貞雄（大洋）のみ。４類型に当てはまらない中庸型は上田利治（阪急）と稲尾和久（ロッテ）。包容型とされる西郷隆盛タイプが一番多く、古葉竹識（広島）、山内一弘（中日）、王貞治（巨人）、吉田義男（阪神）、土橋正幸（ヤクルト）、穴吹義雄（南海）、高田繁（日本ハム）の７人に上り、能吏型とされる伊藤博文タイプは広岡達朗（西武）、岡本伊三美（近鉄）とされた。南は、「（プロ野球監督も）だんだん経営組織型のリーダーシップを求められる」と言葉を継いだ。また、この調査アンケートで興味深いデータが明らかになった。

各監督いずれも、兄弟姉妹の数が多いということだった。戦前生まれの世代であり、「子だくさん」が当たり前の時代であった。古葉、近藤、稲尾は7人、穴吹と高田は6人の兄弟姉妹、「一人っ子」は、一人もいなかった。

これに着目して南は、「……兄弟が非常に多い家庭で育った監督の方々に対して、今後どうしたって核家族時代で人数の少ない、兄弟の少ない家庭に育った方が選手になり、また監督にもなられるわけですが、まあ、そうなった時に監督のパーソナリティーも違ってくるし、それが野球界全体に、何か新しい変化をもたらすんじゃないか、ということも考えられますね」との見解を述べた。作り手にとって、「会心」のコメントの一つだった。

その日、高田繁は初陣を飾った

この番組の放送は、パ・リーグ開幕戦当日（4月6日）の夜10時からだったが、朝から高田監督に密着し、夕方の試合終了まで撮影を続けた。高田家の朝食の膳には、赤飯と鯛の尾頭付きが並べられていた。夫人に見送られて、高田は自ら運転する車でゲームの行なわれる川崎球場に向かった。この年（85年）は、セ・パ両リーグ同時開幕ではなくパ・リーグが先行しての開幕だった。日本ハムとロッテの試合開始は午後1時30分である。高田は午前9時50分に球場到着。高田は監督室にちょっと立ち寄ると、私服のまますぐダッグアウトに赴き、そこから無人のグラウンドを見遣った。まだ誰も選手の姿は見えない。どんなスタートが切れるのか、初陣を何としても白星で飾りたいという気負いが、新人監督の背中から伝わってきた。

この頃、川崎球場はロッテオリオンズの本拠地だったが老朽化が進んでいて、どこか時代から取り残された雰囲気の球場だった。時代はバブル前夜、若い男女が好んで訪れるような球場とは言い難かった。事実、開幕戦にもかかわらずスタンドは5割程度の観客だった。

セ・パの人気格差はこの時（85年）には、まだ歴然としていた。ともあれ私たちは、この日のロッテ対日ハム戦の試合展開を撮影した。試合終了後、赤坂のTBSに戻り、放送までにこのゲームの模様と高田監督の初陣の結果を番組内に挿入しなければならなかった。

試合は番組にとっては理想の展開で、ロッテが先制し、中盤日ハムが逆転、そして終盤ダメ押しの得点を加え、高田日ハムが逃げ切った。

試合終了は、午後4時50分。赤坂に戻ったのは6時少し前だったろうか。手早く編集を済ませ、ナレーションとBGMの音入れ作業を行なった。ナレーションを読んだのは、川戸恵子アナウンサー。構成台本を書いた佐々木守の「ご指名」だった。川戸は丁度この頃、『JNNニュースデスク』のキャスターをやっていて、ソツのないアナウンス振りに佐々木が注目していたのだ。野球の、しかも監督を題材にした番組だが、私も川戸アナならピタリと嵌まると思った。はたして、ナレーション録りをしてみると、流石と思わせられる出来だった。佐々木のやや劇画的な「語り」に、川戸の知的で安定した「読み」が、上手くマッチしたのだ。ラストシーン、改めて12球団の監督が、通算の勝敗数のスーパーとともに紹介され、ナレーションが入ってくる。こういうところが「佐々木」節とも言うべきところなので、ちょっと引用してみよう。

「監督……その人は、勝利と敗北、栄光と悲惨の狭間に立つ人です。選手の個性と才能を見抜き、他者を信じ、大いなる決断をする人です。それゆえに監督は孤独の人でもあるのです。春、戦いの季節の始まり。グラウンドは男の戦場です」

そして、高田監督初戦のゲーム・セット。高田がナインを出迎えるところのストップ・モーションに、こうナレーションが被る。

「午後4時50分、試合が終わりました。……1勝。……高田氏にとって、監督という新しい長い人生が、今日始まったばかりです」

開幕戦に勝ち、日ハムナインを出迎える高田繁新監督（1985年4月6日、川崎球場）

放送開始一時間前の夜9時、ナレーションとBGMの音入れが終了、漸く「完パケ」となったオン・エアテープを送出するマスター・ルームに運んだ。

夜10時からの放送は、制作の部屋で番組スタッフの原夏郎と一緒に観たと記憶している。週明けの月曜だったか、オン・エアを見た毎日新聞運動部の石川泰司記者から、番組の話を聞かせてほしいと連絡が入った。石川は当時、スポーツ記者として名を馳せていた人物。

彼からの取材申し込みは、「番組」が評価された証でもあった。

視聴率は、4月期首の特番に挟撃され（NTVが、宮崎駿アニメの『風の谷のナウシカ』を、CXもショーン・コネリー主演の洋画『ネバーセイ・ネバーアゲイン』をぶつけてきた）、たしか一ケタだったと思うが、これは「記録」より、「記憶」に残る番組なのだと、佐々木守も私も自負したものだ。

そして、この時の佐々木との付き合いが、次の仕事に繋がることになってゆく。

ロシア語を学ぶ高校生が

この年（85年）の、2月か3月だったか7月から9月までの「テレビ小説」枠のプロデューサーを担当するように、ドラマ部長（中川晴之助演出一部長）から言われていた。同枠のプロデュースは二作目だったが、今度は学校の夏休み期間と被るので、十代の少女をヒロインにした物語を作ろうと考えていた。

『ザ・監督』の放送が終わった数日後だったか、佐々木守とTBS前の「一新」で茶飲み話をしていた時、佐々木がこんな話を振ってきた。「市川チャン、日本の高校で、外国語の授業が英語ではなくて、ロシア語の学校が三つあるのよ。どこ辺りだと思う?」「北海道…あとは長崎辺り…?」「函館と長崎は正解。あと一つあるのよ」「ちょっと、わからないですね」「これがね。北陸の高岡市（富山県）の伏木という所にあるのよ」。

高岡の伏木というのは、作家・堀田善衛の出身地である。私は堀田の本の愛読者だったので、「そうか、伏木の高校なのか」と興をそそられた。佐々木が言葉を継いだ。「伏木港には、日本海貿易で、ソ連とか中国や韓国や北朝鮮の船も入港するんだよね」。

この時、とっさに「テレビ小説」の舞台になるのではとひらめいた。さっそく「今度のテレビ小説で、今の話ヒントにさせてもらっていいですか」と一札入れると「ああ、いいよ。いいよ」と応じてくれた。

佐々木自身には、すでにテレビ小説では故郷に近い、石川・山中温泉を舞台にした『こおろぎ橋』（78〜79年、主演・樋口可南子）という作品があった。

私は今回のドラマには、最初から若い女性脚本家を起用するつもりだった。

前年11月、NTV系の木曜ゴールデンドラマ枠で放送された『愛を売る娘たち』（制作YTV、演出・今野勉）を観て、注目していた田中晶子が意中の候補だった。そのドラマは、私のドラマに出たことのある白川由美と手塚理美が「親子役」で共演するという興味で観たのだが、ストーリーにも引き込まれた。一度、仕事をしてみたいと思った。

実は、その二、三年前に石原真理子の女性マネージャーに紹介されて、田中には一度会ってはいたのだ。石原のスウェーデンか何処かで撮影した写真集『北岬』に、「少女」の心情めいた文章を田中が綴っていたのだ。田中は79年十代で新人脚本コンクールで入選してデビューした（『人形嫌い』82年映画化。主演・三原順子）。81年には田中康夫の『なんとなく、クリスタル』の脚色もしていた。田中と会ったのは、その頃だったろう。早熟な才気は感じられたが、まだテレビドラマの連続ものには早いかなという印象だった。しかし、それから数年経ち、前年に『愛を売る娘たち』を観たこともあり執筆を依頼することに決めた。

当時のメモを見ると、最初の打ち合わせが4月11日である。7月1日スタートの「テレビ小説」としては、かなりタイトなスケジュールだったなあと思う。まったくのオリジナル作品だったし、全65回の長尺の作品がよく出来たものだと思う。脚本家も若かったし、私も30代半ば、エネルギーに充ちていたのだろうか。原作がない代わりに、全回を見通したストーリーを企画書に書かなければならない。シナリオ・ハンティングに田中と先輩ディレクターの佐藤慶一（のちTBS専務）と、4月26・27日と三人で伏木に赴いた。

事前の下調べをするうちに、この港町付近は、ドラマにはまことに有り難い土地だということが、わかってきた。

一つは、「万葉集」に、この土地はしばしば登場する。大伴家持は「東風を疾み　奈呉の浦廻に　寄する波　いや千重しきに　恋ひ渡るかも」（万葉集　巻19－4213）と詠んでいる。

万葉集研究の第一人者犬養孝は、「富山湾一帯ではおもに夏のころ吹く東北または東の風をこんにち『アイ』また『アイノ風』という。…万葉集のころにはこれをアユまた『アユノ風』といった」と書いている（『万葉の旅（下）』社会思想社、現代教養文庫）。これを読んで番組タイトルに「愛の風」を使いたいと思った。

もう一つは、日本海貿易の拠点ということだった。調べると入港する貿易船の9割は、ソ連船だとわかった。1968年4月、地元の県立伏木高校に、当時の富山県知事の意向で貿易科が設けられ、ロシア語を週5時間学習することになった（これを佐々木守は知っていたのだ）。ヒロインの女子高生は、この貿易科の3年生にすることも決めた。

彼女の「ひと夏の恋」をドラマで描きたいと思ったのだが、邦画の名作『また逢う日まで』（1950年、監督・今井正）のような叶わぬ恋のドラマにしたいと思った。『また逢う日まで』自体、ロマン・ロランの小説『ピエールとリュース』を基に、脚本家の水木洋子と八住利雄（白坂依志夫の父）が戦争中の東京に舞台設定して書いた作品。主演の岡田英次と久我美子の伝説的なガラス越しのキスシーンが有名だ。私は学生時代のいつか、たしか銀座「並木座」で、観ていた。「戦争」という不条理によって引き裂かれる恋愛。こんなシチュエーションは、戦後40年の「平和」な日本社会ではあり得ないと思ったのだが……。

富山では、TBSは映らない⁉

しかし、実際に現地でシナリオ・ハンティングを行なう中で、様々なインスピレーションが湧いてきた。高岡市の観光課と伏木港税関の案内で、寄港中のソ連船の船内も取材した。中では若い船員も何人か見かけた。当時、ソ連はゴルバチョフが書記長に就任して間もない頃。西側への憧れも募っていたのだろうか、外貨を持たない船員たちは伏木のスーパーなどで、「ウィンドウ・ショッピング」をするのだと市の観光課の職員が教えてくれた。「買い物はできなくても、町には、出かけるわけですね」「ええ、それはごく普通に」。もし、若い船員がヒロインと出会ったら、ボーイ・ミーツ・ア・ガールで、「恋」が芽生えることも可能性ゼロでもなかろうと妄想を膨らます。実際下船して港付近を歩くと、若い船員と思しきロシア青年を何人か見かけた。伏木港の西には、景勝地として名高い雨晴海岸が延びる。雨晴の名前は、鎌倉時代、奥州に落ち延びる途次の源義経一行が、この地で俄か雨にあい、晴れるのを待ったという故事に由来すると云われる。ここからは東には立山連峰が望める。おそらくヒロインも、しばしばこの海岸を訪れることになるだろう。

そして、ヒロインの通学する設定の伏木高校を取材した。学校側は全面的な撮影協力を約束してくれた。実名は使えないので、高校名は「雨晴」高校とすることに決めた。

高岡市伏木に入港中のソ連船を取材。左端が筆者、1人おいて右に田中晶子、佐藤虔一

初日のシナ・ハンは収穫が多かった。夜、同行の佐藤や脚本家の田中と食事をしながら、自分なりのアイデアを開陳した。肝心のヒロインは、まだ決定していなかったが、ヒロインの母親には、久我美子を起用したいと話した。もちろん『また逢う日まで』あってのことだと意図を説明した。戦時中に女学生で、恋人だった旧制四高出身の帝大生を学徒出陣で失っているという裏設定を考えていた。ちょうど、田中晶子の母親世代と重なり、この年頃の女性を描くのは彼女の手の内に入っていた。翌日、高岡市内中心部をあれこれ回る。

東京にいると、わからないことがいろいろあった。富山県内といっても、東西で文化が異なるということがわかった。高岡市を含む県西部は、石川・加賀の文化圏なのだった。

そして、重大なことが判明。TBS系の全国ネット番組は、当時県東部の富山市などでは、視聴不能ということだったのだ。幸い、高岡市ではMRO（北陸放送）で視聴が可能だった（TBS系のテレビユー富山〈現・チューリップテレビ〉が開局したのは、90年10月のことである）。富山県は、正力松太郎の出身地であり、NTV系が圧倒的に強かったので、TBS系のテレビ局の進出はかくも遅れた。「昭和」の時代には、まだTBS系の全ての番組視聴はできない地域が全国には幾らか残っていたのである。

帰京すると、すぐにドラマ全回のシノプシスを書き込んだ、番組企画書作りに取り組んだ。

ゴールデン・ウィーク中だったが、これに忙殺された。併せて、ヒロインのキャスティングを進めた。番組のスタッフとしては、チーフ・ディレクターには3年後輩の田代冬彦（のち東通社長）を起用した。一緒にシナ・ハンをした佐藤は局内異動で、演出陣から外れた。

結局全13週は、田代の他に、鈴木利正、柳井満、山泉脩といった先輩ディレクター陣と田代の同期の吉田健が、演出した。柳井は演出一部（ドラマ部）長に就いたばかりだったが、「ぜひボクに一週撮らせて」

と私に言ってきたのである。オリジナル作品で自分でも演出したかったが、毎週の台本の構成打ち合わせに追われ、プロデューサー業に専念せざるを得なかった。

この時、APとして私とタッグを組んだのが富田勝典（のちアニマ21代表）。富田とは前年のテレビ小説『一度は有る事』で、初めて一緒に仕事をした。「東芝日曜劇場」のADを長く務めていた経験があり仕事振りが丁寧だった。私は84年以後、90年まで毎年のように彼とは仕事をしたが、大いに助けられた思いがある。

さてヒロインを決めなければならない。『アイコ16歳』や『胸さわぐ苺たち』など、この頃、十代のタレントや女優には、それなりの勘（キャスティング・アイ）が働いていたと思う。何人かの名前が候補には浮かんだが、いま一つイメージには合致しない。そんな時、既知のタレントの名が浮かんだ。安田成美である。

青年座のマネージャーだった館野芳男が独立（「ワイティー企画」）した時以来の秘蔵っ子で、紹介されて何回か話したことがあった。この時、18歳だった。前年、宮崎アニメ『風の谷のナウシカ』公開に際し作られた、イメージ・ソングを歌っていた。しかしアイドル歌手としてより、女優としての成長を目指しているのは明らかだった。そこで、館野に連絡を取り、出演を打診した。館野とは78年の『七人の刑事』以来の付き合いがあったので、話は早かった。「テレビ小説」のヒロインというのは、若手女優の登竜門としては絶好の舞台である。そして、女性の一代記的なストーリーではなく、85年夏の高校三年の女子という、ほぼ等身大のヒロインという点に館野は反応してきた。「ぜひ、やらせたい」との返事があり即決となった。

「眺めのいい部屋」から見る、日本海は

ヒロインが決まると、たった一週間位で、レギュラーメンバーがほぼ決まった。これが、いま振り返っても、かなりの豪華キャストである。ヒロインの安田成美の他に母親役が久我美子、父親役が伊東四朗。父が熱を上げるスナックのママが風吹ジュン、安田の従姉に高木美保、クラスメートが松下由樹（当時は幸枝でテレビ初出演）、他に名前だけ列挙すると、原日出子、岡本信人、石田純一（トレンディ・ドラマでブレイクする前）、高岡健二、小野武彦、白川和子、そして山岡久乃、映画監督の鈴木清順まで名刹の僧侶役で出演している。「テレビ小説」だったので、後年再放送される機会はなかったが、個人的には改めて見直したいドラマである。

高岡市内のロケ現場で久我美子（左から２人目）と打ち合わせの筆者（右端）。左端は主演の安田成美

さて、話を戻す。5月の連休明けに、番組企画書を携えて富山県高岡市に本格的なロケ・ハンに赴いた。演出の田代、APの富田、そして脚本の田中も再び現地を取材した。市役所の観光課には全面的な協力を仰ぐことになった。高岡市の堀健治市長は、当時78歳の高齢だったが30年以上にわたり市長に在任、全国市長会の副会長を務める地元の重鎮だったが、久我美子の大ファンなのだと観光課の職員から聞かされた。市の全面的協力の姿勢にも影響があったろうか。撮影は5月の下旬に始まり、おそらく高岡に

は序盤、中盤、終盤と三回はロケーションで訪れることになるだろう。それぞれ1週間程度は滞在することになる。大勢の俳優やスタッフが長逗留出来る大型宿泊施設などあるだろうか。その時点で市内のホテルを打診したが、全員が続けて泊まれるような宿は見つからなかった。3週後には高岡ロケを始める。これはまさに喫緊の課題だった。

結果を先に書いておく。私が一足先に帰京したあと、ロケ・ハンを続けていたAPの富田から連絡が入った。「いい所、見つかりました! "雨晴ハイツ"というんですが、まだ新しくてきれいな宿ですよ。海岸のロケ・ハン中に見つけました!」。当時はインターネットもなく、こんな感じで宿を見つけたこともあったのだ。富山農協の共済事業団が運営する宿泊施設だったが、シティ・ホテルも顔負けの宿だった。高台にあり、部屋からは富山湾が一望出来、絶景の眺めだった。余談を一つ。この時、富田から「ハイツの近くの場所から自衛隊が日本海を監視してるんですよね。何か、あるんですかね」と言われたことを憶えている。

当時は知る由もなかったが、1978年8月に雨晴海岸で、北朝鮮によるアベックの拉致未遂事件が起きていた。その事件以降の監視が、この時も行なわれていたのだ。こうしたことに思い当たったのは、2002年秋の小泉首相訪朝以後のことであった。

二度目の高岡行きを終え、脚本の田中は執筆に取りかかる。プロデューサーとしては6月3日の制作発表に向けて、決定すべきことが山積していた。ドラマのタイトルは、『愛の風、吹く』とした。「吹く」という自動詞を加えて、若い視聴者へのアピールを考えたつもりだった。音楽は、何回も組んだことのある林哲司に依頼した。林はこの頃、Jポップのトップクラスのヒット・メーカーとなっていた。ドラマの主題歌は、林がすでに2月にリリースしていたイルカの歌った『もう海には帰れない』(作詞・秋元康)を使用した。2月には、ドラマは影も形もなかったが、不思議なくらいこの『愛の風、吹く』に、ピッタリ嵌まった。

主題歌の流れるタイトル・バックは、雨晴海岸をヘリ・ショットで撮影している。吉田健ディレクターが担当した。番組ポスターも、注目を集めた。ヒロインの安田成美のドアップである。顔見世的に主要なキャストのグループ・ショットが通例の番組ポスターの中で、たしかに異彩を放った。「テレビ小説」枠がポーラの一社提供の時代だと、こんなポスターは無理だったろう。この時期のＴＢＳの「テレビ小説」では、さまざまなトライが可能だったのである。

※歴史上の人物の４類型、織田信長・坂本龍馬・西郷隆盛・伊藤博文

第14話 「セプテンバー・イレブン」の夜に

プレ・バブルの狂騒が……

ＴＢＳのテレビ小説『愛の風、吹く』は、１９８５年7月1日（月）から9月27日（金）までの放送が予定されていた。一話20分の全65回の長篇ドラマである。

テレビ小説となると長尺のため、ＮＨＫでもＴＢＳでも女性の「一代記」風の物語が多かった。しかし、84年4月から一社提供のスポンサーだったポーラが降板したのを機にＴＢＳのテレビ小説では、現代劇がどちらかといえばメーンに変わっていた。

私は、7月から9月の放送期間を考えて、企画を練った。学校の夏休みと重なることもあり高校生や大学生の男女にも観てもらえる内容にしたいと考えた。これまでの主婦層の視聴に、さらに十代、二十代前半の女性視聴者をも取り込もうと思ったのである。

主人公は高校三年生で、高岡市・伏木の高校の「貿易」科で学んでいる。大学への進学は考えていない。地元の貿易会社に就職を希望しているという設定だ。

同世代の視聴者に共感してもらえれば良いが。前話で、この年（85年）の2月に田中元首相が病に倒れたと書いたが、ここで上半期の他の出来事も振り返っておこう。時代の「空気」が窺える。84年来の「グリコ・森永事件」は犯人逮捕に至らず、「ロス疑惑」もまた、週刊誌・テレビのワイドショーでは過熱気味の「報道」が続き、「劇場型犯罪」なる呼称さえ生まれた。その極めつけともいうべき事件が起きた。

6月18日、悪徳商法と糾弾されていた「豊田商事」の永野会長が、「右翼」と自称する男二人に刺殺された。取材で詰め掛けていたテレビカメラの前での犯行だった。その惨劇の映像は、夕方から夜にかけてのニュースで流れた。その映像の放送の是非（圧倒的に批判の声が多かった）をめぐっては論議が起きた。

政界では、田中元首相の影響力が失せ、中曽根首相の存在感が強まった。「メイド・イン・JAPAN」製品が西側世界の市場を席捲し、とりわけアメリカとの「貿易摩擦」が、重大問題化していた。4月9日、中曽根首相はテレビを通して「輸入促進のため、1人あたり100ドルの外国製品購入」を国民に呼びかけた。直後到来するバブル期の、若い女性たちの高級ブランド品志向の「呼び水」となった。

6月24日、テレビ朝日（ANB）は、トップ・アイドルだった松田聖子と俳優・神田正輝の結婚関連番組を、のべ10時間にわたって放送した。夜の「披露宴」中心の特番の視聴率は34・9％を記録した。以後、バブル期には人気芸能人カップルの「結婚」は、民放各局で激しい争奪戦となりしばしば放送された。

プロ野球は、相変わらず巨人戦中心に人気が高かったが、この年特筆すべきは21年も優勝から見放されていた阪神タイガースの、例年とは違う戦い振りだった。春先、日立テレビシティ『ザ・監督』の収録で甲子園を訪れた際、番組ゲストの会田雄次（京大名誉教授）と「阪神」戦を観戦したが、私同様に「トラキチ」だった彼は、「今年も優勝などは……」と悲観的だった。それが4月17日だったか、甲子園の巨人戦で、今や伝説となったバース、掛布、岡田の「バックスクリーン三連発」が飛び出し、以後、首位戦線に絡む戦いを続けていた。「虎フィーバー」という異常人気が広がりつつあった。

後年、バブル景気は、85年9月のG5による「プラザ合意」が契機となったというのが定説であるが、すでに84〜85年頃にはプレ・バブルともいうべき狂騒が駆動し始めていた。テレビの世界でも、フジが打った「楽しくなければテレビじゃない」（81年）のキャッチ・コピー以来、『オレたちひょうきん族』『笑っていいとも!』『オールナイトフジ』『夕やけニャンニャン』などの「軽チャー」路線といわれる番組が若者視聴者を捉えていた。82年にフジは、開局以来初のゴールデン、プライムの時間帯のトップに立ったが、二位のＴＢＳとは僅差だった。Ｇ帯では82年が15・9（%）対15・2、83年が16・1対15・6、84年は15・8対15・7の接戦である。前にも書いたが、ＴＢＳの制作現場ではフジに対して、80年代にはそれ程の競争意識はなかった。当時のＴＢＳのキャッチ・コピーは「TBS for the best!」というものだった。昔の社長が唱えたという「最大の放送局よりは最良の放送局たれ」に由来すると言われていた。それでも81年までは、視聴率首位をずっと維持しえていたのだ。おそらくは、日本社会のパラダイム・シフトが80年前後に起こり、日本人の意識にも変化が生じたのであろう。その変化は、バブルの到来で、より加速することになる。

「戦争」が、恋人たちを引き裂く

7月1日（月）、ＴＢＳの新テレビ小説『愛の風、吹く』の放送が始まった。まだ18歳の安田成美が、富山・高岡の港町の高校三年生を演じた。ロケーションが晴天に恵まれ、風光明媚な光景がふんだんに取り入れられ、上々の滑り出しだった（先発Ｄは田代冬彦）。放送三日目、讀賣新聞が「試写室」欄で取り上げてくれた。「地方の町の何気ない家庭で、娘の就職と父の定年という〝節目〟をきっかけにして波立つ様子が、女高生の鋭敏多感な神経の網にどうひっかかっていくのか…ヤングに人気の安田が、ベテラン久我のリードでどんな演技開眼が出来るかにも期待したい」と、まずは好意的。はたして、視聴率も、ビデオ・リサーチ、ニールセン共に好発進。特にニールセンでは、三週目の7月18日には、13・0%に達した。新聞やテレビ誌でも、「久々の好視聴率」「テレビ小説好発進」という記事が相次いだ。20日以降は、中・高生も「夏休み」に入る。数字は「上がることはあっても、下がることはあるまい」と手応えを感じていた。撮影は、中盤に入りヒロインの安田が、港町でソ連船の船員のロシア人青年と出会い、「ひと夏の恋」に落ちるというヤマ場にさしかかっていた。

この青年役を、どうするか？　ロシア人は望むべくもなかろう。日本で活動しているタレントやモデルから探すことにした。脚本打ち合わせと並行して、オーディションを重ねた。

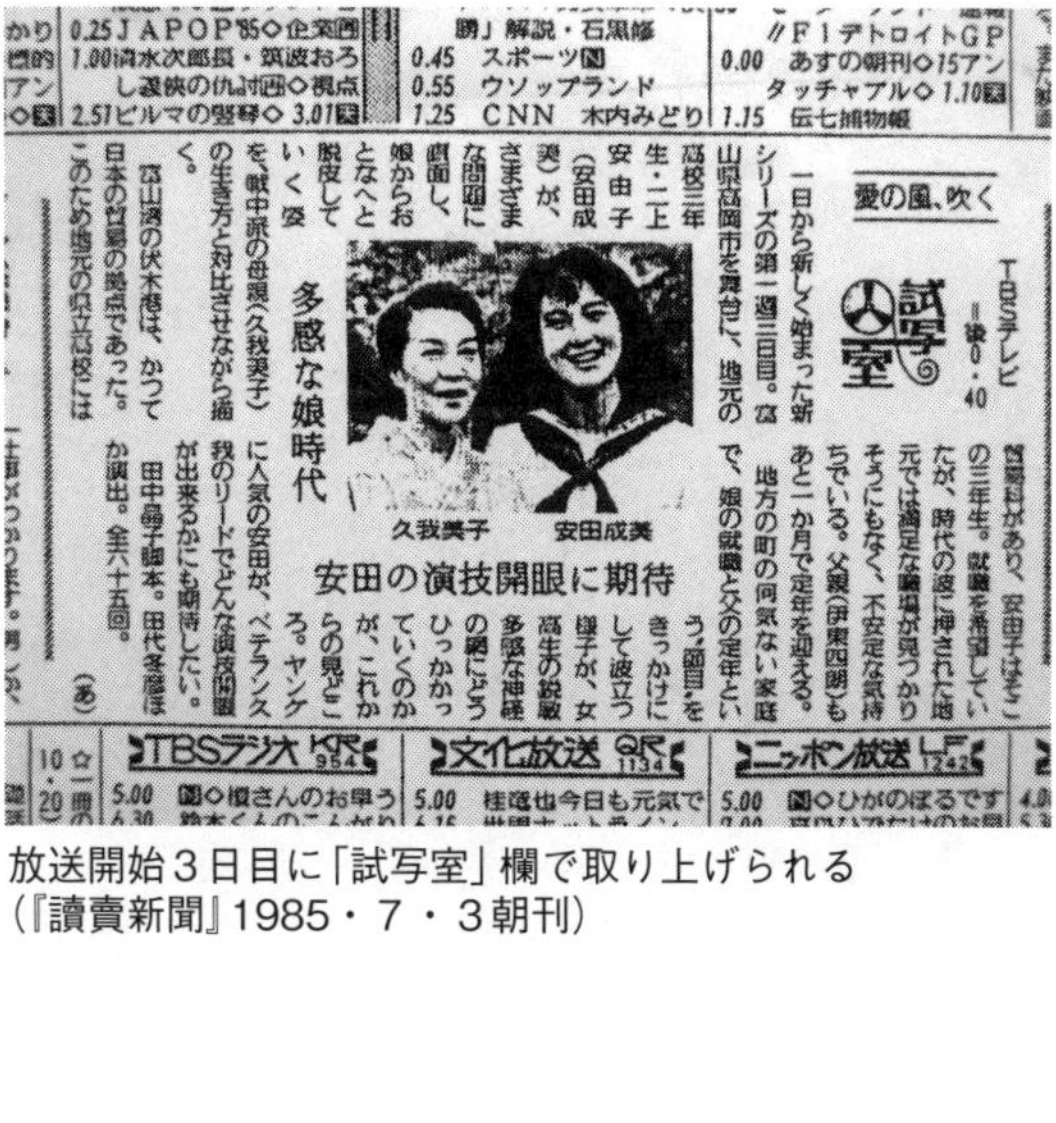
TBSテレビ
試写室
愛の風、吹く
多感な娘時代
安田の演技開眼に期待
久我美子
安田成美

放送開始３日目に「試写室」欄で取り上げられる
（『讀賣新聞』1985・７・３朝刊）

やはり、圧倒的にアメリカ人が多かった。ロシア語が出来なくても、これはにわか仕込みでもよいだろう。結局、選ばれたのはイタリア系アメリカ人のドナルド・マイケルズという青年だった。事務所の触れ込みでは、「アクターズ・スタジオ出身で、ジェームス・ディーンに似ていると言われる」「F・コッポラ監督の次作にも出演が決まっている」とのことだった。裏付けはとれなかったが、まあ「二枚目」の外国人青年ではあり、起用することを決めた。

第七、八週の現地（高岡市・伏木）ロケのみでの出演である。ヒロインとロシア人青年のやりとりはロシア語となるので、東京外語大ロシア語科出身の女性に臨時スタッフとして同行してもらうことにした。演出は山泉脩と田代冬彦の二人が1週ずつ担当した。撮影は、真夏の高岡市と、石川・金沢市で行なった。連日快晴で炎暑の中の撮影となった。

母親を演じる久我美子は、「私は雨女なの。ロケの時は、いつも雨なのよ」と語っていたが、三回の高岡ロケで、この真夏の時だけは全く雨が降らなかった。金沢は母（久我美子）が女学生の時に交際して戦死した恋人の墓がある寺と、旧制四高（現・金沢大学）を訪れるシーン。娘の「ひと夏の恋」と、母の「秘めた恋」が交差するストーリーのヤマ場となるロケだった。

ロケ三日目の7月23日だったが、夏休み初日の視聴率が出るので、現場を離れてＴＢＳの番組デスクに電話を入れた。「ビデオもニールセンも３％落ちて、一ケタになっちゃいました。『笑っていいとも！』に取られましたね」と、留守を守る女性デスクの言葉。思わず絶句した。学生が夏休みに入ったら、一段と数字が伸びると思い込んでいたのでショックだった。当て込んでいた十代女性は、『笑っていいとも！』が取り込んだようである。「好事魔多し」という言葉が浮かんだ。「夏休み中、この傾向は変わるまい。これ以上、数字に一喜一憂するのは止めよう」と心に決め、撮影現場に戻った。

ロケーションは、その後も天候に恵まれ、順調に撮影は進行した。ほぼ一日一話、「青春」という時間がテーマのドラマであり、安田成美という女優が日々、成長する様が見てとれた。件の「ジェームス・ディーン二世」も画面を観る限り、ロシア人青年をソツなく演じて見せた。（彼、ドナルド・マイケルズのその後は知らない。Ｆ・コッポラの作品に出たという話も聞かない。まだ俳優を続けているのだろうか）。

ロケを終えて、帰京するとさっそく終盤の構成に取り掛かることになる。ヒロインの恋人は、帰国後彼女に手紙を書くと約束をした。

そして約束通り、彼女の元に手紙が届く。そこには驚くべきことが書かれていた。「アフガニスタンに派兵される。生きて帰れるかどうかもわからない。君との思い出を抱いて戦地に赴く。さようなら」と別れを告げる手紙だった。つまりは、これが最初に私が考えたドラマのモチーフだったのだ。「今の平和な日本で、若者が戦争のために恋人と引き裂かれるシチュエーションなど、ありうるだろうか?」という針の孔を通すような難題に挑んだわけだ。

ソ連の貿易船が寄港する町、そしてロシア語を学ぶ高校があるというヒントを佐々木守にもらって、そこから着想したドラマが『愛の風、吹く』なのだった。学生時代に観た『また逢う日まで』(50年、監督・今井正)を意識して、ヒロインの母役に久我美子を起用した。85年当時、私はまだ若手のプロデューサーだったが、このドラマ制作はとりわけ「記憶」に残っているドラマなのだ。そして、8月の「あの日」がやって来る。

「事実は小説より奇なり」なのか

撮影は順調に進み、8月の3週目には一週間の「夏休み」に入った。

とはいえ、プロデューサーの私は、最終週に向けて脚本家(田中晶子)と連絡をとりつつ、APの富田勝典と最後の地方ロケーションのプランニングをするため、TBSには出社していた。月曜日の夜、演出一部(ドラマ部)の部屋のテレビで、『水戸黄門』をチラチラ眺めていた。すると8時5分位だったか、そこにニュース速報のスーパーが流れた。「午後7時過ぎに、日航のジャンボ機の機影がレーダーから消えた」という第一報だった。もし、「墜落」ということなら、とてつもない「大事故」となる。報道は、これから大変なことになるなと思いつつも、「家で、ニュースを見るよ」と富田に伝えて、すぐ帰宅した。

どの局も特別編成で一斉にこのニュースを伝えていた。私もテレビにくぎ付けとなり、新しい情報を求めて、チャンネルをザッピングしていた。時間の経過から見て、ジャンボ機の墜落事故の可能性が非常に高まっていた。9時過ぎだったろうか、いち早くNHKが乗客・乗員名簿の読み上げを始めた。画面にはカタカナで氏名が表示される。大事故や大災害の時に、視聴者が最も知りたい情報が被害者、被災者の名前である。肉親ならずとも、気に懸るものである。NHKは、『ニュースセンター9時』の、時間帯でありMCの木村太郎が刻々入って来る情報を捌いていた。乗客名簿が読み上げられていた時、羽田空港で取材中の記者から、日本航空が会見するので「こちらから会見をお伝えします」との声が入った。その時の木村の対応が見事だった。「いや搭乗者名簿（の読み上げ）を続けて下さい」ときっぱりと指示をした。「今、視聴者は何を知りたいのか」を、知悉した判断だった。

時間経過につれ、ジャンボ機の墜落は確実視されたが、機体の行方不明の状態が続く。

この辺りの経緯は、当時『上毛新聞』の記者だった作家の横山秀夫の『クライマーズ・ハイ』で克明に描かれている。テレビ各局は

墜落した日航ジャンボ機の事故現場（群馬・御巣鷹の尾根）

当時24時間放送ではなかったが、この未曽有の航空機事故を終日伝えることになった。そして遂に午前4時39分、航空自衛隊の救難ヘリが、群馬県上野村の「御巣鷹山」付近の尾根に激突した機体の残骸を発見したと伝えられた。私がそれを知ったのは13日朝の事である。新聞朝刊にも大見出しが躍っていたが、機体発見の報はなかった。乗客・乗員524名が遭難とある。とてつもない数である。生存者がいてくれればよいが。この日は、私たちは「夏休み」週だが、落ち着かぬ思いで出社してオン・エアーを観ることにした。これだけの大ニュースが起きていたが、新聞の放送欄ではレギュラー番組は、ほぼプログラム通り放送されることになっていた。

NHKやANBの昼のワイドショーは、この事故の報道一色。フジの『笑っていいとも!』は、番組タイトルから、事前に「中止」を余儀なくさせられていたのだろう。ともあれ、昼のこの時間帯にかけてフジは大スクープを放つことになるのだ。遭難現場は、事故の悲惨さを表すようにかなり広範囲に及んでいた。マスコミは、自衛隊や警察の捜索・救難現場に入って取材に血眼となっていた。各社が入り混じって取材していたが、数社の取材グループが11時過ぎに、散乱する機体の瓦礫の中から何と「生存者」を発見したのだった。ほとんどが変わり果てた姿となった中で、乗客3名と乗員1名の「生存者」がいたのだ。新聞社、通信社とテレビ局が、そのグループの中にいた。

そのテレビ局はフジテレビで、カメラマンと記者の2人がその現場から生の映像を送ることができたのである。新聞社や通信社は、スクープといっても記事となるには時間がかかる。フジは、11時台からこの中継映像をライブで伝え続けた。結果として『笑っていいとも!』の時間帯、特大スクープの「現場中継」を放送し続けたのである。助かったのは、いずれも女性だったが、なかでもとりわけ注目を集めたのが中学一年の少女が自衛隊の救難ヘリに救助される映像。隊員に抱えられ、ヘリに吊り上げられる場面はテレビの前の視聴者をくぎ付けにした。フジのスクープ映像の裏で、テレビ小説『愛の風、吹く』第32話が放送された。全65回の折り返し、周到にヤマ場をこしらえた回であったが、これがテレビの怖さ。イギリスの詩人バイロンの言う「事実は小説より奇なり」を、痛感させられる結果となった。

翌日、発表された視聴率はこれまで最低のビデオ3・8％、ニールセン7・2％に落ち込んだ。長い間テレビドラマを作っていると、何度か大ニュースに「視聴率」を奪われることがあった。その都度、あの名著のタイトル『お前はただの現在にすぎない』を思い出すのであるが。日航ジャンボ機墜落は、生存者4名、犠牲者は520名。日本では未曽有の航空機事故となった。芸能人では、国民的歌手だった坂本九や、宝塚出身の将来を期待されていた若手女優の北原遥子が犠牲となった。この年、好調だった阪神球団の中埜肇社長も亡くなった。

8月は、戦没者を悼む月だが、この事故は日本人にもうひとつの痛恨の記憶を刻むことになった。8月いっぱいは、テレビや新聞、週刊誌はこの大事故の続報で持ち切りだった。

しかし、連続ドラマのスタッフとしては、いち早く「日常」に戻らざるを得ない。いよいよ大団円なのだ。

もうひとつの「9・11」

シリーズ3度目の現地ロケーション。台本の打ち合わせと並行して、APの富田勝典と高岡市・伏木ロケのプランニングに入った。9月9日から9月13日までの5日間の短い日程だった。撮影は最終週の4話分を撮る。

有終の美を飾りたい。

85年夏、世の中には「不幸な出来事」が起きたが、私たちのドラマは、さしたるトラブルもなく充実感のあるドラマ作りが進んでいた。高校生が主人公のドラマなので若い出演者が多く活気に満ちていたが、中堅・ベテランの俳優陣に一線級の役者が揃い、しかもチーム・ワークが良かった。『青い山脈』(49年、原作・石坂洋次郎、監督・今井正)の顰みに倣うわけではないが、どうやら地方都市の学園(高校というのが重要)が舞台というのは、映画・ドラマと親和性が高いようである。私の初プロデュース作品は『アイコ16歳』だったが、この時は名古屋という大都市。『青い山脈』とは、味わいとしては、より相通じる所があったように思う。一話20分とはいえ、65回となると若い俳優はみるみる演技力が向上する。このドラマでも、安田はもちろん、松下由樹(当時は幸枝)、高木美保、冨家規政などの主要キャストの若手は、その後の飛躍のきっかけを摑んだ。

9月、最後のロケーション、私は4月のシナ・ハンから数えて5度目の現地入り。すっかり、「帰郷」するような気分になっていた。最終ロケに出演した俳優は、安田成美、久我美子、伊東四朗、風吹ジュン、石田純一、冨家規政の6名だった。風吹は富山県生まれで、いわば地縁を持っていた。石田は中盤から出演して風吹の年下の恋人役だったが、まだトレンディ・ドラマでブレイクする前、30代に入ったばかりだった。熱烈な阪神ファンで、雑談の時など、好調なタイガースの話題で盛り上がったものだ(いま義父の東尾修とは野球の話はするのだろうか)。この最後のロケーションの時の思い出を少し書いておこう。撮影初日は、安田とボーイ・フレンド役の冨家のシーン。冨家は、野球部で甲子園を目指していたが最後の県予選で敗退。夢破れ失意の夏を過ごしている。

安田も、ロシア人青年と別れたばかり。一番近くにいたクラス・メイト同士が、初めてお互いを意識し始める。そんなシーンだった。「雨女」を自称する久我美子の現地入りはまだだったが、初日の撮影はかなり雨にたたられた。

翌11日、この日も安田、冨家のシーンだったが夕方、久我が高岡入りするというので、私は車を手配して、高岡駅で出迎えた。プロダクションの女性マネージャーが同行している。二人を車に案内して、宿舎の「雨晴ハイツ」に向かった。車が走り出すと、助手席の私に向かって、「今日、夏目さんが亡くなったわねえ……」と話しかけて来た。すぐには、私には「ピン」と来なかった。「ナツメさんって……?」「夏目雅子ちゃんよ」「え！　ほんとですか?」「東京じゃ、大騒ぎよ」。不覚にも、その日は撮影に追われ、情報に接していなかった。スマホなど想像もつかない、つまりはかなり「アナログ」な時代だったのだ。

夏目とは仕事をしたことはなかったが、デビュー直後から社内では時々、見かけていた。木下プロやテレパックのドラマにはよく出ていたのだ。制作局のドラマでは、何本か単発には出ていたろうか。代表作はドラマならＮＴＶ『西遊記』（78〜80年監督・渡邊祐介ほか）、ＮＨＫ『ザ・商社』（80年、演出・和田勉）、映画では「なめたらいかんぜよ！」の『鬼龍院花子の生涯』（82年、監督・五社英雄）と、やはり『瀬戸内少年野球団』（84年、監督・篠田正浩）あたりだろうか。ドラマ関係者なら一度は仕事をしてみたい女優だった。舞台を体調不良で降板し、長期入院していた。写真週刊誌などが時々、夏目の動静を伝えていて「重病」ということは、私も察していたが、こんなに早く逝くとは思ってもみなかった。久我から聞いて、すぐピンとこなかったのはそんな事情である。その日の宿での夕食の席では、やはりその話題があちこちで交わされていた。

現地での撮影は、あと一日。翌日撮影が終わったら、夜は高岡市長も出席して、現地ロケの打ち上げが予定されていた。食後、自室に戻り携帯ラジオでナイターを聴いた。阪神の21年ぶりの優勝マジックの点灯が懸かった試合の中継放送だ。なにせ日本海に面した宿舎である。横浜スタジアムの試合。電波の状態が、まるで海外放送を聴くみたいだ。ベランダに出て、夜の海を見遣りながら耳を澄ますと、どうやら阪神が勝ったようだった。「阪神にマジック点灯！　21年振りの優勝へのカウントダウン……」アナウンサーの絶叫が、ザアザアという雑音混じりで辛うじて聴きとれた。「今日は、いろいろな事が起きる日だな」と思ったが、このあとテレビを点けると、さらに驚くべきニュースを知ることになる。スタッフも何人か部屋にやってきて、雑談しながらテレビを観ていた。そこに「ロス疑惑容疑者逮捕へ」のニュースが飛び込んで来た。容疑者は銀座のホテルに投宿していて、出て来たところを逮捕するという。マスコミが一斉に待ち構えている。テレビは各局現場から中継である。84年以来、一年半以上世間を騒がせた「ロス疑惑」も大きな節目を迎えていた。

今なら、「人権」とか「プライバシー」とか「コンプライアンス」の点で何かと問題視されるような取材・報道スタイルが85年時点では、当たり前のように行なわれていた。特に、この「ロス疑惑」の場合、容疑者に擬せられた人間の特異なキャラクターもあって、事件報道自体も「劇場化」してしまった。ホテル出口から連行される容疑者は、まるで「劇」の出演者かのように振舞っているように見えた。85年9月11日は、私の記憶の中で、何かと忘れ難いもう一つの「セプテンバー・イレブン」となっている。

翌日、日中のロケーションで、高岡市・伏木での全撮影は終わった。夜、宿舎の会場で、市の観光課の肝煎りで謝恩パーティーが行なわれた。出演者、スタッフと、高岡市長、助役、観光課職員との交歓の場となった。市長は高齢だったが、戦後すぐからの久我美子ファンであった。地元舞台のドラマに憧れの女優が出演したのでご満悦だった。撮影地の協力という意味では、この時の高岡市の観光課のサポートは忘れ難いものだった。そのお礼という意味でもないが、地元の県立伏木高校の文化祭で、安田成美と脚本の田中晶子と私が、全校生徒相手にスピーチをすることになった。一日、本隊より帰京が遅れることになった。高校生のお目当ては、もちろん安田成美である。私は前座として当たり障りのないスピーチで、マイクを安田に譲った。「伏木のすばらしい景色と温かい人間性に触れ、良い仕事ができました」。安田のスピーチに、満場の高校生は大きな拍手で応えた。私は、その光景を目の当たりにして、「このドラマを作って良かったな」と改めて実感したのだった。

高岡市での打ち上げでスピーチする安田成美
手前に両親役の伊東四朗、久我美子

安田成美に
握手、サイン攻め
伏木高文化祭に招待
テレビ小説出演が縁で

期待の若手女優・安田成美さん（一八）が十四日、高岡市伏木一宮、県立伏木高校（河原一雄校長、生徒数八百九十一人）の三年に一度の文化祭に招かれ、講演をはじめ、生徒との懇談会、サイン会で交歓し、文化祭を盛り上げた。

安田さんは、二十七日までTBS系で放映中の昼の連続テレビ小説「愛の風、吹く」で伏木を舞台に、ヒロインの伏木の高校三年生を演じていることから今回の招待になった。

プロデューサーの市川哲夫さん、脚本の田中晶子さんら四人で来校。まず、全校生徒を前に「伏木のすばらしい景色と温かい人間性に触れ、良い仕事ができました」と、あいさつ……

地元紙に、伏木高校訪問が報じられる
（『富山新聞』1985・9・15 朝刊）

第15話　デジタル感覚のドラマ『親にはナイショで…』

心躍る秋の日々に

85年9月、テレビ小説『愛の風、吹く』の仕事が終わるや否や、次の仕事が舞い込んだ。演出一部（ドラマ部）の先輩の近藤邦勝、内野建、両プロデューサーから「チーフ・ディレクターをやらないか」との有難い話だった。内野とは、かつてテレビ小説『女・かけこみ寺』（82年）で仕事をしたが、近藤との仕事は初めてだった。「来年の1月の金曜夜の9時枠だよ」と、近藤から言われた。

TBSの金曜21時枠といえば、かつては大映テレビのヒット作『ザ・ガードマン』や、山口百恵と三浦友和コンビで人気を博した「赤い～」シリーズで定評があったが、ここ三年程は、バラエティ（『欽ちゃんの週刊欽曜日』）をやっていた。そこにドラマ枠を復活させる。基本的には局制作の布陣で、10月からは『子供が見てるでしょ！』（P・八木康夫）でスタートするが、田村正和主演のホーム・コメディらしい。金曜夜のTBSは、8時枠から三時間ぶっ通しの「ドラマ」枠となる思い切った編成である。三枠すべてが、演出一部制作である。9時枠のドラマとして、「ターゲットは、15歳から25歳に絞る」と、近藤から言われた。私は女子高生が主役のドラマを終えたばかりだったが、それとはいささか違ったテイストになりそうだ。

ドラマのコンセプトを、旬の作詞家・康珍化に書かせているとのことだった。康は学生時代は歌人として知られ、その後作詞家として活躍する。私も親しい作曲家の林哲司とのコンビで、80年代Jポップのヒット曲を連打していた。

その康を招いて最初の打ち合わせが行なわれたのが9月26日。たしかTBS内の「赤坂寮」だったと思う。そこには康と近藤、内野の両プロデューサー、演出の私、脚本家の大久保昌一良の5人が参加した。当時のノートを見ると、このあと28日、10月1日と立て続けに3回打ち合わせが行なわれている。「20歳前後のラブ・コメ」という方向性は決まっていたが、康は「セカンド・バージン」という造語をコンセプトにしたいと言った。

70年代までと80年代以降、若い女性たちの「性」体験への意識が激変しているというのだ。彼のメモを引く。「単に物理的にバイバイ・バージン期を飛んでった少女たちが、やがて大学を卒業し、就職し、そして何年かたった時に出会うものはなんでしょう？　それがセカンド・バージンです」。それに近藤は、「アナログっぽいのじゃなくて、デジタルっぽいドラマにしたいのよ」と、独特の言い回しで康のコンセプトを補足した。

脚本家はプロデューサー判断だったのか、新たに山元清多が加わった。山元は79年に、私に斎藤憐を紹介してくれた脚本家。アヴァンギャルド風なドラマには向いているかもなと、私も思ったものだ。さて、コンセプトが固まったとして、具体的にはどんな設定で、どんなストーリーを展開していくのか、スタッフ打ち合わせに毎回出席してさまざまなアイデアを提供することになる。

この時期、私にとってのもう一つの重大関心事は、阪神タイガースの21年振りのセ・リーグ優勝なるかであった。9月11日に優勝マジック点灯以来、順調にVロードを歩んでいた。名うての阪神ファンたちが、テレビ番組でも「トラ・フィーバー」を煽り立てていた。当時、日曜夜10時から放送していた『すばらしき仲間』（制作・CBC・イースト）というトーク番組で、イラストレーター山藤章二と作家の飯干晃一が、甲子園のバックネット席に座り、一日千秋の思いで、阪神優勝のカウント・ダウンの日々を語る回があった。私もまったく同じ思いだった。10月16日、東京・神宮球場のヤクルト対阪神戦。仕事仲間らと神宮に観戦に出掛けた。引き分け以上で優勝決定というゲームだった。阪神は土壇場で同点に追いつき、最後ヤクルトの反撃を許さず、遂に21年振りのペナント・レース制覇を果たした。かつて「今牛若丸」と謳われた吉田義男監督が胴上げされ宙を舞った。その瞬間をドラマ部の先輩ディレクターの坂崎彰や、テレビ小説のスタッフだった富田勝典や芦田健治と一緒に見た。

千駄ヶ谷で「祝杯」を挙げようと、坂崎行きつけの「ダンディライオン」に入ったら、店内は球場帰りの阪神ファンで溢れていた。たまたま、ドラマ部の高橋一郎や作家の佐々木守も居合わせて、呉越同舟の相席となり盛り上がった。

このフィーバーは、西武ライオンズとの対戦となった日本シリーズまで続いた。シリーズ第2戦と優勝決定となった第6戦を現地で観戦することができた。

第6戦、11月2日土曜日。西武球場へ向かう電車内でふと向かいの席を見ると、作務衣姿の中年男性がいた。吉本隆明だった。彼も阪神ファンというのは知っていたが、思わぬ所で出会って、ちょっ

阪神タイガース初の日本一。胴上げされる吉田監督（85.11.2　西武球場）

と心が躍った。試合は阪神が快勝、球団創設以来初の日本一となった。この時はドラマ部の大先輩の鈴木利正（彼は西武ファン）や坂崎彰と一緒だったが、スタンドには西田敏行や泉ピン子など旧知の俳優やタレントもたくさん詰め掛けていた。それだけ特別な試合だったのだ（阪神が「日本一」になったのは、後にも先にもこの年だけのことだ）。思えばこの年の春に甲子園で阪神のオープン戦を見ながら、番組取材をしたのも何かの因縁だったのだろうか。

「ＡＫＩＨＡＢＡＲＡ」が「秋葉原」だった頃

例によって話は横道に逸れたが、ドラマに話を戻す。86年1月スタートのドラマで、しかもオリジナルということで、脚本家とスタッフとの打ち合わせが随時行なわれた。

20歳前後の若者の生態を描く。舞台は東京・秋葉原との設定は決まっていた。当時の秋葉原は、現在の様相とは異なるものの大型の電気機器販売店が立ち並び、多くの外国人観光客が訪れる、さながら「無国籍」風な「電脳都市」の趣を呈していた。「デジタル」感覚のドラマを作りたいという近藤プロデューサーの狙いにマッチした街だったのである。

秋葉原を舞台にした「デジタル」風なドラマを…

そして二つの家庭をドラマの中心に据えた。一つは、大型電器店チェーンの店長の家庭。典型的な核家族で、両親と息子が二人。もう一つは両親が亡くなっていて、姉と二人の弟が公団アパートに暮らす家庭。

彼らの前に立ち現れた魅力的な女子大生が、男たちをそれぞれに翻弄してしまうというストーリーである。私には、昔観たイタリア映画、P・P・パゾリーニの『テオレマ』（70年日本公開）が、思い起こされた。あれはテレンス・スタンプ演じる「謎の青年」が、ミラノのブルジョア家庭に現れ、いつの間にか共同生活を始め、家庭がやがて崩壊してしまうという「黙示録」風の映画だった。このドラマでは、「青年」が「女子大生」に代わるが、いわば「闖入者」が他人の家を、攪乱するという仕立ては同じだ。

そのヒロインの「女子大生」役に、「テレビ小説」を終えたばかりの安田成美を起用したいと、近藤、内野両プロデューサーから提案があった。ゴールデンタイムのドラマの主役となれば大抜擢である。二つの家庭のキャスティングは、あらかた先に決まっていた。

店長の家は、両親が原田芳雄と星由里子で、息子が尾美としのりと三上祐一（映画『台風クラブ』で評判の少年だった）。もう一方の両親のいない家庭は、ノンシャランな長女が美保純、長男が柳沢慎吾、次男が山口健二（当時若手のロック・シンガー）という布陣。

原田と美保は、83年の金曜ドラマ『夏に恋する女たち』で、近藤、内野両Pが起用して以来の共演だ。彼らに女子大生・安田成美は、どう絡んで行くのか？

ここで私は少し前に見た、ある光景の話を切り出した。この年の9月の下旬だったと思うが「テレビ小説」の仕事が一段落して、ある日曜日の午後、家族とともに自宅近くの小さな図書館に行った。のどかな一日だった。閲覧室を見遣ると、あるフシギなカップルに目が留まった。女子大生風の若い女性と中3ぐらいの少年が、肩を寄せ合い仲睦まじくヒソヒソ話をしている。どう見ても、姉と弟という間柄には思えない。男の家庭教師が教え子の少女と親密になるという話はそう珍しくもないが、逆のケースもあり得るということか？

80年代に入って、「女子大生ブーム」なるものが起きた。『週刊朝日』の表紙写真を女子大生が飾り、そこからアナウンサーや女優が輩出したり、フジTVの『オールナイトフジ』では、女子大生タレントは「オールナイターズ」と称されブームの火付け役となった。85年「男女雇用機会均等法」が成立して、86年からは「雇均法」世代の一期生たちが、就職することになる。こうした社会変化は、男女の恋愛関係をも変えた。

今回のドラマのコンセプトを考えた康珍化の時代認識も、その反映だった。その流れから私の見た「光景」、すなわち「女子大生と少年」の恋が、このドラマのモチーフの一つとなることが脚本家とスタッフの間で合意されたのである。

ドラマの中で女子大生を演じるのは安田成美であり、少年役は、原田芳雄、星由里子夫婦の次男に扮する三上祐一という少年である。尾美としのりが演じる長男は、受験エリートで開成高校から東大理一に進んだ。コンピューターに精通している。現在二年生で工学部に進む予定だ。彼のガールフレンドが、有名私大二年の安田という設定。高校時代ＡＦＳで留学経験があり英語に堪能だ。二人はステディな関係だった。

ここで、また一つのアイデアを提案した。少し前に、世間を騒がせた東大生の事故（事件？）があった。東大二年生が、山中湖でのクラスオリエンテーションの合宿中、深夜に二隻のボートに乗り、転覆事故を起こし5人の犠牲者が出たのだ。飲酒の挙句の事故だったので、「軽率」「無謀」と世間の批判も大きかった。若きエリート学生の躓き。助かった学生でも、やはり何らかのトラウマを抱えたことだろう。尾美としのり扮する東大生役に、そうした設定をしたら、どうだろう。この「一石」を投じたことで、登場人物が有機的に繋がり、ストーリーも自然に転がるようになった。

1月スタートのドラマなので、事故のシーンが湖というわけにはいかない。スキー場のゲレンデでということにした。撮影は12月上旬、はたして充分な積雪があるだろうか？

個性あふれる出演者たち

さてドラマの初回は「グランドホテル形式」で始めることにした。スキー場の宿舎のホテルに、主要登場人物が集まって来る。東大生の尾美たちのグループと安田ら女子学生たちは一緒にスキー旅行に来ていた。同じホテルに、秋葉原の電器店の女性社員と国鉄秋葉原の駅員グループがツアーでやって来る。電器店はもちろん原田が店長の会社。駅員グループの幹事役は、尾美と幼なじみの柳沢慎吾。毎日のラッシュ時、乗客の「尻押し」をしている駆け出し国鉄マンだ。彼らのツアーバスがホテルに着いたら大混乱が起きている。上空には取材のヘリが飛び、玄関ロビーには大勢のテレビ・クルーやレポーターや記者たちが詰め掛けている。そこに遭難した尾美の両親・原田芳雄、星由里子が東京から車で駆け付ける。

ラッシュで乗客（安田成美）を押し込む駅員（柳沢慎吾）

たちまちメディア・スクラムに巻き込まれる、という喧しい立ち上がりだ。留守宅には高校受験間近の次男がニュースを気に掛けながら、一人で朝食を取っている。そこに同級生のガールフレンドの工藤夕貴がやって来て「でも良かったわね。お兄さん生きてて……」と、声をかける。ここまでで、ほとんどの主要出演者（美保純・山口健二の姉弟を除く）が登場する仕掛けが出来上がった。そこで、脚本の大久保昌一良の執筆作業に入ったのである。

10月28日が締め切りである。それまでに、関係各所の取材とロケーション・ハンティングを多方面でやらなければならない。ADチーフは桐ヶ谷嘉久、彼とは80年『突然の明日』、83年『胸さわぐ苺たち』と、この頃三年ごとに仕事をしていた。

都内のロケ場所は、昔からよく知るエリアであったので、土地勘が働いた。秋葉原には、LPレコードを買いによく出かけた。「石丸電気」が、国内最大規模のレコード売り場を持っていたのだ。万世橋を渡って「交通博物館」の裏辺りには、「かんだやぶそば」「いせ源」「ぼたん」など食通好みの店がある。甘味処の「竹むら」は、ドラマでモデルにさせてもらい、工藤夕貴演じる中学生の実家とした。原田芳雄が店長を務める電器店のモデルは「九十九電機」。女性店員の制服も同じ仕様にした。そして何より、協力を仰がねばならなかったのが国鉄である。民営化が迫っていたこともあって、かなり融通を利かせてくれた。なにせ朝8時という超ラッシュの時間帯、満員の総武線電車に乗り込む安田成美と、駅員・柳沢慎吾の「尻押し」のシーンの撮影が出来たのだから。

ドラマの発端となるスキー場は、長野県小諸の「浅間高原スキー場」だった。ロケハンに出掛けたのは11月25日。全く雪の気配はなかった。撮影日はピン・ポイントで12月9、10日。暖冬で雪がないとなれば「お手上げ」だ。俳優スケジュールから「ワン・チャンス」なのだ。「天に祈る」しかなかった。脚本の初稿が上がってきた。プロデューサーの狙い通りというわけには行かなかった。「あまり弾けていないな」というのが近藤の評価だった。「デジタルっぽいドラマ」とは言い難い、「アナログ」風という訳だ。脚本は、テレビドラマではプロデューサーマターなので、私は意見を控えたが、プロデューサーサイドの評価は、それなりによくわかった。

「結論」は早かった。初回の直しは山元清多が担当し、二回目以降も山元がメインライターになることになった。大久保は初回で降板した。彼の名誉のために言っておくと、この年以降、東海テレビ枠の『愛の嵐』（86年）、『華の嵐』（88年）では評判を取った。題材とのミス・マッチだったのだろう。結果として山元の登板は「正解」だった。山元は「劇団黒テント」所属の劇作家でもあり、TBSドラマでは久世光彦の『ムー』や『ムー一族』も書いた。もともと「デジタル」っぽいドラマとは親和性の高い作家である。このドラマには向いていたのであろう。

制作発表を控え、番組タイトルと主題歌をどうするかということになった。

タイトルは、女子大生と中学生の「禁断の恋」を描くので、秘密めかして『親にはナイショで…』というのはどうか、と私が提案した。割合、「即決」だったと思う。「親ナイ」という風に簡略化できるのは、良いタイトルとテレビの世界ではよく言われる。あと「ン」が入ったタイトルも当たるという俗説もある。

この頃、テレビドラマの主題歌は歌手のプロダクションやレコード会社にとっては、大きな「狙い目」となっていた。これもプロデューサーマターなので、決定の経緯はわからないがこの曲が良かった。「安全地帯」の玉置浩二の唄う『デリカシー』で

女子大生と中３生の「親密」すぎる関係
（『親にはナイショで…』第２回より）

ある。歌唱力ナンバー・ワンと謳われる玉置の歌の中でも、異彩を放つ曲である。一言でいえば、正に「ドラマにピッタリ」である。また主題歌ではないが、挿入歌として毎回使ったのが、彩恵津子の『リアウィンドウのパームツリー』。なかなか挿入歌というのは、毎回は入れにくいものだが、この時のこの歌は、せつないシーンに実にぴったりと嵌まったのである。この2曲の選定は、プロデューサーのグッジョブだったと思う。

撮影開始は12月1日。都内ロケから始まる。先発ディレクターで、1、2回連続で撮ることになる。仕事をしたことのある出演者は、安田成美と尾美としのりだけだった。美保純は、つかこうへいの『蒲田行進曲』に出たが、その時は話す機会もなかった。11月に入ってすぐ、原田芳雄、安田成美、美保純とはプロデューサー共々、事前に打ち合わせした。原田は映画ではアウトロー的な役柄のイメージだが、個人的にはNTV『冬物語』(72～73年、演出・石橋冠)での浅丘ルリ子とのラブストーリーが印象深い。私をテレビドラマの世界に誘った作品の一つだ。今回の父親役は、ドラマの色合いを決定する重要なポジションだ。おそらく普通のホームドラマの父親というイメージとは異なった、しかし魅力的な父親像をどう打ち出すかといった話を雑談交じりにした記憶がある。

安田は私のほうがプロデューサーに引き合わせた形だったが、テレビ小説の経験が彼女を一回り成長させていた。ゴールデン帯ドラマの「主役」にも物怖じする様子がない。「地位が人を作る」というが、そういうタイプの「女優」なのだろう。安田には「大器」の片りんが窺えた。美保純は、天性のアッケラカン振りを見せるも、テレビドラマの枠に納まるバランス感覚もあった。柳沢慎吾とのコンビが絶妙だった。

他にも星由里子、尾美としのり、三上祐一、工藤夕貴、高橋ひとみ、山口健二など皆、適材適所のキャスティングだったと思う。大川興業まで、毎回出演したのだから、アバンギャルドだった。このドラマは今でも、カルト的なファンが結構いるようで、14年のTBSのCSチャンネルでの再放送は多くの反響があったそうだ。

天は我々を見放…さなかった

1985年12月1日、都内ロケ開始。全12回のうち、私は1、2、4、6、8、10、12回と結局7本撮った。あとの5本は、近藤プロデューサー自ら2本、松田幸雄が3本撮った。ドラマの大筋を今一度おさらいしておくと……。安田成美は有名私立大二年、彼女が付き合っている東大二年生が尾美とこの二人の朝帰り、秋葉原駅ホームで尾美の幼なじみの駅員と出くわす。そして冬、スキー場で尾美が東大生の友人二人と夜、ゲレンデで泥酔し眠ってしまう。目覚めたら友人は死んでいた。

これから尾美は変調を来し、安田との交際を避けるようになる。心配した安田は尾美の近くにいたいと思い、開成高校受験を控える尾美の弟・三上祐一の英語の家庭教師を引き受ける。実は弟は安田にかねてから憧れていて、彼からのたっての申し出でもあったのだ。

ここから、この家自体に大きな波乱が生まれる。次男の三上が安田に熱を上げ、遂には「開成に合格したら、ボクの初めてのオンナになってほしい」と言い出す始末。兄の尾美は、パソコンに夢中で大学は留年して「生活再建」プログラムに没頭する。彼を救済したのは、転職を繰り返し「とらばーゆ姐ちゃん」の異名を持つ、尾美の幼なじみの柳沢慎吾の姉、美保純だった。美保は駿台予備校事務員だった時、秋葉原の電器店店長・原田芳雄にスカウトされ「マイコンレディ」なる女性店員に転職。原田とも「アヤシイ」関係を噂される一方、息子の尾美とも急速に親しくなる。奔放な姉とは正反対で、真面目な国鉄マンの柳沢も、やがて尾美の自宅に頻繁に通う安田の魅力の虜になって行く。

中盤のクライマックスが三上の開成高校受験の合否である。開成高校が東大受験合格者数の首位に初めて立ったのが1977年。そのあと79年と、82年から現在までずっと首位を維持している。このドラマの時代（86年）には、「開成」ブランドは特別なものとなりつつあった。中高一貫校だが、高校からも100人枠の入学試験がある。

これが次男・三上少年のターゲットとなったのだ。兄の尾美は開成から東大理一に進んだが二年の冬、「挫折」した。母親・星由里子の次男に寄せる期待も、より募っているのである。その時、家庭教師・安田成美という選択は？と、伏線を張り巡らしドラマはスタートする。

初回は朝のラッシュ時の秋葉原駅の撮影と、浅間高原スキー場の遭難シーンの撮影が大変だった。総武線の秋葉原駅での撮影許可がよく出たなと今でも思う。9月26日午前、国鉄本社に赴き、広報部と撮影の交渉をしている。正攻法で口説いた。すでに国鉄の民営化が決まっており、対応が柔軟であったのはそうした背景もあったのか（しかし、5回目か6回目で以後「撮影お断り」となったが）。映像を観るたびに、安田を駅員・柳沢が車内に押し込むシーン、よく撮れたなと思うのである。

スキー場の撮影は、「心がけ」が良かったのか12月8日現地入りすると一面の「銀世界」であった。12月の初旬には、雪が降らないとの情報で気を揉んでいたが充分な積雪で撮影当日も予報は降雪が期待できるとのことだった。信越線の特急列車で現地に向かったが、この車内でも、スキーに向かう柳沢慎吾ら国鉄職員と秋葉原の電器店の高橋ひとみらのツアー客の車中シーンを撮影しながら移動したのである。

冒頭の、スキー場での遭難シーンは9日の夜に行なわれた。氷点下10℃であった。かなりの降雪があり、そこに送風機を持ち込み「吹雪」に見せる算段だ。

風速1mで、体感温度は1℃下がると言われるから、10mの強風を送ると体感温度は、マイナス20℃にもなる。下手をすると命に関わる。遭難する3人の学生の撮影は最も気を遣ったシーンだった。「天は我々を見放した！」というセリフがある映画『八甲田山』（77年、東宝）の森谷司郎監督の苦労はいかばかりのものだったろう。

翌日は朝から、遭難した尾美が救助隊に発見されて下山して来るシーン。それに気づいた安田成美がゲレンデを一気に駆け上がって行く。この安田の動きがダイナミックで、まことに良かった。「恋人」の安否を確認するために猛ダッシュする様を見て、この主役は嵌まったなと早くも私は確信したのだった。

「恋人」が救出されヒロイン（安田成美）はゲレンデを駆け上がる（『親にはナイショで…』第1回より

さて、この頃はワイド・ショーの全盛時代。「事件」取材には、メディア・スクラムが付き物だった。ドラマでも、このシーンを撮った。ホテル会見場での「東大生」の記者会見シーン。かの須藤甚一郎レポーター（のち目黒区議）も出演した。また東京から原田、星が急きょ駆けつけるシーン、文字通りの「メディア・スクラム」に曝されるが、須藤のリードもあって「本物」さながらの迫力だった。

スキー場のロケを終えると、翌日からは緑山スタジオでの収録。先にロケを済ませていたので、すんなりとスタジオに入れた。事故でノイローゼ気味になった尾美が、カーテンを閉めた自室に籠もってパソコンに自らの「生活再建」プログラムを打ち込む件。この時は専門のプログラマーにスタジオに来てもらい、一から指導してもらった。いかにも昔日の感。その意味でもこのドラマは1986年のアバンギャルドだったのだ。

第16話　林真理子の文芸ドラマ『胡桃の家』

「不思議、大好き」な、時代の空気

1986年の年明け、1月10日から『親にはナイショで…』の放送が始まった。当日の「試写」欄では、『毎日』と『讀賣』が取り上げてくれた。

『毎日』のほうは、スキー場のロケにも取材に来た荻野祥三記者が書いていて、「『新人類』に対応する大人代表の原田芳雄が、ホームドラマの『お父さん』らしさとは異なった〝ハイテク風〟オヤジを演じて面白い」とまずは好意的。そういえば〈新人類〉が、この頃の流行り言葉だった。

一方『讀賣』では「登場人物があちこちで交錯気味。展開もちょっと散漫だ。足が地に着いてくるのは、第二回以降になるだろう」という、ややツレナイものだった。「デジタル」風ドラマに対する、記

視聴室

親にはナイショで…（TBS＝後9・0）

大人には理解不可能とも思える最近の若者を「新人類」と言ったりするが、このシリーズも「新人類」的な若者を主人公にした新しいタイプのファミリードラマ。

舞台は電機の町、東京・秋葉原。国電秋葉原駅の駅員、日野原公昭（柳沢慎吾）と謎めいた行動の女子大生、高階えり子（安田成美）、えり子の恋人の東大生、木田卓（尾美としのり）一家を中心に話が進む。卓はまさに「新人類」。東大生仲間とスキーに行きゲレンデで飲酒して寝込み、仲間は凍死、一人だけ生き残る。ショックで一時は虚脱状態になるが、「再起計画」をパソコンに打ち込み、突然丸坊主になってジョギングを始める……。

卓の弟、晶（三上祐一）は有名私立高校をめざす中三。その家庭教師にえり子がなって、五歳も違う二人が恋仲になるから話はややこしくなる。「新人類」に対応する大人代表の原田芳雄が、ホームドラマの「お父さん」らしさとは異なった〝ハイテク風〟オヤジを演じて面白い。（祥）

安田成美　柳沢慎吾

「親にはナイショで…』の試写欄
（『毎日新聞』86.1.0）

者の違和感なのだろうと、私なりに理解した。

初回のオン・エアの時には、すでに第4回の編集の最中で、「ああ始まったな」と思ったくらいで、なんとか全12回の中で視聴率15％を突破したいなと考えていた。前のシリーズも、10％台前半位だった。他局の裏番組も意識はしたが、この時は自局の夜8時枠『セーラー服通り』と10時枠の「金曜ドラマ」『華やかな誤算』との、「競争」意識のほうが強かった記憶がある。

それだけ当時のＴＢＳドラマの制作力は、充実してもいたのだ。

さて、『親にはナイショで…』の初回視聴率、手元にデータが残っていないが確か13％前後ではなかったか。終盤まで視聴率はこの水準で推移した。

ストーリー展開としては、開成高校を受験する、中学3年生木田晶（三上祐一）の「合否」がクライマックスの一つとなっていた。なぜなら、この少年は「合格」したら、家庭教師の女子大生（安田成美）に「ボクの初めてのオンナ」になってほしいというトンデモない要求をしていたからだ。いわゆる「アンファンテリブル」ものである。

放送が始まって、何週か経っていたが、ノンフィクション作家・上坂冬子から手紙をもらった。上坂とは二年前のテレビ小説『一度は有る事』以来の付き合いだったが、私のドラマを好意的に評価してもらっていた。前作の『愛の風、吹く』も、地方新聞（共同通信配信）紙上で大いに褒めてくれていたのだが。「保守派」の論客としても名高い上坂としては「許せない」内容だったのだろう。「……市川さんのドラマをいつも楽しみにしていたけど、今回のドラマはとんでもない内容ね、……ガッカリだわ」と怒り心頭の様子だった。

まあ上坂なら、そう言うだろうなと思った。「公序良俗」を旨とする戦前の警察官の家で生まれ育った上坂にとっては、「腹に据えかねる」設定のドラマなのだろう。このリアクションは、プロデューサーにも、もちろん脚本家にも伝えなかったが、逆に現在の若者には共感する向きも少なくないのではないかとも私は思った。

さて、少年が開成高校受験から合否の発表のシーンは第6回から8回にかけて描かれた。受験前夜の「混乱」や、当日の「遅刻」など、少年は「アンファンテリブル」振りを遺憾なく発揮する。それでも彼は試験では手応えを感じ、「合格」を確信していたが……。ストーリーの結末は、読者諸賢お察しの通り「不合格」であった。

西日暮里駅を出て、開成学園に繋がる歩道橋がドラマの数シーンの主舞台となったが、学園内部の一隅でも撮影が許可された。合格発表の掲示板を立てさせてもらったのである。

第6回のラスト・シーン、受験前夜、家庭教師・安田成美の住まいの女子学生専用マンションに泊り、あまつさえ「朝寝坊」した少年が、そこから開成に急行するシーン。歩道橋上で、校門に駆け込む少年を見届けた母親役の星由里子と家庭教師役の安田成美が対峙する。

また第8回のトップ・シーン、不合格だった少年が落胆して学園から歩道橋まで走り出て来るシーン。ここでは安田と、少年のガールフレンド・工藤夕貴が遭遇し、激しい火花を散らす。国鉄・秋葉原駅同様、開成の校門内外で、よく撮影許可が下りたものだと思う。今なら、おそらく無理だろう。

ドラマ制作者にとっては、「良き時代」だったなと思うのである。

全12回の放送は、1月10日から3月28日まで毎回、放送日と同時進行のストーリー展開だった。

少年・三上祐一は、開成に落ちたが都立高校に合格する。安田への思いは遂げられず、同級生・工藤夕貴との仲が深まる。そして最終回、遂に安田を射止めることになるのは、「大穴」的存在だった国鉄マンの柳沢慎吾だったというラストになる。秋葉原駅から東海道線の静岡・三島駅への転勤の辞令が柳沢に出る。3月の終わり、傷心の思いで東京駅に向かう彼の前に、一度姿を消していた安田成美が現れる。そして二人は「東京ステーションホテル」で、一夜を過ごすことになる。「今日の日は、俺の人生で最高の日だよ」と国鉄マン・柳沢慎吾は呟くが……。翌朝、柳沢が目覚めると安田はすでに何処かへ去っていた。

エピローグ。都会の雑踏（渋谷のスクランブル交差点で撮った）を、安田が「大人の女」といった風情で颯爽と歩いている。そこにテーマソング（『デリカシー』）と柳沢のナレーションがかぶる。「それから…えり子さん（安田成美）を見かけたという話はきかない。えり子さんって一体何者だったんだろうか」。

『親にはナイショで…』最終回。安田成美のラストカット（86.3.28 ＯＡ）

ディレクターの私としては、この結末は気に入っていた。現に、最終回は視聴率も15％を上回って、数字的にも「有終の美」となった。後年（93年）『あのＴＶドラマをもう一度』（宝島社刊）というマニアックな本が出たが、著者の野間澤仁がこのドラマについてこう書いている。「とにかく不思議な雰囲気を持ったドラマだった。舞台が秋葉原電気街というのも異色だし、描かれているのも普通の恋愛ではない。出てくるキャラクターはみんなどこか変わっているし。不思議な空気の流れる中で、俳優たちがどうなるんだろうという手探り状態で演じているという感じなのだ。いみじくも、公路（柳沢慎吾）のナレーション『えり子さんって一体何者だったんだろうか』と言うとおり、最後まで煙に巻いて終わってしまった」と、視聴者の受け止め方が伝わってもくる。

しかし、最終回には15％を超えたということは視聴者にはどこか「気になる」ドラマとなっていたのだろう。そういえば80年代「不思議、大好き。」（糸井重里）というCMコピーが一世を風靡したことがあった。そんな時代の空気の中で、生まれたドラマだったろう。

プロデューサーの近藤邦勝の目指した「デジタル」風なドラマをというミッションを、ディレクターとして果たせたなと、それなりの達成感を私は感じた。何年か前だったが、比較文学者で小説も書く小谷野敦の本を捲っていたら、こんな一節が目に留まった。「先ごろ、俳優の原田芳雄（1940－2011）が死んだが、原田はある意味で、悪人風のかっこいい中年男を演じさせたらピカ一の俳優だった。といっても、若いころは、ただの薄汚いヤクザものみたいに見えることが多かったのだが、中年過ぎてからよくなった。中でも、私が忘れられないのは、民放のテレビドラマ『親にはナイショで…』（1986）の父親役で、役柄は単なるサラリーマンなのだが、そこにかえって凄みがあった」（『「昔はワルだった」と自慢するバカ』ベスト新書）という、原田が亡くなった少し後に出た新書だった。

俳優としての原田は、若い時でも私にはカッコ良く見えた。NTV『冬物語』の時の原田は32歳だった。そして『親にはナイショで…』が45～46歳の時、前回に書いたように「普通のホームドラマの父親というイメージとは異なった、しかし魅力的な父親像をどう打ち出すか」という原田と話したミッションが、どうやら果たせていたのだなと、小谷野の一文を読んで改めて思ったものだった。

ドラマの放送が終わる前の週だったかTBSの山西由之社長が亡くなった。その日は、私が自宅の引っ越しをした日だったので、よく憶えている。雑誌『改造』の編集者出身で、報道や制作などの「現場」からは、信望のある社長だった。「現役社長の死」は、これからTBSが、どうなって行くのだろうかという懸念も抱かせた。

林真理子を、口説いてみたが……

この頃、放送界で話題となっていたのは、テレビ朝日（ANB）が85年10月からスタートしていた『ニュースステーション』の視聴率動向だった。じわじわ数字を上げて来ていたのだ。キャスターがTBS出身の久米宏だったこともあり、TBS社内の関心も一入だった。85年いっぱいは、一ケタの数字で「久米でも（ニュースの）数字はダメか」といった反応だったのが、86年に入るとビッグニュースの連続で、そのたびに数字が上がって来た。

1月の米宇宙ロケット「チャレンジャー号」の打ち上げ直後の爆発事故。2月のフィリピンでの「市民革命」。どちらも迫力ある映像で、14・6％（1月28日）、19・3％（2月25日）という高視聴率。ニュース番組も民放テレビの「商品」となるとの先例となった。TBSにも、そうした動きが出てくるのでは、とドラマ人間の私でも思わぬでもなかった。

4月に入って、すぐ大山勝美プロデューサーから「（山田）太一さんの金ドラ、手伝ってくれない」と言われた。引き続きディレクターをやりたいと思ったが、大山の意向は「4本の短い連ドラだから、僕と（高橋）一郎チャンでやるから、（大山との共同）プロデューサーで……」とのことだった。すでにドラマの大枠は決まっており、コンビニエンスストアを舞台にしたドラマということだった。街の人々の間で、コンビニはすっかり定着して十年くらいは経っていたと思う。すでに24時間営業となっていて、深夜でもさまざまな人間が行き交う空間となっていた。そこに、山田と大山が着眼したのはさすがだなと思った。

ドラマのタイトルは『深夜にようこそ』。放送期間は6月13日から7月4日。4本のミニ・シリーズだったので、あっという間に終わった。『東京人』の特別編集委員でもあった評論家の川本三郎が放送終了後、『毎日新聞』夕刊（86・7・12）文化欄にこう書いていた。「『家族』から『個人』『シングル』へと社会の単位が変わりつつあるいま、こういうドラマが見たかったのだ。…もともと山田太一は、都市のなかの普通の人々、サイレント・マジョリティの生活を描くのがうまい人だが、今回は、コンビニエンス・ストアという格好の『冷たい』都市空間を得て、とりわけ生き生きと書いている。これをきっかけにテレビにはホームドラマではなく、シングルドラマがふえるのではないかという予感もする」。自身、『都市の感受性』という著書を持つ川本らしい好意的な批評だった。

1986年(昭和61年)7月12日(土曜日)

文化

映像

川本三郎

「冷たさ」描写が新鮮

"暖かな"ホームドラマから
シングルドラマへ、の感も

TVドラマ「深夜にようこそ」

『深夜にようこそ』が映像評で大きく取り上げられた（『毎日新聞』86.7.12 夕刊）

夏の終わりの、よく晴れた日の午後、ドラマ部の先輩の和田旭と表参道にある、作家のマンションに向かっていた。訪問先は林真理子の住まいだった。

二時間ドラマで、林の新作『胡桃の家』という小説のドラマ化権を得たいと思ったのだ。版元の新潮社と話をしたのだが、担当の女性編集者によると、「（林）先生のこれまでのドラマ化、あまり上手くいってなくてご本人が渋ってるんです。直接伺って、口説いてください」とのことだった。過去のドラマは、観ていなかったがデータを見ると確かに「視聴率」もイマイチだった。林は一年前、85年下半期の直木賞を受賞して一躍流行作家の一人となっていた。作家デビューは82年だったが、比較的よく読む作家の一人だった。なにか「時代の気分」といったようなものが感じられる作家だった。コピーライター出身ということもあったのだろう。

しかし、『胡桃の家』はちょっと趣の異なる小説だった。主人公こそ林と同世代と思われる都会のブティックで働く現代女性だが、実家は地方の小さな田舎町の菓子屋である。店の奥に住居があり、夫に先立たれた母が一人で住んでいるという設定だ。母の年齢は62歳。今と違って、「昭和」の感覚では「老いた」母親といった描かれ方である。物語は離婚してシングルとなったヒロインが、久しぶりに帰郷するところから始まる。

「女の家」がテーマの作品である。『小説新潮』の85年3月号が初出で、他の短篇3作と合わせて『胡桃の家』として単行本化され86年8月に出た。それを読んですぐドラマ化を思い立ったのだった。林の自宅は事務所も兼ねていて、「イサカ」という女性が秘書的な仕事をしていた。当時、『週刊文春』の林の連載エッセイに名前がよく登場していた女性だ。彼女の案内で、林の待つリビングに通された。さっそく来意を告げ、本題に入った。

「私、テレビってもういいなって思ってるんです」と、のっけから取り付く島がない。新潮社の編集者から聞いていた通りだった。あれこれ熱意を込めて説得を図っても、なかなか埒が明かなかった。一時間位、堂々めぐりをしていただろうか。

同行していて、それまでは口を挟まなかった先輩の和田が、林に向かってポツリと「あんまりこだわらないで、(ドラマ化権を)くれたら…?」と呟いた。すると、まるで脱力したかのように林は、「…じゃあ、お任せします」と応じた。林の翻意は、和田と私のコンビネーションの賜物だったようだ。現在のドラマの世界では、こんなやりとりはありえないだろう。作家本人との直接交渉などないだろうし、版元なり代理人が相手であろう。そういう意味では、これも「昭和」の時代のどこか人間臭い仕事のやり方で、懐かしい思い出である。

和田旭は、二年前のテレビ小説『一度は有る事』の演出チーフであり、この『胡桃の家』の演出をしてもらうつもりだった。放送枠としては「水曜ドラマスペシャル」という夜9時からの二時間ドラマである。しかし企画成立直後、部内異動で和田は演出一部（ドラマ部）のデスクとなり、ディレクターができなくなった。その時の演出一部長は堀川とんこうだった。堀川にピンチ・ヒッターを相談すると、「龍至（政美）か、坂崎（彰）が空いているよ」と堀川の同期の二人のベテランディレクターの名前を挙げた。テレビの現場は、大体50歳位になると、一部の例外を除いて、「出番」が少なくなる。40前後が「働きざかり」といった世界だ。年齢はズレるが、プロ野球選手の出処進退と似ているところがある。

ドラマの世界では、プロデューサーが若いと、なかなか年上のディレクターを起用しない傾向があった。私は例外的で、年上のディレクター起用に全く躊躇しなかった。年の離れた兄が二人いたせいもあって、年長者にはむしろシンパシーがあった。そこで、二人（龍至と坂崎）のどちらと組むかを考えた。龍至とは『港町純情シネマ』の時に仕事をさせてもらった。坂崎とは十年前に「水曜劇場」枠の『ふたりでひとり』の時、ＡＤとして仕えただけである。プライベートでは、タイガースファン同士で親しかったが、それが仕事に結びつくものではない。題材的にフィットするのは、どちらなのかと思案し、結局坂崎彰ディレクターを選択した。脚本家は二年振りに重森孝子に依頼した。重森とはテレビ小説『一度は有る事』以来で、原作を読んですぐに思い浮かんだ。この時、重森はＮＨＫの連続テレビ小説『都の風』執筆中で多忙を極めていた。「12月の2週以降なら、取り掛かれるわ」との返事をもらった。幸い「原作」があるのでキャスティングはできる。ヒロインと母親のキャスティングは早めに決めておきたいと思った。

ちょうど、その頃だったろうか、編成部から「来年（87年）4月から、火曜夜に30分枠の連ドラ枠をやりたい。2クールという半年だが、やらないか」との話を打診された。ドラマ部の後輩で、一緒に仕事もしていた田代冬彦が編成部に異動していて、彼からの話だったと思う。コア・ターゲットは、十代の少年、少女とその母親で19時半からの30分ドラマという発注だった。20時からも1時間枠のアイドル・ドラマを考えているとの話だった。この時は、それから企画を考え出したのである。

例によって赤坂の書店を渉猟していたら、漫画家はらたいらの『最後のガキ大将』（フレーベル館刊）という新刊本が目に止まった。はらは、当時TBS『クイズダービー』の回答者としてレギュラー出演をしていてタレント人気もあった。内容はガキ大将だった、はらの故郷・高知（土佐山田）での少年時代のなつかしき日々をつづった回想記であった。

味わいとしては、映画『瀬戸内少年野球団』（84年、日本ヘラルド映画、原作・阿久悠、監督・篠田正浩）に通じるところがあった。現在（86年）の子どもたちへのメッセージドラマとして行けるのではないかと思った。『親にはナイショで…』でも描いたが受験戦争は低年齢化し、「ガキ大将」は姿を消した。「ケンカ」の代わりに「イジメ」が増えた。戦後間もない四国のわんぱく少年の「物語」を描く意味はあるだろうと思い企画を提出した。人気番組『クイズダービー』の出演者の原作ということもあったろうか。すんなり企画は通った。

編成の田代と相談し、脚本はNHKで『たけしくん、ハイ!』を書いた布勢博一に白羽の矢を立てた。布勢はテレビ草創期からの脚本家だったが、比較的にTBSとの仕事は少なかった。大ヒットした『熱中時代』をはじめ、断トツにNTVでの仕事が多かった。TBSでは82年の金曜ドラマ『いつもお陽さま家族』（P大山勝美）以来ということになる。

布勢に連絡を入れると、すぐに引き受けてくれた。「スケジュールが空いていたらどんな仕事も断らない」というのがポリシーだと私に語った。昭和一ケタ世代の中国・奉天生まれということで、どこか「大陸的」な雰囲気のある脚本家だった（93年、私はヒット作となった東芝日曜劇場『課長サンの厄年』で再び布勢と仕事をした）。

こうして、86年から87年にかけて二つのドラマを抱えることになった。

「パリは燃えているか？」の作曲家と

時代は、正にバブルが始まった頃である。景気動向指数というデータ上では、後にバブル期とは1986年12月から1991年2月までの51カ月間とされているが、テレビの世界に生きてきた私の実感としては、前後に一年程度の糊代があった気がする。

「バブル」の象徴として、しばしば映像として登場する芝浦の「ジュリアナ東京」のディスコシーン。開店は91年5月（僅か3年3カ月でクローズした）で、実はオープンの時、「バブル」の幕は下りていたのだ。オンリーイエスタデイの記憶でも、そうしたタイム・ラグはしばしば起こりうる。

ふたたび『胡桃の家』の話に戻りたい。脚本家・重森孝子のNHKでの仕事（テレビ小説『都の風』）が一段落したので、早速シナリオ・ハンティングに出掛けた。ディレクターの坂崎もロケ・ハンを兼ねて同行した。林の原作小説では、人口三万程度の田舎町の老舗の菓子店がヒロインの実家となっていた。もちろん林本人の物語ではないが「私小説」風の趣の作品なので、林の故郷の山梨市辺りを見てまわることにした。林の実家は書店で菓子店ではない。市の人口は三万人台、これは原作そのものだ。近年は甲州ワインの産地で名高い。一日、シナ・ハンをして回ったが映像化した場合に、やや物足りなさを感じた。実家として設定する恰好の菓子店もなかなかなかった。「（信州の）松本にでも行ってみますか？」と私が切り出すと、重森も坂崎もすぐに同意した。松本市は城下町だし歴史も古い。人口も二十万を超える地方都市であり、観光スポットにも恵まれている。市の観光課にも挨拶して、市内をタクシーで回った。さすが「観光都市」で、タクシー運転手が要領よく各所を案内してくれた。「教育県」と謳われる長野・松本だけに説明もわかりやすく、多いに助けられた。ドラマの舞台となる実家に見立てる老舗の菓子店も見付かった。効率良くシナリオハンティングを終え、帰京。

86年も早、歳末となっていた。年明け（87年）1月半ばには初稿をと、脚本家に依頼して、私はキャスティングを固めることとした。放送枠は「水曜ドラマスペシャル」という二時間ドラマ枠だが、サスペンスでも恋愛ドラマでもない、敢えて言えば「文芸ドラマ」ともいうべき題材である。そこをどうやって好視聴率を取るか、キャスティングは重要である。編成の担当者からも、「この題材だと12〜13％くらいを取るのが精々でしょうから、あとは内容ですね」と、妙な督励をされた。軸となるヒロインと母親役は、坂口良子と草笛光子。結果的に、このコンビが良かった。草笛は、この時まだ五十代前半で役設定の62歳より大分若かったが、地方で一人暮らしをする「芯」の強い母親像を見事に演じることになる。そして叔父夫婦が伊東四朗と光本幸子、弟（原作では兄）夫婦が村上弘明と池田裕子（NHKアナ出身）。坂口の別れた夫が、ミュージシャンの上田正樹、従妹は村上里佳子（のちのRIKACO）というバラエティに富んだキャスティングだった。そして、このドラマで私がこだわったのが、「音楽」だった。

少し前に観た映画『化身』（86年、東映、原作・渡辺淳一、監督・東陽一）の音楽が印象に残っていた。音楽を書いたのは加古隆だった。脚本が出来て、すぐ加古隆に直接会って依頼した。加古の音楽は、クラシックとジャズと現代音楽が交差する、正に「加古隆の音楽」というべき他にない音楽なのだが、『胡桃の家』にはピッタリだと私は直感したのだ。

「胡桃の油で磨き込んだ、古い檜の柱の家が、タイトルとなっています」と話しただけで、加古にはインスピレーションが湧いたようで「わかりました」と、すぐ引き受けてくれた。

95年、ＮＨＫ『映像の世紀』の音楽（メインテーマ「パリは燃えているか?」）で加古は大ブレークした。現在、加古音楽ファンの映画監督やテレビ制作者は少なくないが、当時まだ40歳になったばかりの加古に、『胡桃の家』の音楽を依頼したのは、忘れ難い良き思い出である。

『胡桃の家』クレジット・タイトルに加古隆のテーマ曲が流れる（87.3.18 ＯＡ）

第17話 「アイドル」から「ママドル」へ、衰えぬ聖子人気

「ニュース戦争」で、「金ドラ」が消える⁉

（この稿を書いたのは）「平成」最後の年明け。5月に元号が変わるということは、昭和生まれの人間が早や「昭和」「平成」と新元号の三代にわたって生きることになる。

かつて俳人中村草田男が「降る雪や明治は遠くなりにけり」と詠んだのは、1931（昭和6）年のことだったそうな。この時、「明治」が終わって19年経ったばかりだった。その顰で言うならば昭和が終わってまる30年。じゅうぶん「昭和は遠くなりにけり」と言いうるはずだが、私などは未だに意識の底で、今年は「昭和94年」だななどとどこかで勘定していることがあるのだ。そういえば『昭和の子供だ君たちも』（2014年、新潮社刊）という本を評論家の坪内祐三が書いたことがあった。

前振りが長くなったが、昭和62（1987）年の年明け私は二つのドラマに取り組んでいた。3月に放送される水曜ドラマスペシャル『胡桃の家』（原作・林真理子）と、4月から放送が始まる30分枠の連続ドラマ（原作・はらたいら『最後のガキ大将』）だった。

『胡桃の家』は、松本ロケから始まった。ドラマ撮影の場合、地方ロケーションが大体先に行なわれるが、

ここで上手く滑り出せると番組は成功することが多い。APとして、入社4年目の横井直行が付いた。横井は局内唯一の東京藝術大学音楽学部の出身。前号で触れた加古隆の後輩である。入社以来ドラマ志望で、『ザ・ベストテン』から異動してきた。「清張ドラマ」などが好みなのだとか、私とも仕事を組むことがあるだろうと思った。松本ロケの最終日の夜に、宿舎のラウンジで出演者・スタッフで軽い打ち上げをやった。カラオケもあって盛り上がったのだが、池田裕子が『金曜日の妻たちへⅢ』の主題歌の『恋におちて』を歌うことになった。アナウンサーが本業だった池田は「金妻」路線の『金曜日には花を買って』がドラマ・デビューだったので、この歌にも思い入れがあったのだろう。この時、伴奏を買ってでたのが横井だった。丁度グランドピアノがあって、それを弾いたのだったが、この時の『恋におちて』は歌唱もピアノも「玄人はだし」で絶品と言えた。

帰京して、緑山スタジオでの撮影に入ったが、スタジオ収録初日に記者を招いて制作発表を行なった。原作の林真理子も出席ということで、2時間ドラマとしては異例の反響があった。結果として、この時の番宣が放送日の「試写」欄「揃い踏み」に繋がる。

2月26日撮影終了。ディレクター坂崎彰の演出ぶりも充実していた。地味な噺だが「もしかしたら15％を取れるのでは」と、プロデューサーとしての欲も出て来た。加古隆との音楽打ち合わせが3月4日。録音が3月7日。果たして加古の書いてきた音楽は、素晴らしい出来栄えだった。APの横井と「ぴったり嵌まったね」と、納得し合ったものだった。

3月18日、放送当日の新聞朝刊は『朝日』『毎日』『讀賣』三紙揃って「試写」欄で取り上げていた。いずれも「好評」だった。連続ドラマでも三紙全部に載るのは難しいが、単発の2時間ドラマでこれだけの扱いは異例だった。番組放送欄のタイトルとサブ・タイトルは、『胡桃の家 この家は私のものよ法事の夜の家族会議』と、いささか「下世話」なものにした。そして翌朝の「視聴率速報」。予想を大きく上回る高視聴率だった。ビデオ・リサーチ18・7%、ニールセンは20・0%（！）に達していた。同時間帯の横並びでトップの数字。昔も今も編成部と制作部の廊下に前日の「高視聴率番組」名と数字が掲出されるのだが、この『胡桃の家』の数字には社内でも驚きの声が起きた。編成の田代冬彦からも「びっくりですね。こんなに（視聴率）取るとは思いませんでしたよ」と、すぐに反応があった。林真理子サイドにも一報をと、新潮社の編集担当の小林加津子に連絡を入れた。小林は「（林真理子）先生も、昨夜観られていて、これまでの私のドラマで一番良かったと仰っていました」と話してくれた。そして、一般視聴者からの反響も後日次々と各紙に載ったが、いずれも好評で結果的には「上首尾」の番組となった。

「余韻」に浸る間もなく、同時進行していた4月から始まる30分の連続ドラマの制作に懸り切りになる。漫画家はらたいらの少年時代の回想記が原作で、前年（86年）12月から、準備作業は進めていた。半年2クールの長丁場、APは富田勝典に頼んだ。テレビ小説以来、一年半ぶりである。脚本家の布勢博一とは12月16日、原作のはらたいらとは12月26日に初対面。年明け早々、布勢とはらと私の三人でドラマのコンセプトの擦り合わせを二日続けて行なった。

『胡桃の家』の「試写」欄。三紙揃って取り上げた（左・讀賣、中央・朝日、右・毎日、いずれも1987年3月18日付朝刊）

はらは、父が誕生前に亡くなっていて、母と祖父母と姉の五人家族で育った。父がいなくても、ガキ大将に育った。戦後間もない昭和20年代半ば土佐高知が舞台の物語だ。その時代とその土地をよく知るディレクターが、演出一部（ドラマ部）にはいた。山泉脩である。１９４３年高知県生まれ、はらと全く同じである。私は78〜79年『七人の刑事』の時は山泉のADとして、85年のテレビ小説『愛の風、吹く』はプロデューサーとして彼とは仕事をしていた。「少年」ものにはピッタリのディレクターだった。

この頃、ＴＢＳ社内では大きな問題が浮上していた。ＡＮＢ『ニュースステーション』に対抗して87年10月から、夜10時からのワイドニュース枠を月〜金でベルト編成するというのだ。もし本決まりとなれば、夜10時の連ドラ枠が失くなる。ドラマ部にとってはとりわけ大問題であった。3月の終わりだったか4月に入っていたか経営側からの制作局員に対する、22時枠「改編」についての説明会が開かれた。テレビ本部長だった絹村和夫常務（当時）が出席した。絹村については五木寛之が、かつて『日刊ゲンダイ』の連載コラム「流されゆく日々」に、こんな思い出を綴っていたので少し引用する。「私（五木）がはじめてＴＢＳの番組制作にかかわったのは、１９６０年前後のことだったと思う。ＰＬ教団の提供で『みんなで歌おう』という音楽番組だった。担当のディレクターが絹村和夫さんという東大出の青年で、気分のいいラジオマンだった。彼は当時、ＴＢＳ労組の委員長だか役員だかをやっていて、『すみません、きょうは組合の会議があるので番組のほうよろしく』などと、どこかへ消えてしまう。思えばのんびりした時代である」（２０１８・10・26）と五木

Daily Chronicle
流されゆく日々
連載 10521回
ラジオを聴きながら④
五木寛之

五木寛之が絹村和夫との思い出を綴った『日刊ゲンダイ』の連載コラム「流されゆく日々」

の回想に登場していたが、私の入社時（1974年）には人事室長だった。リベラルで教養人の雰囲気があって社員の信望もあったのだが、この説明会の時ばかりは、いかにも辛そうだった。質疑応答の段になって「仮借ない」質問が矢継ぎ早に飛んだ。「『ニュースステーション』の真裏にニュースをぶつけて勝算はあるのか?」「視聴習慣を変えてドラマ枠がダメになってしまわないか?」「もし、失敗したら誰が責任を取るのか?」。「責任は私が取ります」と絹村常務が言い切ったことで2~3時間続いた説明会はお開きになった。制作現場の「不満」は、この一場で「ガス抜き」された形となり、以後、「会社の決定だから仕方がない」という空気となった。ドラマ部の人間にとっては、1972年以来15年間続いた「金曜ドラマ」枠が消えるというのは大きなショックだったのだが。

「バブル」で広がる「クラシック」人気で

4月放送開始の30分ドラマは2月の10日頃だったろうか、最後に主役の少年役が決まり、レギュラー出演者のキャスティングは終わった。少年役は「劇団いろは」に所属の埼玉・熊谷に住む吉川裕朋という小学5年生だった。出演が決まり、芸名を高知・四万十川の清流にちなんで、私が「早瀬」裕一と付けた。母役が大谷直子、祖父母が三木のり平と正司歌江と「芸達者」を揃えた。姉役は映画『キネマの天地』（86年、松竹、監督・山田洋次）の有森也実、担任女教師が当時人気絶頂だった山田邦子と手堅い配置。少年のマドンナの転校生は美少女タレント坂上香織、そして高知県人の元プロ野球選手の江本孟紀と元関脇の荒勢といったバラエティに富んだキャスティングを組んだ。

そしてドラマの正式タイトルは『ガキ大将がやってきた』と「動的」なものに変えた。半年の撮影期間、高知では何回もロケをしたが宿舎は安芸市の「ホテルタマイ」。当時、阪神タイガース一軍の春季キャンプの宿舎であり、2月にロケ・ハンで投宿した際には昼間にエレベーター内で真弓明信選手と乗り合わせ、阪神ファンの私はちょっと胸ときめいた。もっともその時、真弓はグラウンドで足を故障した様子でリタイアーしてホテルに戻って来ていたのだ（いやな予感がしたが、この年阪神は最下位に転落した）。

高知ではTBS系列の局は「テレビ高知」だが、当時の岡村大社長はTBS出身で演出部長だったことがあり、山泉脩ディレクターや私の上司の時代もあった。その縁もあり、ロケーションの際には全面的に協力をしてもらった（当然ながら『ガキ大将がやってきた』放送期間中の視聴率も飛びぬけて「テレビ高知」が高かった）。

撮影は3月初旬の高知ロケから始まり、9月上旬まで半年に及んだ。30分ドラマなので、1人のディレクターが2本ずつ担当するローテーションでロケ・スタジオが隔週ごとの撮影スケジュールだった。山泉の他に、松田幸雄、森山享、加藤浩丈の3人の若手ディレクターが担当することになった。しかし、それからの半年間、私は同時並行で二つの別番組にも取り組むことになった。とにかく、多忙な時代なのだった。

一つは、4月に来日する世界的テノール歌手プラシド・ドミンゴのコンサートの中継番組だった。最初音楽番組担当の演出二部に持ち込まれたが、スタッフの手配が付かず、演出一部にお鉢が回って来た。これにクラシック好きの福田新一が名乗りを上げディレクターを担当することになった。福田から「君も手伝わない？」と言われ、私も即、応じたのだった。他のスタッフとしては、福田の親しい原夏郎と入社二年目の山田亜樹が一緒で、皆クラシック好きの同好会のようなチームが組まれた。他に福田の旧知の音楽評論家の黒田恭一がスーパーバイザー格で加わった。

バブル景気が進行する中で、クラシック人気も高まっていた。きっかけは86年夏から放映されたニッカウヰスキーのCMであった。TBS出身の実相寺昭雄が演出した、あのCMである。褐色の肌のキャスリーン・バトルというソプラノ歌手が純白のドレスを身に纏い、どこか神秘的な雰囲気の湖畔でヘンデルのアリア『オンブラ　マイ　フ』を歌う。このCMがクラシック人気に火を点けた。大手企業がメセナの一環として、冠コンサートを催すことも珍しくなくなった。このドミンゴの番組もアサヒビールの一社提供だったと記憶する。当時、アサヒビールは、住友銀行からアサヒビールに転じた樋口廣太郎社長がオペラ通ということもあり、酒とクラシックの親和性に着目したようだ。

そしてコンサート会場は、前年秋オープンしたばかりのサントリーホールだった。サントリーは、ラジオ東京時代からの『百万人の音楽』のスポンサー。クラシック音楽とは切っても切れない絆のあるスポンサーであった。バトルのTVCMとサントリーホール開場が86年の夏から秋にかけての出来事だったというのは偶然とは言えないだろう。コンサートにやって来る客も、それまでとは明らかに違う、ドレスアップしたバブリーな若い女性たちの姿も見られるようになった。

こうした時流があって、TBSテレビでのクラシック音楽番組が実現したが、放送は11時台のニュースが終わった後の時間枠だった。ドミンゴのインタビューも収録したいということになり、聞き手に鳥飼玖美子を起用した。今や英語教育の第一人者（立教大学名誉教授）だが、当時は、かつて私も情報番組で一緒に仕事したことがあり、気楽にインタビュアーを引き受けてくれた。ドミンゴは、やはりスペイン語での会話となるだろうと、スペイン語にも堪能な鳥飼に頼んだのだった。クラシック好きな私たちにとっては終始愉しい仕事だった。収録、編集が終わり、MAV（音入れ作業）にはスタッフ全員が立ち会った。5月3日、終日MAV作業室にこもり仕事が終わったのは朝5時位になっていた。

早朝タクシーで帰宅。朝刊をピックアップすると、「朝日新聞阪神支局襲われる。記者一人死亡」との特大見出しが躍っていた。ドミンゴのコンサート映像の余韻が一気に吹っ飛んだ。『朝日新聞』に対するテロである。「今の時代に、なぜ?」という疑問が湧いた。言い知れぬ「悪意」が、世の中の「草の根」には潜んでいるのだという ことに、「イヤな感じ」を覚えた。

NHKが2018年1月『NHKスペシャル〜未解決事件』で、この「朝日新聞阪神支局襲撃事件」を、ドラマ(主演・草彅剛)とドキュメンタリーに分けて放送した。あれだけの事件が、未だに「未解決」なのである。1987年、世の中が「バブル」景気に浮足立っていた時期に起きたテロだっただけに、私としてはとりわけ忘れ難い事件なのである。

6月に入ってすぐ、『ガキ大将がやってきた』のチーフディレクターだった山泉脩が10月からのニュース番組のスタッフとしてヘッドハンティングされることとなった。全24回の半分で、先発ディレクターが異動とは、秋からの「ニュース戦争」突入ゆえの人事とはいえ「理不尽」な思いに駆られた。山泉の「送別」会を兼ねて、折り返しの「打ち上げ」をやった。少年たちを除いた「大人」の出演者中心の「食事会」だった。高知出身者は酒が強いイメージがある(あの『酒場放浪記』の吉田類も高知県人である)が、事

『ガキ大将がやってきた』高知ロケで大谷直子、江本孟紀、有森也実、早瀬裕一、坂上香織ら

実この番組の山泉も、はらたいらも、元関取の荒勢も皆、酒には強かった。意外なことに江本孟紀は一切酒は受けつけなかった。しかし酒脱な人柄で、酒席でも話は弾んだ。82年のNTV木曜ゴールデンドラマ『愛に堕ちた女』（制作・YTV、原作・阿部牧郎）で銀行OL大谷直子の愛人役や、映画『細雪』（83年、東宝、監督・市川崑）で、吉永小百合演じる三女・雪子の見合い相手として出演したりと、すでに役者としても場数を踏みつつあった。ドラマでは、転校生美少女の父親役。地元の工場長として都会から赴任してくるハイカラなエリート・サラリーマン役である。大谷とのコンビはキャスティング時からの狙いだった。江本と違い大谷は女性ながら酒豪だったが、ドラマでは息ぴったりの演技を見せてくれた。

「結婚」しても「アイドル」

「ガキ大将」の後半の撮影にとりかかろうとしていた6月下旬だったろうか。演出一部長の堀川とんこうから「松田聖子のドラマをやるんだけど、手伝ってくれない？」と打診された。脚本が市川森一で、演出が「ドミンゴ」で仕事をしたばかりの福田新一だと言う。堀川はライン部長ゆえに、プロデューサーに懸かり切りになれないからとのことだった。番組のタイトルは『松田聖子のスイートメモリーズ』と決まっているとの話だった。タイトルからわかるように、これは「聖子」による「聖子」のためのドラマなのだった。松田聖子は、それまでにも何本かのドラマに主演していたが、代表作といえるようなドラマはまだない。映画ものちに夫となる神田正輝と出会った『カリブ・愛のシンフォニー』をはじめ、何本かの主演作があったが「女優」としての決定打といえるような作品は、まだなかった。「女優」というより、「歌手」であり、「アイドル」なのだった。85年に結婚しても86年に出産しても「アイドル」人気は衰えていなかった。なぜなのだろうか？　これが、堀川に言われた仕事を引き受けるにあたっての、私の一番のモチーフになった。

7月4日の土曜日、脚本の市川森一と堀川、私、演出の福田新一、ＡＰの原夏郎、そして企画者ということで小林桂子（松田聖子サイドの意向を代弁した）の6名で最初の企画会議を行なった。市川森一のオリジナル脚本だが、話の骨格は市川森一と堀川の間ですでに出来ていた。しかし、この時点で松田聖子出演の最終決定はまだされていなかった。三日後、サンミュージック（当時の聖子の所属事務所）の相澤秀禎社長から漸くゴー・サインが出たのだった。

脚本家の構想に従って、あちこち取材も始めた。松田聖子は二役にするというアイデアで、松田は母と娘二代の女性を演じ分けねばならない。87年現在の娘は、証券アナリストをやっている設定。バブルが膨らみ始めた時代、外資系証券会社の調査部のアシスタント・アナリストの女性を取材した。松田とは同世代、いかにも87年という時代相を体現していた。他の外資系の証券会社でも何人かを取材したが、みな「聖子」世代だった。市川の脚本執筆と並行して、企画書を作成することになった。9月の期末の「スペシャル・ドラマ」なので、連ドラ並みの「企画書」が求められる。私は「――いま　聖子の時代」と題して、〈企画意図〉を書いた。少し長くなるが、本文から一部を引いてみる。

「時代がスターを生み、スターが時代を創るという意味で70年代の山口百恵、80年代の松田聖子は、それぞれにきわめてシンボリックな存在といえます。二人は結婚という若い女性にとって最も劇的な事件を通して、それぞれの時代の女性の生き方のモデルを示したといえます。ちょうど１９８０（昭和55）年という年を境にして二人のスーパー・スターは入れ替わるのですが、それは単に山口百恵の後継者が松田聖子であったというのではなく、舞台が大きく一回りをしてまったく異ったタイプのスターの誕生であったと今は語ることができます。山口百恵は古い心性を持ったそれまでの女たち（女優たち、アイドルたち）のいわば、アンカーであって、そのバトンを次の走者に渡したわけではありません。松田聖子は決して彼女からバトンを受け継いだのではなく、１９８０年代にまったく新しいスタートを切ったトップ・ランナーなのです。その意味で、百恵以前と聖子以後は、はっきり区別されるべきなのです（１９８０年を境にして）。（中略）結婚ということが、独身時代の様々な娯しみを断念することを意味した時代から、結婚しても独身時代の娯しみ、生き甲斐をやってのけてしまうという時代に変えたい、変わりつつあるというのが多くの女性たちの夢であり、認識ではないでしょうか。いま、その時代の中心に明らかに松田聖子がいます」

30数年昔の文章だが、私の時代認識としては今でもそれほど変わっていない。こうして、「聖子」ドラマも順調に滑り出し、一方『ガキ大将がやってきた』のロケ・ハンで高知行きと仕事に忙殺されていたが、ある日、演出一部に衝撃的な知らせが入って来た。

7月期の、つまり最後の「金曜ドラマ」『モナリザたちの冒険』（原作・宮原昭夫、脚本・筒井ともみ他）のプロデューサーの服部晴治が病で亡くなったのだ。ドラマの主演は、服部の妻の大竹しのぶだった。思えば三年前に、浅生憲章プロデューサーに「服部サンの具合が良くないので」と、海外ロケの代行を頼まれたことがあった。あれから三年余、服部は病魔に斃れた。まだ47歳だった。堀川は直属の部長として対応に追われた。服部とは6月頃だったか、番組のリハーサル室の件で「市川チャン、○日のリハーサル室使うの？」「ええ、予定どおりですけど」と、事務的な会話をしたのが最後だった。同じ番組での仕事は、81年の堀川プロデューサーの『拳骨にくちづけ』（主演・大原麗子）以来なかった。すぐに弔問に行かなければと思ったが、葬儀はＴＢＳの緑山のスタジオで行なうとの話が入って来た。「金ドラ」が始まったばかりであり「戦死」のようなものだとの声が上がり、妻の大竹しのぶも「緑山」での葬儀を希望したということで、緑山の第1スタジオで通夜・葬式が行なわれることになった。

葬儀のいちいちはここでは書かないが、一つだけ印象的な思い出を記しておく。葬儀が終わり、緑山の正面玄関から棺が霊柩車に乗せられ東京都内の火葬場に向かった。直後に、緑山辺りが俄かに激しい雷雨に見舞われた。「無念の涙だな」と見送った弔問客は口々に呟いた。しかしやがて雨が止むと、すぐに晴れ上がり空に虹がかかったのである。

葬儀の会場に使った1スタは、堀川部長の計らいで神官を招いて「お祓い」をした。

そうしてまた、私たちは「日常」に戻った。『ガキ大将がやってきた』は9月22日まで放送は続き、『松田聖子のスイートメモリーズ』は9月30日が放送日だったので、この後の2カ月は多忙を極めた。〈スイートメモリーズ〉は、市川森一らしいファンタスティックなストーリーだった。母と娘二役、それぞれに絡む相手役が真田広之と奥田瑛二という豪華版。母の秘められた過去を娘が、奥田の年上の恋人（大楠道代）から聞かされるクライマックス・シーン。八ヶ岳の別荘が舞台となるのだが、外観と家回りはディレクター福田新一の別荘が使用された。福田が亡くなって（2001年）久しいが、このドラマは福田にとってとりわけ思い出のある作品だったろう。視聴率も18％台だったと思う。

「聖子」人気は、「アイドル」から「ママドル」になっても変わらなかった。

この年（1987年）、『胡桃の家』から『松田聖子のスイートメモリーズ』まで、いくつかの仕事をしたのだが、「テレビ」が今よりもずっとバラエティに富んでいたと感じる。なぜだったのかと考える。やはり、それはバブルの余沢だったのだろうか。

『松田聖子のスイートメモリーズ』主役の３人
（左から奥田瑛二、松田聖子、真田広之）

『松田聖子のスイートメモリーズ』八ヶ岳ロケキャスト、スタッフで記念撮影。松田聖子、大楠道代、小坂一也ら

第18話　『代議士の妻たち』、女性目線で見た政治

「政治ドラマ」の〝不毛〟に挑む

この原稿を書くにあたり、1987（昭和62）年秋から年末までの出来事を年表で改めて確認して驚いた。大ニュースのオンパレードなのである。

まず9月19日朝刊で朝日新聞が「天皇陛下、腸のご病気」とスクープを放ち、手術の場合「沖縄ご訪問微妙」と報じた。10月12日利根川進がノーベル医学生理学賞決定。10月19日NY株式市場大暴落（「暗黒の月曜日」）に続く20日、東京株式市場も史上最大の下落（2日後には、史上最大の上げ幅の反騰）。同日中曽根首相、次期総裁に竹下登を指名（11月6日竹下内閣発足）。11月20日全日本民間労組連合会（「連合」）発足。11月29日大韓航空機爆破事件（ビルマ上空）。12月7日ゴルバチョフ訪米、8日米ソ間でINF（中距離核戦力）全廃条約調印……という具合である。

私は2つのドラマ（『ガキ大将がやってきた』と『松田聖子のスイートメモリーズ』）を終えたばかりだったが、次のドラマの企画を考え始めていた。10月からの『JNNニュース22プライムタイム』のスタートで、ドラマ枠も大きく変わることになった。18年間も続いていた「月曜ロードショー」枠のあとに

1時間の連続ドラマ枠が設けられることになった。

この枠に、企画の照準を定めることにした。10月からは石井ふく子プロデューサー、橋田壽賀子脚本の『おんなは一生懸命』(主演・泉ピン子)がスタートしていた。フジは、この年(87年)の4月から月曜21時枠に、若者にターゲットを絞った連続ドラマをスタートしている。いわゆるフジの「月9」の始まりである。月曜21時枠でのTBSとフジ二局間の「ドラマ」の競合がこうして始まった。

しかしこの時、世間の関心を集めたのが22時台の「ニュース戦争」だった。TBSが「報道のTBS」のプライドを懸けて、ANB『ニュースステーション』に挑戦する。注目されていたキャスターには、『モーニングEye』(TBS)のMCを担当していたNHK出身の森本毅郎が起用された(森本の後任は山本文郎アナウンサー)。森本とコンビを組むもう一人のメインキャスターは三雲孝江だった。時間枠は55分で、『ニュースステーション』より22分短かった。編成上の問題とはいえ、後発の同種番組でこの「時間差」は不利に働く。視聴率は初回(10月5日)こそ、番組宣伝と大物ゲスト(王貞治)投入でANBと拮抗したが2日目以降、水を開けられてしまう(結局「22時台のニュース」という挑戦は2年で終わる)。

さて月曜21時のドラマ枠に照準を絞った私は、ある企画を思いつく。一年前に『週刊文春』に連載され、この秋に単行本化されるノン・フィクション作家・家田荘子の『代議士の妻たち』という著作だった。家田には、この前に『極道の妻たち』という話題作があり、これは東映で岩下志麻主演で映画化(監督・五社英雄)されヒットを飛ばしていた。週刊誌で連載がスタートした時、「極道」の次が「代議士」とは、なかなかの「目の付け所」だなとちょっと感心した記憶があった。しかし、肝心の中身は「極道」に較べると突っ込みが「いまいち」の感があり、その時はさして「食指」は動かなかった。しかし、一年経って「世間の空気」が大きく変わっていた。5年間続いた中曽根首相の後継を巡って、やれ「ニューリーダー」

だの、やれ「安竹宮」だの有力政治家の公私にわたる動向が世間の注目を集めるようになっていたのだ。

『代議士の妻たち』というタイトルだけで、今ならドラマができるぞ、と考えるようになったのだ。編成の担当者は、この時も田代冬彦だった。『胡桃の家』が成功していたせいか、割合すんなり企画が通った記憶がある。「橋田ドラマ」の路線をあまり外さないで欲しいとの注文があったように思う。「代議士」より「妻」のドラマに力点を入れて欲しいとの要求と理解した。すでに出版元の文藝春秋社の編集担当藤沢隆志にドラマ化を申し入れ、快諾を受けていた。脚本家は、重森孝子と最初から考えていた。重森との仕事は三作目となるが、女性が主役のドラマだし、作家年齢としてもピークに差し掛かる時期だ。「(引き受けても)いいけど、私は政治のことなんて何もわかんないのよ。それでも大丈夫?」と重森は言った。「政治のことは、こちらでやるから、人間ドラマをきちんと書いてくれれば」と、私は応じた。日本のテレビドラマでは、「政治ドラマ」はほとんどタブー視されていた。映画でも、戸川猪佐武原作の『小説吉田学校』(1983年、東宝、監督・森谷司郎)と松本清張『迷走地図』(1983年、松竹、監督・野村芳太郎)が目立つくらいで、アメリカやイギリスの映画やテレビドラマと較べると、質量ともに大きな懸隔があった。

なぜ日本ではうまくいかないのか? この命題は自分なりにずっと考えてはいた。この時点(87年秋)での私の理解はこんなところだった。ドラマ(映画)の専門家は、政治に通じず、政治通はドラマとは縁遠い世界で生きている、というのが日本の現実ではないか。なにせアメリカはハリウッド俳優だったR・

毎日新聞
自民総裁 竹下氏に
首相裁定で決着
幹事長 安倍氏 副総理 宮沢氏の線
米がイランに報復攻撃
NY株、最大の暴落

中曽根首相の「後継者指名」は、大きな関心を集めた(『毎日新聞』87.10.20)

レーガンが最高権力者になる国だ。歴史的背景が違うと言ってしまえばそれまでなのだが、日本では「政治」ドラマは難しい。まして視聴率を期待するなら一層難しい、まあこれが「常識」だった。しかし、もし成功すれば「常識」を覆すことができる。私は挑戦してみたいと思った。

そんな矢先、文藝春秋の藤沢から思わぬ連絡が入った。「実は、家田（荘子）さんがフジテレビにドラマ化権を渡していたんですよ」とのことだった。通常、原作を押さえるというのは、版元の出版社経由で著者の意向を訊くという形を取るが、この時は家田荘子が芸能プロダクションに著作権の管理を委託していたのだ。そのセンで、フジにドラマ化権が渡っていたのだった。まさかの事態だったが、一つの救いは彼女の委託を受けていたのが、私がよく知るプロダクションだったことだ。そこの女性社長とは『新・七人の刑事』以来の十年近い知り合いだった。さっそく、その吉川愛美社長に直談判することになった。聞けば、フジの編成局が「一応、ドラマ化権を取っておこう」とのことで話があり応諾したらしい。どうやら、原作にホレ込んだ個人のプロデューサーが押さえたというわけではないようだった。すぐに制作予定があるわけでも、何か具体的なドラマ化作業が進展しているわけでもなかった。それがわかったので、「ウチ（ＴＢＳ）では、来年４月放送として作業が始まっている。キャスティングも始めるところだ。絶対にウチでやったほうが良い（ドラマになる）から」と、吉川を口説いた。もちろんそこですぐには結論は出なかったが、吉川は「そこまで言われるなら」と善後策を取ることを約束してくれた。数日後、フジとどんなやりとりがあったかのかはわからないが、吉川から「ＴＢＳでお願いします」との連絡が入った。

この一件があって以来、初めてフジのドラマをライバルとして意識するようになった。

ある女優の転機に……

こうして、制作準備が11月半ば位から軌道に乗った。竹下内閣が発足した直後だった。

家田が取り上げている代議士の妻は全部で10人。全員自民党の代議士の妻である。いかに、代議士の「妻」を描くのだといっても、政治をドラマの中で扱わないわけではない。

視聴者には、自民党支持者も反自民の人もいる。そもそも政治に興味のない人間だって少なくないだろう。したがって、特定政党のプロパガンダになるようなドラマにしてはならない。

家田荘子の原作本は1987年11月に刊行された

「放送の中立性」という観点からしても、どんなクレームを付けられるかもわからない。普通なら、それだけで腰が引ける制作者もいると思うが、私は逆に難しい題材ゆえに挑戦したいと思った。ラジオの時代から選挙番組を聴くのがなぜか好きだった。北海道から九州鹿児島まで（沖縄復帰以前）全選挙区の国会議員の名前を子どもながらにほとんど覚えてしまったり、新聞や雑誌に書かれる有力政治家の人物月旦なるものも結構読んでいた。まあ、「政治」の世界に一定の「土地勘」のようなものは持っていたわけである。政治家の妻が主人公の「ホームドラマ」を作るのだが、「政治オンチ」なドラマにはしないぞとの思いもあった。

さて、どんなドラマを作るのか。原作に描かれている、個々のエピソードを拾い上げただけでは連続ドラマにはならない。まず主人公夫婦をどんな設定にしたらよいだろうか。カップルの年齢からして、何もかも白紙だった。誰がヒロインを演じるか？で、先に主演女優を決めることで、夫婦の物語を作って行くことにした。何人かの大物女優に打診をしたが、本命は大原麗子だった。

大原のドラマは、77年『乱塾時代』（脚本・佐々木守）と81年『拳骨にくちづけ』（脚本・寺内小春）、そして83年つかこうへいの『蒲田行進曲』と三作で仕事をしていたが、この頃（87年末）トップ女優として難しい時期にさしかかりつつあった。直前の他局での連ドラは、視聴率も二ケタに届かなかった。トレンディー・ドラマが流行り出していたが、そこでは大原より若い世代の女優が台頭してきていたのだ。割り切って、いわゆる「お母さん」女優に脱皮できれば簡単なのだが、役どころとして大原は「母」よりも「女」に強いこだわりを持つ女優だった。「妻」という役どころはギリギリの接点だった。80年代に入ってＴＢＳの金ドラでは84年『くれない族の反乱』、86年『となりの女』、87年『親子万才』と、いずれも子持ちの妻役を演じているのだが、「母」よりも「女」であることを強く意識したヒロイン像だった。前話で書いた、松田聖子の「ママドル」像に通じるような女優なのだろう。おそらく「内助の功」で夫を支えるというキャラクターだけでは、大原は満足できないだろう。そこで考えたのが「姉さん女房」。夫は普通のサラリーマン。まさか選挙に打って出るなどとは夢にも思っていないという設定にした。そして、大原にアプローチを始める（結局出演が決まったのは年末になっていた）。

原作はあっても、ストーリーはオリジナル同然である。「55年体制」下、さまざまな政治ドラマが展開されて来たが、その中から幾つかのエピソードを取り入れたい。「大物代議士の急逝」「後継者選びの綱引き」「女性金庫番」「世襲代議士の功罪」などなど。「55年体制」以後に政界に起きた出来事については、私も「週刊誌」程度の情報は持ち合わせていた。しかし独りよがりは危ないので、スーパーバイザー的役割を務めてくれる人はいないだろうかと考えた。そこで、すぐに思い当たったのが当時『報道特集』で、政治ネタの時にしばしば出演していた駒澤大学助教授の福岡政行だった。12月に入ってすぐ連絡を取って、TBS社内の喫茶室（通称3ロビ）で話をした。福岡もすぐに興味を示し、全面協力を約束してくれた。福岡もまだ40代前半でフットワークが軽く、政治学者ながらジャーナリストのような行動力を持っていた。全国の選挙区事情にも精通していた。以後、折りに触れ脚本の重森孝子の「政治」知識のアドバイザー的役割を果たしてくれた。

原作の家田荘子と初めて会ったのは12月18日。脚本家の重森も一緒だった。ドラマ化にあたってはストーリーは自由に作らせていただくと申し入れ了解してもらった。「日芸」（日本大学藝術学部）出身で学生時代自主映画も作っていたらしく、その辺には鷹揚だった。

この時、家田はまだ20代ではなかったか。「極道」とか「代議士」とか、「若さ」ゆえの「怖いもの知らず」といったことだったのだろうか。そして、いつも私が重視している音楽には、この頃伊丹（十三）映画で注目されていた本多俊之に依頼することにした。本多もこの時まだ30歳。ジャズ評論家として知られた本多俊夫を父に持ち、学生時代からサックス奏者として頭角を現していた音楽家である。テレビドラマでは80年にTBSの3時間ドラマ『歴史の涙』（制作・テレビマンユニオン・TBS、演出・今野勉）の音楽を学生時代に書いたという早熟ぶりである。

事務所とコンタクトを取ると、すぐに反応があって話はトントンと進んだ。そして「劇伴」のみならず、「主題曲」をも引き受けてくれることになった。民放のG帯の連ドラともなれば、この頃から「主題歌」の争奪戦が激しかったのだが、このドラマではインストゥルメンタルということでその騒ぎはなかった。そしてこのドラマで、本多は「CRY」と題した名曲を書くことになる。

番組の制作スタッフとしては、演出は和田旭と坂崎彰の二人のディレクター。それぞれ、私のプロデュースで重森孝子脚本の『一度は有る事』、『胡桃の家』の演出経験があった。APは富田勝典、チーフADは新井三郎、TBS社員のADとしては『胡桃の家』の時の横井直行が入った。皆、ヒロイン役に予定している大原とも仕事経験があり、私の信頼するスタッフでもあった。大原麗子の出演が正式に決まったのは年の瀬だった。ほぼ同時期に正式な企画書を仕上げ、5日間の年末年始休に入った。

1988（昭和63）年1月2日、天皇は例年のように宮中一般参賀者の前に姿を見せた。前年秋の手術後の回復は順調のように見えた。まだ暫くは、「昭和」は続くだろうと国民は感じた。休み明け、株価も高値を付け好景気は今年も続くだろうと誰もが考えていた。

出社してすぐ、ドラマ準備に追われた。こうなると、いつもそうだがニュースなどにも疎くなってしまう。しかし、ある事故のニュースには注目させられた。1月5日の夜、六本木の人気ディスコ「トゥーリア」で照明落下事故が起き、フロアーで踊っていた3名の男女が犠牲になったというニュースだ。そこにはタレントや有名野球選手が居合わせたが、犠牲になったのは普通の若者だった。振り返っても「バブル」の象徴のような店で起きた、「あの頃」らしい悲劇という他はない。事故の原因が、牽引式照明装置の「設計上のミス」だったと知ると、この時代のどこか「浮足立った」、上っ面の「繁栄」の裏面を見せつけられたような気がした。

東北新幹線「グリーン車」の乗客

87年末に出来た『代議士の妻たち』の企画書には全8回の内、初回についてかなり綿密なストーリーを書いた。しかし残り7回の大まかな展開は、年明けになって脚本家と相談を重ね、ほぼラストまでのメドを付けた。（1）大物代議士の急死（2）葬儀と後継者選び（3）想定外の後継者……次男を指名（4）妻と子どもの困惑（5）支持者回りの苦労（6）選挙戦突入（7）苦戦そして投票日（8）奇跡の逆転当選、そして……といった塩梅である。

「政治」モノと言っても、ドラマで描いて視聴者が興味を持てるネタといえば選挙絡みの断であろう。一人の男が不本意ながら新人候補に担ぎあげられ、選挙戦を戦ってゆく。ヴィルドゥングスロマンに仕立てあげられるか、が鍵である。政党公認候補とすると、その政党支持者以外は共感できないので、公認がとれず無所属で出るという設定にした。そして、主要登場人物と場所設定も同時に決めていった。ヒロインにとっては義父となる大物代議士の選挙区はどこが良いだろう。アドバイザーの福岡政行の意見も聞きながら考えた。代議士は、苦学力行の党人派にしたいと思った。やはり、地方出身であろう。東北辺りになるだろうか？と腹案を示すと、福岡は、「岩手の小沢一郎と椎名素夫が同じ選挙区だよ。見てきたら」と言ってきた。

当時（88年）は中選挙区の時代、一つの選挙区で同じ政党から複数の候補が出ていた。当時小沢は45歳、すでに中曽根政権時代に自治大臣として入閣経験があり、竹下派内で若手実力者として台頭していた。椎名は、この時57歳。名古屋大学理学部卒という政治家としては異色の学歴。父は自民党副総裁だった椎名悦三郎で、無派閥だった。小沢も父親は小沢佐重喜で二人とも、いわゆる「世襲」議員である。小沢は父の死で27歳で立候補した。椎名は父が政界引退して後を継いだ（椎名悦三郎は素夫の選挙戦中に亡くなった）。いろいろドラマのヒントになりそうな出自ではある。私は岩手に重森とシナリオ・ハンティングに行くことにした。

ところで、オリジナルドラマの場合、登場人物名を作らねばならない。「代妻」も原作モノとはいえ、実名は使えないしストーリーはオリジナルに等しい。主要な登場人物名にはプロ野球選手の姓を借用しようと考えた。主役ファミリーの姓は当時西武ライオンズのスタープレイヤーだった「清原」とすることにした。亡くなる父の「金庫番」の女性は「落合」姓とした。

次男の嫁、大原麗子の役名は「清原律子」となった。オリジナルドラマの場合、私がいつも「名づけ親」となった。あれこれ役名を考えるのは、結構楽しいものだった。

さて、1月11日から二泊三日で岩手にシナ・ハンに赴いた。平日の東北新幹線、脚本家同行ということでグリーン車に乗った。車内はガラガラだった。私たち以外には、前のほうに一人の男性客が座っているだけだった。用事で車両を移動して、席に戻る時チラと客の顔を見て驚いた。それが西武ライオンズの清原和博その人だったのである。清原は入団2年目のシーズンを終えたオフ。87年秋のジャイアンツとの日本シリーズで、優勝直前にファーストの守備位置で号泣したシーンがまだ鮮明に記憶に焼き付いていた。席に戻り、重森に「前のほうのお客、清原でしたよ」と話した。「え、ほんとッ！　すごいめぐり合わせよね。幸先いいわね」とリアクションが返ってきた。重森は女性ながらかなりの野球通である。生家が甲子園近くの西宮の外科医の娘で子どもの頃、家には「ダイナマイト打線」と謳われた阪神（当時大阪）タイガースの藤村富美男や土井垣武などのスラッガーが治療などで出入りしていたという。また高校時代には甲子園の選抜高校野球大会の開会式で選手入場の時のプラカー

岩手に向け、ひた走る東北新幹線
（ドラマ『代議士の妻たち』より）

ド・ガールをやったという（王貞治の早稲田実業が優勝した時の大会だったらしい）。阪神ではなく、筋金入りの阪急ブレーブスファンだった。

昼には新幹線が「水沢江刺」駅に着いてシナ・ハンを始めた。地元のタクシーに頼んで、小沢、椎名両代議士の地元の住居も回ってもらった。岩手を舞台に設定するとしても、実在の選挙区名は使えないので実際にはない岩手「三区」を舞台にすることにした。当時は中選挙区制、岩手県には二つの選挙区があり、小沢、椎名は岩手二区選出の代議士だったのだ。一月の岩手は、寒さも一入だった。夜には雪が降り出した。外に食事に出ると、宿の近くでも店はまばら。バブルの時代とはいえ、都会との格差は歴然だった。こうした地域での冬の選挙戦は大変だろうなと、実感させられる寒気に覆われていた。あと二日、県内各所を回って、帰京した。

翌日から土地のイメージも踏まえたうえで、「清原」ファミリーのキャスティングを進めた。大物代議士の夫婦には、高品格と藤間紫。高品は「土の香りのする」「苦労人」「叩き上げ」の「党人派代議士」のイメージにピッタリ嵌まると思った。藤間は花巻辺りの料理屋の娘。いわば高品にとっては「トロフィーワイフ」的存在である。長男夫婦は橋爪功と光本幸子。橋爪は東大卒のエリート銀行マン。光本は社長令嬢で「閨閥」作りの結婚だったが「子宝」には恵まれなかった。橋爪には他の女性の影がちらつき、夫婦仲はギクシャクしている。

そしてバス会社に勤める次男坊が、「律子」（大原麗子）の夫である。「律子」はバスガイドをやっていて職場結婚だった。結婚の際には姑となる藤間紫には強く反対された過去がある。その次男役に山下真司をキャスティングした。『太陽にほえろ！』や『スクール★ウォーズ』といった出演作ではアクティブなイメージを持つ俳優だったが、エリートでインテリ然とした長男役の、橋爪功とのコントラストが際立つだろうと思った。そして大原とは初コンビだが、それだけ「掛け合わせの妙」が期待できるのではと思った。

もうひとつ重要なキャスティングがあった。清原代議士の「愛人」にして「金庫番」秘書の女性役である。モデルは、もちろんあの「越山会の女王」である。家田の原作には全く登場しないのだが、人物像がドラマティックなので「大物女性秘書」役として設けた。「落合多喜」という役名にして、草笛光子に出演を依頼した。草笛は月曜21時枠の前作『おんなは一生懸命』にセミ・レギュラーで出演していたが、私と重森とも一年前の『胡桃の家』で仕事をしていたので、すぐに出演を快諾してくれた。

こうして骨格となる出演者が決まっていった。他の大役として党幹事長が芦田伸介、副総裁が西村晃（ちょうどこの頃『水戸黄門』を演じていた）、筆頭秘書が小松方正、地元後援会長が殿山泰司というベテラン揃い。のちに山下、大原夫婦の選挙戦を支えるスタッフ役として鳥居かほりと天宮良と、各世代のバランス絶妙なキャスティングが出来た。芦田は高品の属する派閥の領袖という設定だが、芦田は竹下登や安倍晋太郎と昵懇の仲で、ゴルフ仲間だった。「幹事長」役は、いわば自家薬籠中であった。そして、ドラマにはナレーションを入れることにした。「政治」の世界を「覗き見る」水先案内人の役回りである。あの『家政婦は見た！』の市原悦子に依頼した。余人をもって代えがたい「語り手」となったことは言うまでもない。

代議士宅に弔問に訪れた幹事長（芦田伸介）を見送る次男夫婦（山下真司、大原麗子）（『代議士の妻たち』第１回より）

さて、撮影は2月6日のロケから始まった。初回と2回目のディレクターは和田旭。3回目が坂崎彰、私も制作が順調に進めば一回は演出するつもりである。ヒロイン夫婦と子ども二人の住まいは千葉・浦安のマンション、代議士の邸宅は渋谷区内の高級住宅街にある設定だ。大原の長男が都内の名門私立中学に合格、母子揃って夫の実家を訪れる。

そして、その当日に舅の清原正明（高品格）代議士が急逝するという波乱の展開で、ドラマはスタートするのだった。

第19話　地球温暖化に着目した、『消えた箱舟』

俳優たちの見事な演技

２０１９年５月から「元号」が、「平成」から「令和」に改められた。「生前退位」だったせいか、「昭和」の最期の時とは、まるで世間の「空気」が異なる。あの時代から、すでに30年以上の時が流れたが、これから暫くあの頃（１９８８～89年）のことを書いてみる。すでに「歴史」となったと言える、あの日々のことを。

１９８８（昭和63）年４月４日月曜日が、ドラマ『代議士の妻たち』の初回だった。編成部は、月曜21時枠の前作の橋田壽賀子ドラマ『おんなは一生懸命』の「流れ」を繋げたいと、『代議士の妻たち』の頭に「おんな」を意識したキャッチーな枠タイトルのようなものを添えたいと言ってきた。原題だけでは「女性客」が逃げるのではという、いかにもこの頃らしいロジックではあった。その結果、枠タイトル風に「女はいつも涙する」と、クレジットタイトル『代議士の妻たち』の肩に添えることになった。ドラマが浸透したら「女は～」は外そうということだった。現に全８回中、後半の４回はこの枠タイトルは外した。事ほど左様に「政治ドラマ」では、「数字をとりにくい」との「常識」があったのだ。

しかし私は内心の一方では、普段はＮＨＫの「大河ドラマ」しかドラマは観ないＭ２（35〜49歳男性）やＭ３（50歳以上男性）視聴者の参入を期待していた。現に某大手紙の社会部から異動して来たばかりの放送担当記者が私を訪ねて来て、「4月の連ドラで、興味を覚えたのは、これ（「代妻」）だけなんで……」と取材された時、「イケル」のではとの手応えを感じた。

初回の視聴率は、どうなるか？　全8回平均では、「成功」とされる15％に何とか届きたい。そのために立ち上がりの1〜2回がカギになると思っていた。4月5日、初回の数字が出た。14・0％（ビデオリサーチ）、14・4％（ニールセン）というなんとも微妙な数字だった。前作の「橋田ドラマ」の『おんなは一生懸命』の視聴者との出入りは、どんなものだったのだろうか。いつも気になる、新聞の「試写室」欄は初回は『毎日新聞』一紙のみ、『朝日』『讀賣』は2回目で取り上げた。

はたして2回目は、17・8％に跳ね上がったのだ。私は「これなら」と思った。「亡くなった父の跡目は誰なのか」という「世襲」がテーマである。「政治ドラマ」でも取っ付きやすかったのだろう。この時点で、私は6回目の演出をすることに決めた。

思わぬ「追い風」も吹いてきた。ゴールデン・ウィーク直前に発売された『週刊文春』で、ノンフィクション作家の上坂冬子が「テレビ評」で、このドラマを高く評価したのだ。二年前の私のドラマ（『親にはナイショで…』）の時、「こんなドラマを作るなんて！」と手紙を寄越した上坂がである（第16話参照）。

少し長いが、「テレビ評」を一部引いてみる。「……これが上

評論家・上坂冬子の「テレビ評」
（『週刊文春』1988・5・5/12号合併号）

手なテレビドラマになったのだから、何をおいても見ずにはいられない。それにしても、ベテラン俳優というのは見事なものだ。大物政治家の未亡人、党幹事長、地元後援会長、女性秘書など、黙って画面に映し出されただけで、その顔になっている。私は時としてドラマであることを忘れ、取材で出会った人々と錯覚した。脚本家の重森孝子さんは、(略)政治家の急死による後継者選びからはじまるドラマを手がけるとは、恐れいった勉強ぶりである。確実に新境地を開拓されたと思う。ベタほめは見苦しいのであえてケチをつけるなら、タイトルのわきに『女はいつも涙する』だなんて。これは無意味というものだ」という具合である。「我が意を得たり」とのところもあり、5月放送からは「女は〜」の枠タイトルは外すことにした。編成も了解した。

さて、私の演出した回について少し書くことにする。第6回「土下座」である。ストーリーは、こうだ。父・清原正明代議士(高品格)の急逝で、後継者に担がれたのは次男の健二郎(山下真司)だった。長男の浩一郎(橋爪功)は東大卒の大手銀行員で、本人は出馬意欲も満々だったがエリート臭が強すぎ、しかも「女性問題」もありで後援会や秘書たちに忌避されたのだった。

遂に選挙戦が始まる。岩手「3区」、定数は4名の中選挙区である。与党・「保守党」は、公認候補を2人に絞ったため、清原健二郎は公認漏れで「無所属」としての戦いを強いられることになる。先代以来の大物秘書(小松方正)と「金庫番」の女性秘書(草笛光子)が、派閥の領袖で幹事長の野見山栄(芦田伸介)に公認を迫るが「弔い選挙は公認がなくても勝てるから」とニベもない。これを知った未亡人(藤間紫)の怒りが爆発する。新人候補の妻(大原麗子)の「物心」両面をサポートしようとする女性秘書に、未亡人は「清原家への出入り禁止」を命じる。正に、舞台裏での「女」の戦いを描く回である。

選挙戦突入直前、支援者を集めた決起集会の舞台で、未亡人は満座の中、「土下座」というパフォーマンスをやってのける。候補者の妻たる律子も又、並んで「土下座」をしてみせる。会場の隅でこれを見遣りながら、筆頭秘書と後援会長は、「毎度お馴染みだが……」「これしかないだろう、ヤッパリ」と呟くのである。最後列で、「金庫番」の女性秘書はクールなまなざしで舞台を見つめ、別の「秘策」に思いをめぐらす。選挙戦は予想通り苦戦となるが、ラストシーン、候補者夫妻（山下真司、大原麗子）に、高級旅館へ来るようにとの呼び出しが掛かる。２人が急行すると、待っていたのは幹事長（芦田伸介）と「金庫番」の女性秘書（草笛光子）だった。幹事長が「追い込み」にと、「軍資金」を持参して来たのだ。ためらう夫婦に、「いただいておきなさい」と女性秘書は含めるように言い渡すのだった。

全回通して、上坂冬子が指摘したように俳優陣の演技が見事だった。私としても全役が会心のキャスティングだったのだが、なかでも「落合多喜」の草笛光子は出色の演技を見せた。

後日談を一つ明かす。放送終了後の５月の終わり頃だったろうか。かつて田中（角栄）に近い政治記者だった某取締役から連絡が来た。「ドラマ（『代議士の妻たち』）のビデオを全部ダビングして欲しいと昭さん（佐藤昭子）が、言って来てさ。何とかなるかい」とのことだった。草笛の演じる「落合多喜」にかなりの思い入れをして観ていたらしい。この役が「越山会の女王」をヒントにしたのは事実だったし、すんなり申し入れに応じることにした。

さて、話を戻すとドラマの最終回では、山下真司扮する清原健二郎はギリギリの得票数を得て、逆転ですべり込みの最下位当選を果たす。しかし代議士の妻となった律子（大原麗子）の前には、夫に仕えることになる若い女性秘書（南條玲子）が登場し、新たな「波乱」を予感させる皮肉なエンディングで幕を閉じる。５月23日放送の最終回も16・８％の高視聴率だった。

「政治ドラマ」でも、やりようによっては「数字」を取ることができるということが証明されて、新しい鉱脈を探り当てた思いだった。主役夫婦を演じた大原麗子と山下真司は、翌89年のＮＨＫの大河ドラマ『春日局』（脚本・橋田壽賀子）でも、おふく（のち春日局）と稲葉正成として夫婦役を演じることになる。

ドミンゴの深い「祈り」

ドラマ放送終了の直前に、また世界的テノール歌手プラシド・ドミンゴのコンサート中継のスタッフをやらないかとの話が舞い込んだ。一年前同様、ディレクターの福田新一からの話だった。今回はメトロポリタン・オペラの公演で来日し、人気絶頂のソプラノ、キャスリーン・バトルも同行。6月4日にはドミンゴとバトルのスペシャル・コンサートがあり、それをＴＢＳが収録・放送（6月17日深夜）するという話だ。「アサヒビール　ビッグスペシャル」という冠が付いた番組となる。会場はオペラ公演との兼ね合いもあり、今回は上野の東京文化会館だった。福田はステージと客席に6台のカメラを設置し、それぞれのカメラをＶＴＲに繋ぎ同時に収録するという。当日はドイツ・グラモフォンもＣＤ製作のため、大掛かりな録音を行なう。カラヤンらの名盤を手掛けてきた、テクニカル・プロデューサーのギュンター・ブレーストが陣頭指揮をしていた。日本側からも、高名な峰尾昌男（ポリドール）が参加していた。いわば録音チームとしても世界屈指のメンバー。正に国内外で注目されたコンサートだった。

ドミンゴ＆バトルのスペシャル・コンサートのCDジャケット
（CD番号 F00G20339　林喜代種撮影）

福田がセッティングした一台のカメラ位置について、メトロポリタン・オペラの当時副支配人だったピーター・ゲルブ（現・メトロポリタン・オペラ総裁）からクレームが付いた。ゲルブは当時まだ35歳ながら辣腕振りが喧伝されていた男でコロムビア・アーチストのマネージャーとしてもタフネゴシエーターとして知られていた。ゲルブは「ステージの真下からアオリで撮るのは認められない。バトルの鼻の穴でも撮るつもりなのか」と強硬である。これに応対したのがプロデューサーを担当した豊原隆太郎であった。彼はクラシックの世界にはそれほど詳しくはない。ドラマ部出身でこの時はバラエティ部の部長だったと思う。ゲルブについては何も知らない。「私はディレクターの意向を尊重する。カメラ位置の変更はさせない」と要求を突っぱねた。ゲルブは鼻白んだ様子でその場を去った。ゲルブについて何の先入観も持っていないのが、結果的には成功したのだ。現場では、時としてこういうことも起きるのが面白い。

コンサート本番。時はバブルの真っただ中。S席3万3000円の高額チケットから飛ぶように売れ、会場は立錐の余地もない超満員だった。私はバックステージで、中継車に乗った福田と連絡を取り合う役回りだった。ステージは舞台の袖から覗けるくらいで、セッティングされたモニター画面をウォッチングするしかない。しかし、一曲終わるごとに舞台裏に引き揚げて来る、指揮者（ジェームス・レヴァイン）、テノール（プラシド・ドミンゴ）、ソプラノ（キャスリーン・バトル）の三人三様の表情が手に取るように見てとれた。彼らなりに「上出来」「不出来」が、如実に表情に現れる。ドミンゴは、終始上機嫌で裏表のない好人物との印象だった。一年前の中継時の記憶もあるのか、フレンドリーだった。しかし、バトルの舞台裏の印象は好ましいものとは言えなかった。一言で表すと「傍若無人」な振舞い。スタッフの拍手の出迎えにも全く反応せず、なぜか不機嫌な表情で控室に直行である。後年、メトロポリタン・オペラから「追放」されたというニュースを聞いた時、この時の記憶が甦ったものである。

とまれ、この夜の「一期一会」のコンサートは、成功に終わった。満員の聴衆も「千両役者」のパフォーマンスを満喫したようだった。終了して30分位は経っていたろうか。客席が無人となり空となったステージに、控室から出て来たドミンゴが再び向かう。気になった私がドミンゴの後を追い、見ていると、ドミンゴはステージ中央で片膝をつき、胸で十字を切り、無人の客席に向かって深々と頭を垂れた。野球選手が試合後、グラウンドに向かって一礼して退場する光景はよく見るが、この時のドミンゴの祈りは、もっと深いものに思われた。「お客様は神様」の意味もあったろうが、「音楽の神（ミューズ）」へなのか、はたまた「イエス」に対してなのか、それは十数秒間の深い「祈り」だった。公演後の儀式を終えたドミンゴは、私に気が付いた。私が、改めてささやかな拍手を送ると、彼が手を差しのべて来た。「すばらしいコンサートでした！」「よいパフォーマンスが出来た。神に感謝している」。ドミンゴは当時47歳。オペラ歌手として全盛期を迎えており、スーパー・スター特有のオーラが立ち上っていた。

コンサート直後に、一本の単発ドラマをプロデュースすることになった。この頃、ＴＢＳは、「新鋭シナリオ賞」という新人脚本家のコンクールを設けていた。確かこの年は、第二回目だった。最終審査員が、「新鋭ドラマシリーズ」の一期生（83年）だった赤地偉史、清弘誠、八木康夫と、私の4人だった。千篇近くの応募があったと思う。結局二作が受賞したのだが、私が推したのは中園健司の『消えた箱舟』という作品だった。これと本間英行（のち東宝映画プロデューサー）の『潮風にとべ!! ウルトラマン』が同時受賞となった。

「新鋭」との冠はあったが、中園は35歳でそう若くはなかった。本人の言によれば、「コンクール荒らし」の異名があったとかで、いつも最終段階で賞を逸していたそうだ。中園が毎回ライバル視していた内館牧子が、すでに第一線で活躍を始めていたので、もし今回でダメなら脚本家の道を諦める覚悟だったと聞かされた。作品はSF仕立てだったが、いち早く地球温暖化に着目して、「この地球は間もなく終わる」と告げに、人間に化身した異星人の「美女」が中年サラリーマンの前に立ち現れる。バブルに浮かれる、当時の日本人に「冷水」をかけるようなシニカルな味わいのドラマである。「流行作家」にはなれないかも知れないが、「どうしても書かなければならない」というモノを持っている作家だと評価した。

そうした経緯もあり、私がプロデューサーをやることになった。演出は、『新・七人の刑事』時代AD仲間だった田代誠に声を掛けた。『ザ・ベストテン』など、音楽畑が長くなったが元々、「ドラマ」もやりたいと言っていたのを聞いていたからである。私は中園と台本の改訂作業をやりながら、キャスティングに取り掛かった。普通のドラマではないので、キャスティングにも一捻りが必要と思った。主人公の中年サラリーマン夫婦と、謎の異星人美女を誰にするのか？　結果的に起用したのは、江森陽弘と佐藤オリエと山口美江の三人だった。ドラマのテイストにピッタリ合ったキャスティングとなった。

ＴＢＳ新鋭シナリオ賞『消えた箱舟』（脚本・中園健司）中年サラリーマン（江森陽弘）の前に謎の美女（山口美江）が現れて……（1988・8・14放送）

想定外だったのは、江森と山口コンビへの世間の関心の高さだった。某日（土曜か日曜だったか）の新宿中央公園でのロケーションの時の人だかりが、凄かった。千人近い見物人でADは、対応に大わらわだった。ちょうど、撮影現場に現れた中園健司が「テレビのロケって凄いですね。結構当たるかも知れないですね」と興奮気味に語っていたのを思い出す。翌日の『東京中日スポーツ』が芸能面一ページ全面で『消えた箱舟』のロケを報じてくれた。宣伝部のベテラン簗瀬潮音が「市川チャン、凄いよこれは。連ドラでも、こんなに大きな記事にはならないよ」と、私に電話をかけて来た。江森は『朝日新聞』出身で、「テレビ朝日」のワイドショーの司会を務めていたが、この時はフリーのタレントになっていた。山口は祖父がドイツ人の「クォーター」で、当時の流行りだったいわゆる「バイリンギャル」の元祖的存在。『CNNヘッドライン』（ANB）のキャスターだった。

さて、放送は8月14日（日）の16時30分からと決まり、関東ローカルの扱いだった。お盆休みで在宅率も低いだろう。裏ではNHKが夏の甲子園大会を中継している。もともと視聴率が期待できるような時間帯ではなかったのだが、結果としてはニールセン調査では10％超という高視聴率が出た。中園健司とはその後、直接の仕事はなかったが付き合いは続いた。木下プロに紹介したら『ベストパートナー』や『サラリーマン金太郎』でヒットを飛ばした。

111日間にわたる「ご容体」報道

「パート2をやれるか？」と編成から打診があったのはいつだったろうか？『代議士の妻たち』の続篇を89年1月期の月曜21時に「どうか」との打診だった。編成部でも、「政治ドラマ」に対する躊躇は消えたようである。私はもちろん、「やりたい」と応じたと思う。

この年（88年）の6月以来、当時急成長を遂げていた「リクルートコスモス」社の未公開株の政・官・財の有力者への「バラ撒き」疑惑が大きく報じられるようになっていた。展開次第では、76年の「ロッキード事件」以来の一大疑獄事件になるとも囁かれていた。このタイミングでの「代妻」の「パート2」は、前作以上の反響があるだろう。制作者としては「アドレナリン」が出てくる思いだった。「政治ドラマ」を、より掘り下げて描かなくてはならない。タイトルは同じだが、今度は「妻」よりも夫の「代議士」を前面に立てたドラマにすることにした。7月の下旬だったか、原作の家田荘子サイドと文藝春秋の担当編集者の藤沢隆志にも「パート2」制作の意向を伝え了承を得た。

編成部で正式に翌年1月の連ドラと決まったのは、8月のお盆休み明けだった。社内の廊下で、上司の制作局長の梅本彪夫と立ち話をした。「1月、ヨロシクね。橋田（壽賀子）さんから、あのドラマ（『代議士の妻たち』）のパート2って、難しそうねと言われてね。大丈夫だよね？」と言われた。私は「ただのパート2にはしませんから。ガラッと内容が変わりますから、見ててください」と、返した。「有言実行」を自らに課すことになった。

脚本家の重森孝子と、「政治」アドバイザー役の福岡政行とは、すでに話し合いを始めていた。前作の舞台が東北・岩手だったので、今度は、東京以西での暗黙の了解があった。とはいえロケーションを考えると、あまり遠方というわけにはいかない。そこで浮上したのが岐阜県だった。飛騨高山や下呂温泉など観光地もあり、県庁のある岐阜市は中部地方の中核都市でもある。

地方の「舞台」が決まるとさっそく企画書を書いた。前作と違い、今回の主人公は岐阜を選挙区とする当選5回の中堅代議士。「大臣」一歩手前までのキャリアを重ねている。こうなると、「無所属」というわけにはいかない。「与党」の幹事長（芦田伸介）派閥の「代貸」といった役どころ。キレイごとを描くだけなら、特定政党のプロパガンダになってしまう。オモテもウラも、どれだけ実相に迫れるかがカギだ。視聴率は、そのバロメーターになるだろう。現実に進行しつつある「リクルート事件」も、架空の政界疑獄事件としてフィクション化して描くことになるだろう。放送が終わる、来年（1989年）3月まで、気を緩められない日々が続くだろうと覚悟した。そして事実、激動の半年が訪れることになる。

9月4日の日曜から3泊4日で、脚本家の重森孝子、演出の坂崎彰と岐阜にシナリオ・ハンティングに出掛けた。現地で福岡政行も合流した。岐阜も衆議院の選挙区は2つ。前作同様、ドラマの主人公は岐阜の「3区」の代議士と設定した。

冬の撮影となれば飛騨・高山あたりでは雪景色も期待できる。また岐阜のシンボルの一つ長良川の河畔の撮影も取り込みたい。このシナ・ハンで全11回の大まかなストーリー・ラインが、私の中で見えてきた。さて、主人公たる代議士と妻はどんな設定にするか？　代議士のほうは、すぐにイメージが浮かんだ。渡瀬恒彦だった。東映のヤクザ映画やTBSの2時間ドラマ『塀の中の懲りない面々』（原作・安部譲二）などで、「武闘派」のイメージが強いが、清張映画の『迷走地図』では「外浦卓郎」という新聞記者上がりの秘書役も演じ、「知的」イメージも併せ持つ、いわば「文武両道」的役者だ。40代半ばという年齢も役にピッタリだった。坂崎とも78年の金曜ドラマ『遠ざかる足音』（原作・曽野綾子、脚本・田村孟）で仕事をしていた。さっそく出演交渉に入ることにした。

「妻」役は？　前作は「姉さん女房」という設定にしたが、今回は「後妻」ということにしたい。「代議士」は「前妻」とは死別しており、まだ中学生の娘がいるという「再婚」には難しい枷を設ける。その妻には、20代半ばを過ぎたばかりの若い女性が……。家田荘子の「妻たち」のテーゼは、「好きになった男が、たまたま極道（あるいは代議士）だった」ということである。そのきっかけとなる出会いさえ上手く運べば、どんなカップリングも可能だろう。そこで、このころ盛んに開かれていた政治家のパーティーに「華」を添える、「コンパニオン」という設定を考えた。ある政治家にセク・ハラめいた誘いを受けていた彼女の窮地を、主人公代議士が救うという設定だ。代議士は「ホワイト・ナイト」となり、コンパニオンと再婚するというドラマの立ち上がりができた。

妻役には、賀来千香子を第一候補にした。もともとTBSと縁が深い女優である。デビュー作はポーラテレビ小説82〜83年『白き牡丹に』（脚本・西沢裕子）のヒロイン役。86年『男女7人夏物語』（脚本・鎌田敏夫）にも出演して人気上昇中だった。雑誌『JJ』のモデル出身でもあり、パーティー・コンパニオンという役設定にも違和感がなかった。

シナ・ハンから帰京後、登場人物の設定とキャスティング交渉を急ピッチで進めた。前作から引き続き出演するのは、与党幹事長役の芦田伸介と政治家秘書から政治評論家に転じた役を演じる小松方正のベテラン二人だけだ。小松にはパート2ではナレーションも担当してもらうつもりだ。

この年の秋は、なぜかどんよりとした曇りの日が多かった。オリンピックの年で9月17日から、夏季大会としてはアジアで2回目のソウル大会が始まった。前年秋の大韓航空機爆破事件もあり、「北」の開催妨害工作も懸念されたが、どうやら無事に開会した。「オリンピック好き」の私としては、大会中、競技の模様も気にかけながらドラマの準備をすることになるのだろう。

そんな思いの矢先、「天皇、吐血」のニュースが伝えられた。9月19日深夜、どこでだか（職場だったか、自宅

毎日新聞
天皇陛下 ご容体急変
侍医団、輸血の準備
侍医長、侍従長ら 深夜、皇居に急行
皇太子殿下はご待機
ビルマ 軍が無差 首都で市民
ソウルスペシャル

「天皇陛下ご容体急変」を報じる『毎日新聞』（1988・9・20）

だったか）観ていたＮＴＶの『ＮＮＮきょうの出来事』が天皇の侍医長が皇居に急行したことを伝えた。

これが「天皇崩御」までの１１１日間にわたる「ご容体」報道の始まりだった。

一年前の天皇の「腸のご病気」の手術以来、メディアでは「崩御」の日をどう迎えるかについて、その対応は内々シミュレーションされていたようだが、実際に「その日」が遠くないと意識されるようになると、マスコミのみならず社会全般が「自粛」ムードに覆われていった。

第20話　平成初のテレビドラマ『代議士の妻たち2』

「昭和」の終わりが近づく

『代議士の妻たち2』は、はからずも「平成」初のテレビドラマとなった。それは、まったく偶然という他はないのだが、正に「歴史」の転換点に、このドラマを作っていたというのは、私のドラマ人生でも特筆される出来事なのである。

1988年秋、天皇の「ご容体急変」が報じられてからの社会の「空気」の変化は、異様なものだったが、少し具体例を挙げてみよう。某人気歌手と女優の結婚式が延期となったり、日産自動車「セフィーロ」のTVCMの井上陽水の「お元気ですかぁ！」との呼びかけが取り止めになったり、6年ぶりにセ・リーグを制覇した中日ドラゴンズの「ビールかけ」が「自粛」となったりと、はっきりと変化が見てとれた。バブル景気は続いていたが、夜の賑わいもまた、表面上では「自粛」ムードに覆われていった。

同じ時期、世間を騒がせていたのが「リクルート事件」であった。これはいかにもバブル期に相応しいとしかいいようのない事件。政界、官界、財界の大物に「司直のメス」が入らんとする気配が漂っていた。

9月5日の夜、私は『代議士の妻たち2』のシナリオ・ハンティングで滞在していた岐阜の宿で脚本の重森孝子とディレクターの坂崎彰と何気なくテレビを観ていた。NTVのニュース番組だったと思う。そこで流されていたのは「国会の爆弾男」といわれた社会民主連合の楢崎弥之助代議士に対して、リクルートコスモス社の社長室長が贈賄の申し入れをする生々しいやりとりだ。NTV得意の「どっきりカメラ」の手法を思わせる。この映像のインパクトは凄かった。「こんな映像、どうやって撮ったんだ?」という疑問と、「テレビ」がこんな仕掛けに使われる時代になったのかという驚きだった。後でわかったことは、一月前に社長室長は一度「贈賄」の申し出をして断られていたが、楢崎代議士に後日「再訪」を促され、再度の「贈賄」申し入れをさせられたという経緯である。その現場を、楢崎から情報を得たNTVが「動かぬ証拠」として撮影した。報道の手法を巡っては、アンフェアではないかという「異論」も出たが、その「映像」の迫真力の前に押し流された。

政界が舞台のフィクションを作る身としては、視聴者の「政治」への関心が高まるのは「追い風」だが、反面どうやってドラマの「リアリティ」を担保するか、パート2は前作以上に周到なストーリー展開を用意せねばと痛感した。

放送回数は11回であり1989(昭和64)年1月9日が初回、3月20日が最終回の長丁場である。いわゆる「社会派」ドラマを作る気はなかった。この頃、私のドラマは「社会派」とのレッテルが貼られつつあった。しかし、その括りには一寸反発したい気持ちがあった。私のドラマは「政治」を題材にはするが、別に「政策論議」を展開するつもりはなかった。「それは、ニュースや報道番組でやってくれ」、私はエンタテインメント・ドラマに徹して、視聴者に「カタルシス」を味わってもらう、これが制作者としての狙いだったのだ。

「天皇のご容体」「リクルート事件」というビッグニュースが、連日テレビで報じられる中で併走するように、ドラマのストーリー構成と制作準備に取り組んでいった。

10月中には、ほぼキャスティングが固まった。主人公夫婦は構想通り、渡瀬恒彦と賀来千香子。筆頭秘書が佐藤慶。佐藤の腹心の女性秘書が真野あずさ。渡瀬に常に同行する秘書は田山涼成。派閥担当記者が益岡徹。渡瀬の母親には乙羽信子、中学生の娘が小川範子、そして、派閥の領袖が芦田伸介。パート1で、小松方正が演じた大物秘書の末永要三は今や政治評論家に転じている（これは、誰にも明らかだったが、あの早坂茂三をモデルにした）。そして芦田、渡瀬の御用達の高級料亭の女将が、加賀まりこという布陣を敷いた。前作に匹敵するキャスティングが実現した。全11回の中では、総理・総裁や副総裁、重要閣僚も登場する。ここでも大物俳優を起用することになるだろう（実際、総理役には池部良、蔵相役には松村達雄、副総裁役には直木賞作家・胡桃沢耕史を起用した）。

スタッフでは、演出が坂崎彰と竹之下寛次。APは前作でもパートナーだった富田勝典。ここまでは私の希望通りのシフトだったが、ある日、演出一部（ドラマ部）長の佐藤虔一から「市川、今度のドラマは全員TBSの社員ADで、現場をやってもらいたいんだ。いいよね」といわれた。良いも悪いもない、そうしてくれということだった。

ここで、この頃のドラマのAD事情について説明しておこう。ADにはTBSの若手社員も

『代議士の妻たち２』初回の長良川ロケで。左から左右田一平、佐藤慶、筆者、渡瀬恒彦

いたが数は少なく、一つのドラマでせいぜい一人、主力は制作プロダクションから派遣されたスタッフが勤めるというのが常態だった。通常ADは4人、チーフ、セカンド、サード、フォースとはっきりしたヒエラルキーがある。正に「ドラマ好き」でなくては勤まらない苛酷な現場で、自らAD経験を持つ遊川和彦の脚本で、『ADブギ』（P八木康夫）という悲喜劇が作られた程だった。TBS社員のADは、ともすれば「客分」扱いされがちで、現場の仕切りは制作プロのADが主導権を握るというのが実態だった。現場ADが全員TBS「社員」というのは、初の試みだった。上司としては「社員」を育てたいという思惑があったのだ。シフトされたのは入社6年目の久保徹、3年目の戸高正啓、山田亜樹、2年目の田沢保之の4人だった。「現場」が通常よりは混乱するかも知れないが、プロ野球チームに例えれば「育成」と「勝利」の両方を目指さねばならないのだ。

11月いっぱい準備を重ねて、12月1日に制作発表を済ませた。撮影は主人公代議士の地盤に設定した岐阜のロケから始まる。12月3日に現地入りして4日から5日間の撮影である。主要なキャストは、ほぼ全員参加する。ドラマの冒頭、代議士夫妻（渡瀬恒彦と賀来千香子）がヘリコプターで、「お国入り」するシーンの撮影は2日目の12月5日（月）。撮影用と合わせて中日本航空の2機のヘリコプターを調達した。初日の岐阜市内のロケーションは順調にスタートすることができた。

しかし翌12月5日、思わぬ事態が出来した。朝から天皇の「ご容体、重篤」のニュースが飛び込んできた。「五日　月曜日　未明より血圧の低下及び多量の体内出血が認められ、胃に溜まった血液を鼻から通した管で吸引する処置を受けられる。一時最高血圧が四十台まで低下したが、八百ccの緊急輸血をお受けになり、その後、血圧は回復される」（『昭和天皇実録　第十八』宮内庁編修、東京書籍刊）。9月19日夜の「ご容体急変」以来、最も「深刻」な状況となった。とりあえず、午前中のヘリコプター撮影は見合わせることにした。宿で待機していたが、ようやく昼のニュースで「小康状態」が報じられ、午後へリコプター撮影を行なうこととなった。午後からは好天にも恵まれ、無事撮影は終了した。

撮影開始時点で、全11回のストーリーラインはラストまでおよそ、こう構想していた。

①代議士の「再婚」が裏目に出て、総選挙で苦戦 ②最下位当選 ③娘の継母への「反抗」 ④新内閣で想定外の入閣、運輸相に ⑤秘書の「裏口入学」工作発覚 ⑥スキャンダル揉み消しと妻の「妊娠」⑦過激派のハイジャック事件と妻の「流産」⑧「法」か「人命」か～「総理の決断」⑨「政界」を震撼させる「疑獄」事件発覚 ⑩側近の大物秘書逮捕で窮地に ⑪運輸大臣辞任・ふたたび「解散」「総選挙」へ・無所属での出馬――という具合だ。

視聴者が、なんとなく思い当たる出来事を盛り込んだ。結果として、この目論見は成功した。さて、初回放送は昭和64年（1989年）1月9日。私には、ほとんど年末年始休みなどなかった。世間的にも、天皇の「ご病気」でいつもの「正月気分」とは違ったものだった。

「常識」を覆すドラマを

そして1月7日（土）朝8時近く、自宅の電話が鳴った。私はまだベッドにいた。「あ、市川さんですか、こういうこと（「天皇崩御」）になりましたが、今日の『代議士～』のご予定は？」「午後からリハーサルをやって、夜にはロケーションだよ」と編成担当の狩野敬に答えた。「ロケーションについては、一寸こちら（編成部）と相談させてください」と狩野にいわれた。その日は、第4話のリハーサルと撮影でディレクターは坂崎彰だった。リハーサルは滞りなく行なわれた。ちょうどその時間帯には、小渕恵三官房長官から「平成」との新元号の発表が行なわれていた。昼間は、今にも雨が降り出しそうな曇天。夜のロケーションは、主人公代議士の自宅前のシーン。成城のある邸宅の玄関回りを撮影用に借用していた。ＡＤの山田亜樹が成城には土地勘があり、見つけて来た場所だ。都心とか、繁華街の撮影ではないので問題はないだろうと判断し、編成部に連絡したうえで成城の現場に向かった。

夜9時近かっただろうか、ロケバスに電話が入った。制作局長の梅本彪夫からだった。「お疲れ様。明後日の放送、予定通り放送することに決定したけど、何か差し障りのあるようなシーンってある?」「主人公夫婦の地元での結婚のお披露目シーンは、ありますけど」「なんかおめでたいシーンとか?」「あまり目出度いシーンとしては撮ってないですけど、獅子舞を仕込んで撮りました」「ちょっと、そこのところ、抑え目に出来ないかな」「獅子舞のヨリのカットを一つ差し替えるくらいですかね」「そうしてくれる」といったやりとりがあった。

30数年も前の話で、今振り返ると「羹に懲りてなますを吹く」の感が拭えないが、その時はそうした「空気」に私も支配されていた。ディレクターの坂崎に了解をとったうえで、ＡＤの戸高に緑山の編集所に行ってもらった。撮影終了に合わせるように、雨が降り出した。

ロケーションが終わって赤坂に戻ったのは午後11時近かったろうか。坂崎とＡＰの富田とＡＤの山田と4人で、行きつけの「かっぱ亭」に立ち寄り遅い食事を

朝日新聞
号外
天皇陛下 崩御
87歳、未明ご容体急変
皇太子明仁親王ご即位
「激動の昭和」終わる
天皇陛下は、七日午前六時三十三分、腺（せん）がんのため、皇居内の吹上御所で崩御された。お年は八十七歳だった。在位期間は六十二年に及んだ。

「天皇崩御」を伝える朝日新聞号外
（1989・1・7）

とった。

雨は、止む気配がなかった。「昭和」から「平成」の時代の変わり目をその店で迎えた。放送開始は、翌日に迫っていた。「天皇崩御」で、1月7日、8日のテレビは追悼番組一色となった。新聞各紙の号外は2000万部も発行された。通常番組が消えたため、レンタルビデオ店が大繁盛となった。9日（月）から、徐々に通常編成に復することになった。その結果『代議士の妻たち2』は、「平成」初の連続ドラマということになったのである（番組中の提供CMは半分が「湖の白鳥」の映像に差し替えられた）。

当日の「試写」欄は、『讀賣新聞』が大きく取り上げてくれた。「えぐり出される政治家の実像」との見出しで「映画『迷走地図』を思わせる硬質なドラマに仕上げている。原作にとらわれず、代議士の生の姿をえぐり出すことに主眼を置いたのが良かった。出演者たちも役にはまった演技を見せている。（聖）」。はたして、初回視聴率は16・8％の高視聴率だった（パート1の最終回と全く同じ数字だった）。

裏のフジの「月9」は一週遅れてのスタートで、2局のドラマは翌週から競合することになった。好発進で現場は大いに活気づいた。

1月11日、TBSの局長人事があり制作局長に鈴木淳生が就き、梅本局長は編成局長となる。そうした社内人事とは関係なく、私は全回のヤマ場となる第7回、8回の「ハイジャック事件」のストーリー構成を急ぐことにした。

念頭にあったのは、1977年9月に起きたダッカ・ハイジャック事件。当時の福田赳夫首相が「人命は地球より重し」と「超法規的措置」を決断したことは、様々な論議を呼んだ。運輸省管掌の事件であり、渡瀬恒彦演じる主人公は、運輸大臣でなければならない。渡瀬の「派閥のボス」の芦田伸介は「法の番人」たる法務大臣に割り振った。「人命」か、「法秩序」か、同じ派閥の「親分」と「子分」が対立するという皮肉な構図をこしらえた。「事件」の対応に追われる大臣・渡瀬の留守宅では、妻・賀来千香子が「流産」の危機に見舞われる。反抗を続けていた前妻の娘・小川範子が賀来に付き添うことになる。この辺りの、公私の「事件」の絡み合いは上手くいったと思う。重森孝子も、こうしたアイデアを見事に脚本にした。実際、第7回「事件」は18・4%、第8回「人命は地球より重し」は19・2%と高視聴率。第8回は、フジの「月9」ドラマ中山美穂主演『君の瞳に恋してる！』に一矢を報い、「そんなに面白いのか」とドラマ関係者の間でも評判となった。「政治のドラマは当たらない」との「常識」を覆したとの達成感があった。

その少し前の2月に入った辺りから、テレビ評論家がこのドラマについて言及するようになっていた。「思いきりのよい踏み込みがほしい。企画自体はいいが、そこらあたりでちょっぴり欲求不満を残すのである」（佐怒賀三夫　1989・2・11『讀賣』夕刊）、「ジバン、カンバンは分かったが、この代議士のカバン（政治資金）の中身まで納得の形で描かれるかどうかである」（松尾羊　89・2・12『毎日』夕刊）。新聞掲載時からして、3～4回観たところでの「批評」で、いずれも「様子見」といったところ。制作者にとって、いかにも「中途半端」なものに感じられた。連続ドラマなのだから、かつてこの連載（『調査情報』536号・545号）で私が触れた、『淋しいのはお前だけじゃない』の時の丸谷才一や、『深夜にようこそ』での川本三郎のような全回を観た上での批評が欲しい

☆首都圏☆　(28)

えぐり出される政治家の実像

試写室

新番組
代議士の妻たち2
（TBSテレビ＝後9.00）

『代議士の妻たち２』初回放送当日の
讀賣新聞朝刊「試写室」欄
（1989・1・9）

と思ったものである。

実はこの頃、もう一本の「ドラマ」をプロデュースしていた。プロデューサーとして「ノッテ」いた時期だったのだろう。前に書いたが、『ドラマ23』という月曜から木曜までの4夜連続のドラマ枠があった。一夜正味25分程の放送。就寝前の酒の「ナイトキャップ」のような「ドラマ」が狙いとされていた。前年（88年）の秋だったか、ここの枠にも企画を出していた。『週刊朝日』連載の山下勝利著『いまさら、初恋』という原作だった。

90年代後半、団塊世代を中心に「同窓会シンドローム」なる流行が取り沙汰されたが、この時は、その十年程前の「バブル」の真っただ中。「虚婚時代」の「愛の姿」を描いたとの惹句が、本の帯に書かれていた。20篇のショート・ストーリーの集成だったが、要は「焼けぼっくいに火がつく」かという噺である。「ナイトキャップ」ドラマには、恰好の題材と思ったのである。企画はすんなり通り、この手のドラマが得手の小林竜雄に脚本を書いてもらうことにした。小林と仕事をするのは、『胸さわぐ苺たち』以来、5年振りだった。私の初プロデュースドラマ『アイコ16歳』以来、付き合いは長く、打ち合わせもトントン拍子で運んだ。初恋のカップルを誰と誰にするかの話に及んだ。年齢は30代半ばの設定、アクチュアリティ（実在感）が一番大切だと、認識は一致していた。

ヒロインは、元キャンディーズの田中好子が、第一候補だった。人気アイドル出身だったが演技力には定評があった。確か、映画『黒い雨』（原作・井伏鱒二、監督・今村昌平）の撮影が終わった直後だった。相手の男性は？　私に真っ先に浮かんだタレントがいた。関根勤だった。ＴＢＳの『ぎんざＮＯＷ！』が出世作の「お笑い」タレントだったが、好感度の高いタレントだった。ちょうどその頃（88年秋）たしかＴＢＳテレビだったと思うが、「有名人」が「母校」を再訪して、思い出を語るといった態の番組が放送されていた。そこに関根勤が登場していた。都立八潮高校という学校の卒業生で、古い校舎の改築工事が行なわれようとしているタイミングだった。彼が十数年前の高校時代を回顧する様が、なかなか良かった。そこで、田中好子の相手役にと考えた。小林も同意して、主演カップルに据えた。そして、現実の八潮高校をドラマの舞台にしてしまおうと考えた。演出は私とは『ガキ大将がやってきた』以来の森山享に依頼した。

このドラマの概略はこうだ。ヒロイン田中好子は35歳の専業主婦。夫の長塚京三は39歳。「24時間、戦えますか⁉」を地で行くモーレツ証券マン。年収二千万円超え。同期のトップを走り、妻のことなど「ほったらかし」の毎日だ。田中は、欲求不満で「過食症」気味の切ない日常。そこに高校時代の同窓会の案内が届く。夫の「たまの休日」と重なっていたが、めずらしく夫は「行って来いよ」と妻を送り出す。そして、田中はかつての「初恋」の人、今や「有名カメラマン」となった関根勤と再会して……という立ち上がり。関根のついた小さな「嘘」(自称「有名カメラマン」)。実は場末の写真館の入り婿が、「焼けぼっくいに火」をつけて……という、いわば「小人凡事」のストーリー。『代議士の妻たち2』とは好対照のドラマだった。森山の演出も適確で、小味の利いた佳品に仕上がった。

視聴率も23時からという深夜帯にも拘らず、最終回11・8%を記録。『東京中日スポーツ』紙の島野功緒の週間テレビ評「や

ドラマ23『いまさら、初恋』の収録後、主演の田中好子と番組スタッフ(1989・2、TBS緑山スタジオ)

じうまテレビ　ベスト&ワースト」欄では、『いまさら、初恋』がベスト・ワンに選ばれた。

このドラマが放送されたのは89年2月27日から3月2日だった。

「現実」と「ドラマ」の境目で

一方、連続ドラマの『代議士の妻たち2』は、大団円を迎えようとしていた。ドラマのラストの三回は、代議士夫婦（渡瀬恒彦・賀来千香子）それぞれが収賄疑惑に巻き込まれる展開である。

現実の「リクルート事件」もまた、大詰めの展開を見せていた「疑惑」は、遂に中曽根康弘前首相にまで及び、2月27日中曽根は記者会見で釈明した。

野党は「証人喚問」要求を突き付けたが与党は拒否、以後国会は2カ月「空転」する。

ドラマでは、運輸大臣の渡瀬恒彦の大物秘書・佐藤慶が収賄のすべての罪を被る形で、投宿先の都内のホテルで逮捕される（撮影は緑山スタジオの玄関をホテル玄関に見立てて行なわれた）。急を聞いて駆け付けた渡瀬に、報道陣のフラッシュが焚かれる中、検察の車に乗り込む寸前の佐藤は、目で「別れ」を告げる。現実の「リクルート事件」では、「それは、秘書がやりました」という政治家の「責任」転嫁が目立った。ドラマでは、最終話の副題を「金森壮太郎の責任」として、主人公（渡瀬）の「政治責任」を問うことにした。大臣を辞任し、直後の解散・総選挙でも「党」の公認が得られず、「無所属」の出馬だ。側近の秘書や、多くの支援者が渡瀬の元を去った。頼みの綱は、妻だけだ。

選挙戦初日、数少ない支援者を前に渡瀬は第一声を上げる。渡瀬の演説をかき消すように、野党の選挙カーのスピーカーから「金権、腐敗（の政治家）は許さない！」と大音声が流れてくるというエンディング。

渡瀬は、果たして当選を果たしたのか？　それは有権者の選択次第なのだという仕立てだ。

先にすべてのロケを終え、ドラマ最終回のスタジオ収録も、3月7日（火）に終了した。「天皇崩御」の日から、ちょうど2カ月経っていた。いつでも連続ドラマの収録最終日は、特別な感慨を抱くのだが、この時は一段落したなという思いはなかった。何か、「現実」と「ドラマ」の境目が付かないような不思議な感覚にとらわれていたのである。

3日後、『代議士の妻たち2』の打ち上げが行なわれた。上首尾に終わった番組の打ち上げは、やはり盛り上がる。二次会、三次会まで、大勢の俳優、スタッフが参加した。最後までいたのは、渡瀬恒彦、賀来千香子、佐藤慶、益岡徹、加賀まりこ、そして重森孝子と、私たちスタッフ合わせて30〜40名。「あの時の、あのシーンの芝居は……」とか、「あの時の、あのセリフは……」と夜更けまで無礼講で、侃々諤々やっていた。とことんドラマが好きなのだなと、私も熱い思いに駆られた。

午前3時半過ぎ、漸く「お開き」となり、加賀と重森とタクシーに同乗して帰宅した。私が自宅に到着したのは4時半。すでに朝刊が配達されていた。

最終回の放送（3月20日）が終わった。全11回の平均視聴率は16・5％を記録。前作の第一シリーズを、僅かながらも上回る結果を残せた。「代妻」のパート2は、難しかろうという「常識」を覆すことが出来たのだ。

放送が終わって、1カ月位経っていたろうか。私に取材の申し込みが入った。意外なことに、それはアメリカのメディアからだった。TBSの本館2階の喫茶室で取材を受けることになった。現れたのは、『ウォール・ストリート・ジャーナル』紙の東京支局の若い女性記者だった。エリザベス・ルービンファインという「日本通」のジャーナリストだった。17歳まで日本で育ったということで、日本語は堪能である。夫もジャーナリストで『クリスチャン・サイエンス・モニター』の東京支局にいるとのこと。

ルービンファインは、『代議士の妻たち2』を毎週見ていたのだという。「天皇崩御」とか「リクルート事件」のタイミングで、「政治ドラマ」が放送されたことに興味を覚えた。経済大国日本の政治を観察するなかで、恰好の「ケース・スタディ」となると思う、と取材の趣旨を語った。記者の来訪にはアメリカ人の「対日」研究の分厚さを、感じさせられる思いだった。ルース・ベネディクトの『菊と刀』に代表されるように、かねてから米国人の日本研究にはかなりの蓄積があるが、若いジャーナリストにしてからが「一テレビドラマ」を手掛かりに、プロデューサーを訪ねて来るのだ。後年、「日本人」として逝ったドナルド・キーンや、『敗北を抱きしめて』の著者・ジョン・ダワーに通じるような、「知日派」の米国人の層の厚さを感じた。

ルービンファインとの話はかなり盛り上がり、結局日を改めてもう一回取材を受けたと記憶している。記事は「ウォール・ストリート・ジャーナル」紙で大きく取り上げられた。取材を受ける中で、『代議士の妻たち』二作は、まさに時代の「変わり目」だったがゆえに番組として成立して、かつ視聴者にも注目されたのだと再認識した。「55年体制」といわれた国内政治のあちこちに綻びが見え始めていた時代であった。

「リクルート事件」が、まだくすぶり続けていた4月1日に、消費税3%が導入された。竹下内閣の支持率低下に歯止めがかからない状況となった。夏の参議院選挙での自民党の苦戦は必至との観測が広がる。

第21話 現実とフィクションが交差する『永田町～平成元年の変』

こんな企画、滅多にはあるまい

1989年は、今振り返っても「歴史」の転換期とも言うべき特別な一年である。「昭和天皇崩御」に始まったこの年は、国内外で大ニュースが相次いだ。また、戦後日本を代表するような人物の訃報が相次いだ。2月に手塚治虫、4月に松下幸之助、6月が美空ひばり、と上半期だけでもすでに、「昭和」という時代の終焉を強く印象付けられた。TBSラジオとも縁の深かった作曲家の芥川也寸志も1月の末日に他界した。評論家の粕谷一希に『作家が死ぬと時代が変わる』（日本経済新聞社刊）という著書があるが、たしかに大物著名人の死には、そんな思いを抱かされるものである。

2月24日に昭和天皇の「大喪の礼」が執り行なわれると、「服喪」気分も一段落して「自粛」ムードは消え、溜まっていた「バブル」の熱気が、より一層高まることとなった。「リクルート事件」絡みの政局は、4月25日遂に竹下登首相の辞意表明に至った（3月29日「毎日新聞」の世論調査で内閣支持率9％、4月21、22日「朝日新聞」による竹下事務所の青木伊平秘書への検察取り調べ報道が引き金となった）。そうした騒ぎをよそに、『代議士の妻たち2』を終えた直後の私は、次のドラマ企画について編成部のドラマ担当の浅生憲章らと相談を始めていた。

5月の連休明け、企画は思わぬところからやって来た。報道局政経部からの打診であった。それは、7月に予定されている第15回参議院議員選挙での開票速報時に、ドラマ仕立ての「政局」予測の番組を作りたい、ついては「ドラマ」部分の制作をお願いできないかとの依頼だった。上司の佐藤虔一（ドラマ）部長からの話で、「一度、報道と話をしてみて」と言われ、連休明けの5月9日（火）政経部の岩城浩幸記者と社内の3ロビ（3階喫茶室）で会った。岩城によれば、参院選では自民党の敗北が確実視されていて、おそらく「政局」となるだろう。選挙後の「政局」を大胆に予測したシミュレーション・ドラマを「開票速報」当日にやりたいので協力してくれないか、とのことだった。

（本稿執筆時の）2019年夏の参院選は、事前でも投開票当日も「テレビ」番組として、甚だ盛り上がりに欠けた。投票率は50％に届かず（48・8％）、1995年に次ぐ史上2位の低さだった。当然のようにテレビ視聴率も低かった。いつだったか、時の総理が「（無党派層の選挙民は）寝ていて欲しい」といった趣旨の発言をして物議を醸したが、とにかく30年前（平成元年）の参議院選挙（投票率65・0％）とは大いに様相を異にしていたのだ。

私は、政経部からの申し出に応じた。多分こんな企画、滅多にはあるまい。いかにも「テレビ」的ではないか。むろん『代議士の妻たち』の「成功」があっての企画である。すでにこの件で、岩城は『報道特集』のコメンテーターだった福岡政行と脚本家の重森孝子とはコンタクトを取っていた。ドラマの正味は30分程と想定。それも3部（「近過去」「現在」「近未来」）に分けスタジオの生放送と相互に進行させたいとのプランだった。

私は、添え物的な「生半可」のドラマだけには絶対したくないと思った。そのためには、きちんとした脚本と、一線級のキャスティングを実現しなくてはと覚悟した。

「報道」からの話を受けて、私は企画に「前のめり」になっていたが、実際には編成部では7月23日（日）の夜8時から9時の番組は、まだ未定の状態だった。レギュラーでは、この頃、日本生命の一社提供番組『新世界紀行』が放送されていた。開票速報番組を夜9時からにするプランも消えていなかったのだ。結局、「選挙特番」で行くと編成部が決定したのは6月7日のことだった。

ゴールデン・ウィーク明けから、6月上旬にかけて「政局」は激動していた。辞意表明した竹下首相の後任を巡って、自民党は「迷走」状態となった。5月12日、後継を期待された伊東正義が総理就任を固辞し、自民党も断念。25日衆議院予算委員会でリクルート事件関連で中曽根康弘前首相の証人喚問。31日、中曽根は自民党離党。6月2日後継総理に宇野宗佑（中曽根派）が就任。4日中国、「天安門事件」。犠牲者2700名と日本のメディアは報じる。6日『サンデー毎日』が宇野首相の女性スキャンダル報道。

こうした国内外の政治の混乱は、7月の参院選にも大きな影響をもたらすだろう。「近未来」の予測「ドラマ」とは、難作業を引き受けたものだと私自身感じていた。しかし、「やるっきゃない！」と、当時流行っていた某女性政治家の言葉を肝に銘じていた。

激動の年となった89年、TBSでも経営トップの交代劇があった。そして、秋から夜の番組編成の大幅改編が明らかになりつつあった。22時のニュース枠が終了し、再びドラマ枠も復活するらしい。「金ドラ」復活となれば、ドラマの人間なら誰でも手を挙げたいところだが、すでに再開後の第一作は木下プロダクションに発注されているとの噂が流れていた。ニュース枠は23時に繰り下がるが、大物キャスターを登用してリニューアルされるとの、これも噂が飛び交っていた。

「選挙ドラマ」の企画が本決まりになって以後、月・水・金曜日に定期的にドラマ・スタッフと政経部がミーティングを行なうことになった。アドバイザー役は、今回も福岡政行。彼には、脚本の重森孝子と共に随時会って、政治状況と選挙予測を訊いた。6月下旬段階での福岡政行の参院選の獲得議席の読みは、自民党が40〜41、社会党が45議席で「第一党」という驚くべきものだった。宇野総理は即退陣で後継選びが、また混乱するだろうとの見立て。「ポスト宇野は誰に?」と私が問うと、福岡は〈具体的な名前では「石原・海部・橋本・河野・小沢……」らの名が挙がってくるだろうが、しかし昭和世代の一本化は「帯に短し、タスキに長し」の現状では難しく、恐らく伊東・後藤田の政治改革・危機管理内閣が生まれるだろう……〉(『調査情報』89年9月号、拙稿より)と予測した。

この予測をもとに、ドラマの構成を考えることになった。同時に人物配置をどうするか。役名こそ架空にするが、誰が見ても「モデルは○○だな」とわかるようなキャスティングにしなければならない。そして政治家役以外では、代議士秘書、政治記者、評論家、高級料亭の女将、若い芸者などが登場する。普通のドラマとは言えない、はたして一線級の俳優が出演を応諾してくれるだろうかとの懸念もあった。

結果を先に言えば、それは「杞憂」だった。本稿執筆にあたり、当時録画したビデオを久しぶりに視聴したが、よくこれだけのキャストが揃ったなという顔触れであった。『代議士の妻たち』の縁では、草笛光子と小松方正、岡本信人らが出演しているが、主な政治家役として、他に金田龍之介(金丸信がモデル)、高原駿雄(竹下登がモデル)、中丸忠雄(橋本龍太郎がモデル)、戸浦六宏(後藤田正晴がモデル)、多々良純(松野頼三がモデル)、前田吟(白川勝彦がモデル)、鶴田忍(亀井静香がモデル)、さらに白川由美(土井たか子がモデル)といった案配。料亭に出入りの駆け出しの芸者には、映画『桜の樹の下で』で、注目された七瀬なつみ、代議士の女性秘書に中村あずさ(『オールナイトフジ』元MC)、政治記者が中原丈雄。そして、ここがこのドラマのミソなのだが、もう一人の女性記者役として浜尾朱美を起用した。

浜尾は、TBSのポーラテレビ小説『おゆう』（83年）のヒロイン出身だったが、もともとアナウンサー志望。入社試験で面接委員だった柳井満が、テレビ小説のヒロインに抜擢した経緯がある。浜尾は女優としては、柳井Pの『おゆう』と『青が散る』（83年）に出ただけで、すぐに報道、情報番組に転じて、TBS『サンデーモーニング』のサブ・キャスターなどを務めていた。こうしたキャリアを生かすべく、この選挙番組でも、「ドラマ」では女優として、「報道」部分では自民党選挙本部からリポートするという二役を兼ねることとなったのである。

「脇役」の晴れ舞台

私もまた、プロデューサーと演出を兼務することになったが、スタッフの多くは『代議士の妻たち2』のメンバーとなった。APは富田勝典、ADは戸高正啓、山田亜樹、田沢保之が前作から引き続き、この仕事に参加した。「経験」というのは得難いものである。このドラマでは、一から十まで指示しなくても、ADが先を読んだスタンバイ作業に取り組んでくれた。

6月下旬になると、いよいよ仕事に忙殺される状態となったが、ある夜遅く帰宅して深夜番組『PRE★STAGE』（ANB）を観ていたら、MCのラサール石井が美空ひばりの訃報を伝えた。改めて「昭和」という時代の終わりを実感した。かつて美空ひばりの歌手生活三十周年とかの特番で、一日だけスタッフに入れられたことがあった。ゲスト出演する、当時日本ハムから巨人に移籍したばかりの張本勲と、俳優の大川橋蔵をそれぞれハイヤーで迎えに行く役目を仰せつかったのだ。その時、スタジオで美空ひばりを見ただけである。しかし、私の物心付いた頃から、巷ではひばりの歌はいつも流れていたし、自分より大分年上の存在と感じていたが、享年五十二。私とは干支が一回り上に過ぎない年齢だった。「昭和」の戦後、「出ずっぱり」の歌手人生だった。しばらくテレビは、この話題一色となるだろうと思った。

そんな中、宇野首相が官邸で密かに辞意を洩らしたとの一部報道が流れた。6月25日（日）のTBS『報道特集』が、神楽坂の元芸者だった女性の告白インタビューを放送していた。辣腕と謳われていた吉永春子ディレクターの仕事だった。この番組のインパクトは凄かった。私も放送を見ていて、「もう首相は持たないだろう」と感じた。翌日、出社するとドラマ部でさえも、この話題で持ち切りだった。その後の経緯を前出の『調査情報』89年9月号から引くことにする。

〈……私たちを混乱させるような事態はすぐやってきた。翌日（六月二十七日）夜、宇野首相が官邸でひそかに辞意を洩らしたというのだ。曰く、「自分はなりたくて、総理・総裁になったわけではない」（略）「辞めてやる」と〝殿、ご乱心〟の発言が翌日一斉に報じられた。窮地に追いこまれていたとはいえ、サミット前の退陣は、まずありえないと考えていた私たちには寝耳に水の情報であった。政経部の岩城君に調べてもらうと、「発言は確かにあったようだが、いま辞めることはないでしょう」との答えが帰ってきた。夕方のニュースでは、「そんな、アホな。」と関西弁で、発言自体を否定する首相のコメントが報じられ、ハプニングは一件落着した〉

と、いった次第であった。7月2日（日）、参院選の前哨戦と目された東京都議会議員選挙が行なわれた。ここで自民党は大敗（20議席減）、社会党が3倍増の躍進。いわゆる「マドンナ・ブーム」が起きていた。参院選でも同様の結果が出るのではないかとの観測が広がった。都議選の結果が出て、重森孝子は漸く脚本執筆を始めた。実質3日で仕上げてもらう約束だった。初稿はスケジュール通りに上がったが、内容的には物足りなさを感じた。時間的余裕がないので、重森には了解を取ったうえで、自分で全面的に手直しすることにした。一晩、徹夜して改訂稿を仕上げた。ドラマは、3部構成の約束に従った。ナレーションも入れることにした。ナレーションは、これも「代妻」の縁で佐藤慶に依頼した。佐藤はナレーションにも「定評」があり、あの大作記録映画『東京裁判』（83年、監督・小林正樹）のナレーターでもあった。

　ロケーション・ハンティング、セット打ち合わせ、美術打ち合わせ、俳優の衣裳合わせなど通常のドラマと同じ準備作業を行ないつつ、「選挙」情勢の変化にも注意を払っていた。正味30分のドラマながら、ロケーション4日、スタジオ収録2日のスケジュールを取った。ロケ地は、御殿場のゴルフ場、永田町、赤坂の各所、それに農村地帯に見立てた緑山スタジオ近郊の田畑などだ。撮影期間は7月13日から19日までの短期「決戦」だった。梅雨明けはしていなかったが、幸い雨に祟られることはなかった。キャスティングがピッタリと嵌まり、セットも見事な出来で「本物」さながらの場面を、幾つも収録することができた。

『永田町～平成元年の変』のロケ・ハン
（国会記者会館前）

　前総理役の高原駿雄は、テレビ草創期のドラマ『日真名氏飛び出す』（KRT→TBS）で「泡手大作」役を演じた俳優だが、すっかりベテランとなっていて渋い味わいの演技を見せた。副総裁に扮したのは金田龍之介、言わずと知れた「政界のドン」役である。この2人の「密談」シーンは、「さもありなん」と思わせられるリアリティーがあった。この舞台となる高級料亭の女将が草笛光子。『代議士の妻たち』では、「金庫番」の女性秘書役だったが、今回は政界の裏舞台を知り尽くした「女丈夫」を好演した。セットで注目されたのが国会内部の再現。衆議院が「解散」となるシーン。本会議場から続々と出て来た議員が行き交う。赤絨毯を敷き詰めた長い廊下。報道陣も詰め掛け、ごった返している。画面で見る限り、まるで国会と見紛うばかりの光景。後日、国会内でドラマのロケができるのか？と何人かから訊かれたほどだった。

撮影は順調に終わった。直ちにポスト・プロ（後作業）を緑山で3日連続で行ない、完成品のVTRテープを赤坂に納めたのは、放送前日の夜遅くだった。企画した政経部の岩城と最終確認のプレビューをした。彼が作った各党党首の選挙戦の映像のエンディングも観た。打ち合わせを終えて帰宅したのは午前4時だった。日曜日昼、妻と投票を済ませて、夕方TBSに出社、午後6時からの『報道特集』にも出演する福岡政行を訪ねた。福岡が近づいて来て、「出口調査で、自民はボロボロ。予想より、さらに悪い。大敗だよ」と囁いた。

夜8時からの放送本番、タイトルは『永田町～平成元年の変』という「選挙番組」らしからぬものだった。「大胆予測ドラマ」という枠タイトルが添えられていた。放送は「ドラマ」を作ったスタッフと一緒に観た。番組は、スタジオのMCは女優の竹下景子とTBS政経部長の田畑光永。コメンテーターが福岡政行である。ドラマ部分と、「生」のスタジオ部分が交互に進行する。「選挙番組」としては、確かに見たことのない「代物」だった。予想を上回るスピードで、「当確」が判明していく。その都度、ドラマ画面に速報がスーパーされる。「フィクション」と「現実」の混淆である。不思議な「テレビ的」時間の流れだった。番組内の予測「ドラマ」では、「現実」に先んじて、自民党の敗北を描いていた。そして「大胆」にも、後継総理まで登場させた。「会津一徹」という役名で。それは当時なら誰にもピンと来る名前、一時はポスト竹下で浮上したベテラン政治家伊東正義を想定していた。この時点での福岡のヨミでもあったのだ。この役を演じたのは、これ迄「脇役」を演じることがほとんどだった、里木佐甫良という俳優だった。土の香りのする、名もなき庶民といった役柄を演じると抜群の俳優で、私のドラマにも何回も出てもらっていた。マネージャーに打診すると、「里木が総理役ですか?!」と驚かれた。「狙いのキャスティングだから」と押し切った。里木は、「俳優人生」最初で最後の「宰相」役と思ったのだろう。収録の際、緑山スタジオに孫の男の子を招き、「おじいちゃんの晴れ舞台」を見物させたとAPの富田から聞いた。「ちょっといい話」ではないか。

番組終盤、福岡は「自民党の獲得議席予想は30議席ちょっと。おそらく午前零時位から宇野総理退陣を巡って、永田町は大変なことになるでしょう」とコメントを残して、他局への出演のため、スタジオを後にした。番組の最後でレポーターとしての浜尾朱美が、「敗色濃厚」となった自民党本部とスタジオを繋いだ。前出の拙稿から引用する。

〈「……果たしてドラマのように、この秋に衆議院解散・総選挙があるのかどうか。あったとしたらやはり厳しい戦いを強いられそうですね……」この時、彼女の右後方の席にすわってテレビを見遣っていた幹事長の橋本龍太郎氏、キツイ視線を彼女の

放送日当日、ＴＢＳの選挙関連番組の新聞広告（1989・7・23毎日新聞）

背中に飛ばした。テレビの映像は雄弁であった〉（『調査情報』89年9月号より）。
翌朝、選挙結果も番組視聴率も判明した。自民党の獲得議席数は36、社会党は45で参議院では、与野党勢力の逆転となった。『永田町〜平成元年の変』の視聴率は、ビデオリサーチが6・6%、ニールセンでは11・1%を記録した。民放の選挙番組で2ケタに達するというのは極めて異例だった。私は、自分なりに「ミッション」を果たしたと思ったし、『代議士の妻たち』にも、漸く一区切りが付いた気分だった。

戦後、日本人が求めたものは？

8月某日、私は「不惑」の誕生日を迎えた。奇しくもその日、海部俊樹内閣が誕生した。初の「昭和」生まれの首相だった。選挙特番の「予測」は外れた。自民党内で実権を握っていた竹下派の意向が、「海部」ということだった。海部は河本派で、「次世代」のリーダーとは目されていたが、いきなり総理とは大方には予想されていなかった。しかし、自民党には悠長な選択肢は残されておらず、「起死回生」の一手だったのだろう。事実、土井社会党の勢いも、この後に起こる東欧諸国の「自由」化などの影響で、いささか失速することになる。

さて、この年は夏の間にも各界の著名人の訃報が相次いだ。音楽の世界では、7月に巨匠ヘルベルト・フォン・カラヤンが、8月には「昭和」の国民的作曲家だった古関裕而が世を去った。どちらも20世紀という「戦争と平和」の時代に生きた音楽家である。芸術家に限らず、人間の運命とは、その生きた時代に

海部政権が誕生
民間含め女性2人 高原経企庁 森山環境庁
中山太外相・橋本蔵相
竹安両派いぜん軸
「総選挙向け」に全精力
消費税見直し核に布陣
参院は土井氏

海部内閣の発足（1989・8・10『朝日新聞』朝刊）

よって翻弄される。カラヤンは音楽活動上の便宜からにせよナチスの党員歴を持ったことが、戦後問われたし、古関もまた、戦中夥しい数の「軍国歌謡」を書き、若者は古関メロディーに鼓舞され戦場に赴いた。「戦争の時代を生きる芸術家の運命」とは、私がずっと考えている一大テーマ。古関メロディーは、私も好きで『長崎の鐘』や『阪神タイガースの歌（六甲おろし）』は諳んじているし、前の東京オリンピックの入場行進曲は歴史的名曲だ。これで、「日本のスーザ」という異名が付けられた。NHK連続テレビ小説『エール』（20年NHK）は古関夫妻の物語である。その古関裕而は1989年8月18日に亡くなったのだ。

夏が終わる頃、次の企画をと、あれこれ考えていたが当面の連続ドラマ枠は、すでに決定済みとなっていた。「テレビ」の世界では、余韻に浸っている暇などないのだ。制作進行中に、すぐに次の企画を準備しなければ、「乗り遅れる」ことになる。私の当面の目標は、2時間ドラマ枠や特別企画のドラマということになった。特別企画のほうは、演出一部（ドラマ部）の部長・佐藤虔一と副部長・近藤邦勝の肝煎りで、「ドラマのTBS」の底力を見せるような3時間ドラマに相応しい企画を、との話だった。この企画は是非私がやりたいと思い、佐藤、近藤と話し合いを始めた。TBSの3時間ドラマと言えば、1977年の『海は甦える』（制作・テレビマンユニオン、演出・今野勉）以降、「歴史ドラマ」が主流だったが、この頃（89年）になると、現代の話も、題材となって来た。事実、9月16日（土）放送予定で人気絶頂だったアイドル後藤久美子主演の『空と海をこえて』（脚本・佐々木守、演出・鴨下信一）が制作されていた。

私も、もちろん「現代」を題材にしたいと思った。「選挙」ドラマを終えた直後、気になって手にした本があった。『閨閥』（神一行・著、毎日新聞社刊）という単行本だった。いつの時代でも、時々この類の本は出るのだが、「平成元年」というタイミングでの刊行が気になった。日本では『Japan as No.1』（E・

ヴォーゲル・著）以後、俄かに「大国」意識が高まり国民には「一億総中流」意識も生まれた。そこから「差異」を求める「ブランド」志向が高まってくる。人間の意識とは、厄介なものである。田中康夫の『なんとなく、クリスタル』の裏テーマは、「格差」ということである。バブル経済の進行と同期するように、「新・上流階級」とか「名門ファミリー」とか、そして「閨閥」といった言葉がメディアで飛び交うようになった。『閨閥』も、日本をいくつかの「名門」家系が支配しているという本。

私は、近藤にこの企画を提案した。「格差社会」は、戦後の日本人が求めてきたものなのか？　大げさに言えば、歴史の「逆行」なのではないか？という懸念が企画のモチーフでありテーマは、「格差社会」ということだ。近藤も関心を示し、「市川、企画を具体化してよ」と私に指示した。この時、真っ先にこの人と組みたいと思ったのが、脚本家・山田信夫だった。山田は、私が初演出した金曜ドラマ『突然の明日』の時の脚本家である。映画『戦争と人間』（70年、日活、原作・五味川純平、監督・山本薩夫）、『華麗なる一族』（74年、東宝、原作・山崎豊子、監督・山本薩夫）を手掛け、テーマにピッタリの脚本家である。「金ドラ」の時も、銀行家の「閨閥」作りのストーリーが主軸となり、打ち合わせから大いに盛り上がった記憶があった。私は、山田のマネージメントを担当している二谷（英明）事務所の石川洋マネージャーに連絡を取った。石川からは、「山田は、今愛知の豊橋が自宅だが来月（9月）重森（孝子）さんの（誕生日）パーティーで上京するので、その際にでも」と言われた。私と、この数年来仕事をしてきた重森孝子の師匠が山田信夫である。その重森が9月に50歳の誕生日を迎える。重森の言によれば、「私は、結婚披露宴もやっていないから、その代わりに今回はみんなを呼んで

脚本家・山田信夫（1932～1998）
第9回向田邦子賞贈賞式

パーティーをやるから」とのことで、私も招かれていた。

この頃、重森の仕事の充実ぶりは目を瞠るものだった。ＮＨＫ連続テレビ小説『都の風』がヒットし、ＴＢＳ『代議士の妻たち』のⅠ・Ⅱのシリーズ、合間を縫って2時間ドラマと、映画の脚本と立て続けの仕事。さらに、全国各地での講演会にも出かけていた。

そして重森の誕生日当日、私は会場に赴いた。そこで山田信夫と、ほぼ十年振りの再会を果たしたのである。

第22話　「冷戦」時代の終わりに3時間ドラマの『閨閥』

万物は流転する～変わりゆく「テレビ」と「世界」

脚本家・山田信夫と十年振りに再会したのは、重森孝子の50歳の誕生パーティーの日であった。1989年9月14日、パーティーの前に渋谷の東急文化会館で会った。TBS金ドラ『突然の明日』以来だったが、全く時間の空白は感じなかった。とは言え、山田は57歳になっていたが、3年前に長年連れ添った愛妻を亡くされていた。86年に芸術作品賞を受けた『記念に…』（関西テレビ制作、演出・林宏樹）の執筆中のことだった。私は、重森から少し経って、その話を聞いた記憶があった。

さて、面談の目的は3時間ドラマの執筆依頼である。単刀直入に「閨閥」のドラマをやりたいのだがと切り出した。果たして、山田は興味を覚えたようで、私のプランに身を乗り出してきた。同席していた二谷事務所の山田担当マネージャーの石川洋に「洋チャン、映画との兼ね合いだね」と、話を振った。石川の話によれば、映画のシナリオの準備中とのことだった。山田とは多くの作品でコンビを組んだ蔵原惟繕監督との仕事で、『ストロベリーロード』（石川好・著）の映画化である。同作品は、この年（89年）の大宅壮一ノンフィクション賞受賞作。東宝配給が決まっているらしい。山田信夫と蔵原惟繕のコンビの作品と言えば、石原裕次郎と浅丘ルリ子の『憎いあンちくしょう』以来、私も一映画ファンとして多くの作品を観ていた。その二人の映画の仕事に、3時間の大作ドラマが入り込む余地があるだろうか。しかし、私はあきらめなかった。「脈はある」と踏んだのだ。

打ち合わせを終え、山田と共に重森孝子のパーティー会場に向かうことになった。一人の女性が山田に近付いて来た。山田が私に「妻です」と紹介した。

重森のパーティーは、盛会だった。北青山のレストランでの一次会の後、ホテルニューオータニのガーデンコートで二次会をやった。重森の脚本家キャリア、この時二十年。映画とテレビドラマの関係者が集った。山田信夫は、重森を内弟子のように育てた「師匠」である。私のこの数年来の重森との仕事の際でも、よく山田の話題は出ていた。パーティーの賑わいの中でも、私には今度はぜひ山田に脚本を書いてもらいたいとの思いは強まった。

一週間後、上司の佐藤虔一部長から10月から企画局総合開発室兼務を打診された。89年は「衛星（放送）新時代」とか「ニューメディア元年」と呼ばれた年で、TBSでもハイビジョンドラマの制作に乗り出していた。かつてドラマ部にいた前川英樹がそのセクションで中核を担っていた。兼務なので、私もあっさり応諾した。9月27日、久しぶりにドラマ部の部会があった。そこに、部の先輩だった岩崎嘉一の訃報が入った。前にも書いたが、脚本家・橋田壽賀子の夫君である。享年六十。「昭和」のテレビ人の死である。この年、橋田はNHKの大河ドラマ『春日局』（主演・大原麗子）を書いていた。岩崎の通夜・告別式は築地本願寺で行なわれたが、TBSとNHKのドラマ部員の多くが弔問客の対応に当たった。

10月1日（日）、茨城県選挙区で参議院の補欠選挙があった。「下馬評」を覆して、自民党候補が「大勝」した。明らかに「風向き」が変わった。「選挙特番」を作った7月の参議院選挙とは大違いであった（翌年90年2月18日、総選挙が行なわれた。わずか半年前とは、「様変わり」で自民党が圧勝する。「凪」は止んだ）。

翌10月2日、山田信夫と渋谷で再び会合を持った。前回からの間に、映画製作とのスケジュール調整をしてくれたようで、執筆を快諾してくれた。十年振りの山田との仕事で気分は昂揚した。出社して、部長の佐藤に報告。その後兼務辞令の発令を局長から受けた。

ＴＢＳは、この日『筑紫哲也　ＮＥＷＳ23』をスタートした。二年前の「ニュース戦争」では、「一敗地にまみれた」形となったが、遂に念願の筑紫哲也をキャスターに据え、「報道のＴＢＳ」が捲土重来を図る。浜尾朱美が筑紫とコンビを組んだ。ＡＮＢ『ニュースステーション』とは、時間が一時間遅れてスタートすることになった。そのため、「ドラマ23」枠がなくなり、「金曜ドラマ」枠が二年振りに復活した。「金ドラ」は、前号で書いたように木下プロダクションの『雨よりも優しく』（脚本・岩佐憲一、主演・浅野ゆう子）だった。

番組編成の改変は大きなものだったが、世界情勢はさらなる大激動となっていた。第二次大戦後の東西「冷戦」体制の終わりの始まりだった。ＢＳ放送は終日、世界の変動を伝え続けたし地上波のニュース番組も、東欧諸国の「自由化」を求めるデモや集会の動きを伝え続けた。『ＮＥＷＳ23』にとっては「追い風」となった。筑紫

1990年２月の総選挙で自民党勝利（『朝日新聞』1990.2.19 朝刊紙面より）

『筑紫哲也 ＮＥＷＳ 23』の初回放送
右は、浜尾朱美（1989・10・2）

哲也は活字メディア出身ながらテレビにも精通し、たちまちにして「報道のＴＢＳ」の代表的存在となっていく。

オリジナルドラマの「醍醐味」

「閨閥」という題材をどう料理するのか、山田信夫との打ち合わせが本格化。しかし会えば、国内外のニュースの話題で盛り上がり横道に逸れる。ドラマの具体的な内容の話とならないので、11月の初めに山田の住む愛知・豊橋に行って集中打ち合わせをすることにした。私も「閨閥」の仕事一本だったわけではない。2時間ドラマの企画を同時並行で進めていた。この2～3年一緒に仕事していた坂崎彰と、夏樹静子のある小説のドラマ化であった。しかし、こちらは遂に具体化には至らなかった。何十年もやっていると実らなかった幻の企画というのも、当然のことながら数多ある。企画が具体化した3時間ドラマ『閨閥』の演出を誰に頼むか、決めなければならない。私としては、十年前の『突然の明日』の時のチーフ・ディレクターだった井下靖央が適任と思った。山田にも異存がなかった。井下に話すと、すぐに応諾してくれた。久し振りの山田との仕事にも意欲を持っていた。ただ井下は東芝日曜劇場のディレクターでもあり、スケジュール調整が可能かどうかという問題があった。

11月6日から2泊3日で私一人が豊橋に赴き、山田と集中的に脚本の構成打ち合わせに取り組んだ。投宿先のホテルと山田の自宅とで、のべ30時間を超える打ち合わせ。3時間の大作ドラマ、しかもオリジナルなのだから当たり前の作業である。初日から打ち合わせは愉しかった。山田は座談の名手だし、好奇心の塊である。打ち合わせの席では十年前と変わるところがなかった。初日の夜は自宅に食事に招かれ、夫人のもてなしを受けた（昔、桜上水にあった山田の仕事場で、亡くなられた前夫人の手料理をごちそうになった思い出が甦った）。いわば山田流儀なのだろう。食事の後、山田がテレビのスウィッチを入れた。NHKのBSチャンネルだった。「昔クラちゃん（蔵原惟繕監督）とやった映画をやるのよ」と山田が言った、『執炎』（64年、日活、出演・浅丘ルリ子、伊丹一三ほか）である。私も昔観て好きな作品の一つだった。リビングのソファで、山田と並んで『執炎』を再見した。不思議な因縁という他はない。夜11時過ぎ、山田邸を辞しホテルに戻った。部屋でテレビを点けると、俳優・松田優作の訃報が伝えられていた。松田は私と同年生まれ。ハリウッドに進出して『ブラック・レイン』に出演した直後の病死だった。何かと、忘れ難い一夜であった。

翌日、翌々日と山田と打ち合わせを続行。週末、山田の上京の折りにまた会うことになり、私は帰京した。山田は11月中旬から映画『ストロベリーロード』のシナリオハンティングで、二週間カリフォルニアに出掛ける。その前に、『閨閥』の構成のメドを立てておかねばならない。私は、打ち合わせを元に三日間で構成プランの「叩き台」をまとめなければならない。そんなタイミングで、世界史的な大ニュースが飛び込んで来た。東西冷戦の象徴とされていた「ベルリンの壁」が崩壊したのだ。東ドイツの解体も時間の問題だろう。１９８９年は、「天皇崩御」に始まり東欧の激動と、何十年かに一度の「特別な一年」なのだと痛感した。

12日の日曜日、都内のホテルに籠って山田と構成打ち合わせ。放送は90年4月の期首特番であり、遅くとも90年2月には撮影を始めなければならない。正月早々には台本が欲しいというかなりタイトなスケジュールである。映画との兼ね合いはともあれ、山田には年明けには、3時間ドラマの脚本を仕上げてもらわなければならない。

「閨閥」とは、必ずしも「人口に膾炙」している言葉とは言えまい。「岩波国語辞典」では、「妻の実家やその親類の勢力を中心に結んだ人人（のつながり）」と説明される。ドラマでも、この説明をそのまま引用してテロップとして入れた。

この頃、日本経済は膨張に膨張を重ねていた。後に「バブル」と呼ばれる時期のしかも絶頂期に差し掛かっていた（この年末、日経平均の株価は3万8915円の史上最高値を付ける）。こうした時代相の中から、階級社会が甦る気配が生まれていた。「新・上流社会」とか「日本を支配する名家」といった類の、特集記事などが雑誌でも目立ち始めていた。こうした、世間の「空気」に私個人としては「いやな感じ」を覚えた。この傾向が強まれば、「格差社会」が到来し、やがてエスタブリッシュメントは固定化してしまうだろう。

このドラマは、そうした時流に疑問を呈するものにしたいと思った。明治時代に起業し、創業家として一大コンツェルンを形成するにいたった「閨閥」ファミリーの物語を作る。

ファミリー名は、分かりやすく「有富」とした。現当主は入り婿の有富晋吉、そして妻が扶佐子（まさに「閨閥」の要）、そして子どもたち（息子と3人の娘）。子どもの結婚は、「閨閥」作りの最重要テーマである。息子たる長男は優秀で、マサチューセッツ工科大学を卒業したエリートだったが、最初の結婚は一人息子を儲けたが破綻した。与党の幹事長を務める大物政治家の娘との離婚だった。その後妻となったのが、地方の中学校教員の娘で看護師だった女性、これをヒロインに据える。

ドラマの骨格となる主要登場人物の配置と、ストーリーラインを作って山田との東京での打ち合わせに臨んだ。山田のプランとつき合わせ、ドラマのアウトラインはメドが立った。山田が、日本を離れている2週間にキャスティングを進める。ヒロイン、ファミリーの当主と妻が、とりわけ重要である。APを今回も富田勝典に頼んだ（彼とのコンビは、これが最後となった）。出演者も大変な数に上り、スケジュール調整も容易ではない。富田の貢献は大きかった。結局、キャスティングが固まったのは年末のことである。

12月13日、二度目の豊橋行き。3泊4日の予定で脚本執筆前最後の打ち合わせである。ここでも予め「叩き台」を用意して行ったので、打ち合わせはスムーズに運んだ。3時間分をほぼ1日1時間分のペースで、山田と膝詰めでストーリーを紡いでいった。3日目の昼、ディレクターの井下が合流した。夜、山田の案内で地元のジャズ・バーに行った。ジャズの好きな井下への山田の配慮だったと思われる。翌日、最終打ち合わせをして帰京した。

年末にかけての2週間、富田とキャスティング作業の詰め。ヒロインは、結局大原麗子に決めた。何度も一緒に仕事をしてきた女優（しかし、これが最後の機会となった）。舅のファミリーの当主は若山富三郎、姑は高峰三枝子というキャスティング。「閨閥」がテーマということで、姑役はドラマの成否を左右する。12月28日、高峰と初めて会った。改めて役どころを説明すると、これは重要な役だと直観したのであろう。「ホンを楽しみにお待ちします」と、意欲を滲ませた。当時すでに71歳、戦前からの大女優だったが、正に「現役」の存在感を漂わせていた。

他のキャスティングについて触れておこう。若山・高峰夫婦の長男は篠田三郎、前妻は三浦真弓、その息子が真木蔵人。長女が松原智恵子、夫の大蔵官僚が橋爪功、その娘が小川範子。次女が桜田淳子、夫の与党代議士が板東英二。三女が中村あずさ、その婚約者の銀行家の御曹司が鶴見辰吾。若山の主治医役が三田村邦彦で、三田村は、後半部で大原と親しくなる。さらに大原の父はいかりや長介、与党幹事長は藤岡琢也、他に、多々良純、内藤武敏、根上淳といったベテランや、三女が外遊先のスペインで知り合う青年に天宮良といった出演者を揃えた。かつて仕事をした俳優と初めての俳優の比率は、半々くらいの、私にとっては新鮮なキャスティングでもあった。

20日過ぎ、山田からドラマ全シーンのハコ書きがFAXで送られて来た。セリフこそ書かれていないが、シーンの内容はわかる。波瀾万丈の展開で、これだけでも面白い。これを元に、出演者のスケジュールをにらみ合わせ、撮影スケジュールを富田に作成してもらった。2月1日から、ほぼ一カ月ほとんど休みのないタイトなスケジュールである。ここで、重大な問題が発生した。ディレクターの井下のスケジュール問題である。井下は当時「東芝日曜劇場」のディレクターがメーンの仕事だったが、テレビ高知の創立二十年の記念ドラマを「日曜劇場」枠で撮ることになったという。1月中・下旬そちらに掛かり切りになるというのだ。とても『閨閥』との両立は不可能になった。私は二日間、善後策を模索したが、埒は明かずディレクターの交替を決断した。日頃、付き合いの深い、坂崎彰に後任ディレクターを打診した。2時間ドラマの企画を相談していた経緯もあった。坂崎は、「オレは、いつもピンチ・ヒッターだな」と、皮肉を言いつつも引き受けてくれた。三年前の『胡桃の家』の時に一回、和田旭の代わりにディレクターを務め「成功」した。しかし、今回は遥かに厳しい条件下の仕事である。撮影開始まで一カ月ちょっとしかなかった。

正月4日、山田信夫の原稿が上がった。5日に上京するということで、そこでディレクターの交替の話をしなければならない。5日、東京駅で山田夫妻を迎え、原稿の御礼を述べたあとディレクターの話をした。山田は落胆の色を隠さなかったが、何とか納得してくれた。スケジュールが切迫しているのだ。そして、8日に山田と坂崎と私の3人で会食してドラマの方向性の最終打ち合わせをした。出演者からもスタッフからも脚本の反応は上々だった。さすがに大作映画（『戦争と人間』『華麗なる一族』『不毛地帯』

『動乱』など）を手掛けてきた山田だけあって、大勢の出演者が見事に描き分けられており、スターキャストの顔見世に終わっていない。高峰三枝子も「面白いホンね」と大乗り気であった。

いつも重視するドラマの音楽は、初めて大野克夫に依頼した。かつて「ザ・スパイダース」のキーボード担当だったが、その後、作曲家として大成した。ジュリー（沢田研二）のヒット曲でも知られるが、稀代のメロディーメーカーとして定評があり、一度仕事を頼みたい音楽家だった。期待通り大野は、ドラマのコンセプトを的確につかんだ印象的な音楽を作ることになる。

撮影開始は2月1日、終了は3月3日と決まった。撮影はファミリーが当主の叙勲祝いで「有富」邸に集合するシーンから始まる。邸宅に見立てたのは、代々木上原の旧古賀政男邸だった。長尺のストーリーを紹介する紙幅はないが、とどのつまりは「閨閥」が瓦解する物語である。中盤、後継者の長男が不慮の事故死、以後ファミリー支配が危機的状況になる。当主は高齢の上に健康不安を抱え、遂には反「有富」派役員のクーデター騒ぎで明治以来100年を超えた、有富コンツェルンのファミリー支配は終焉する。ラストシーン近く、失意の若山富三郎・高峰三枝子夫婦が降りしきる雨の中、支え合うように公園内を逍遥するシーンが、とりわけ印象的だった。

最後の撮影は、夫と死別し、「有富」家から離籍した大原麗子が幼い息子と信州の父の元に帰郷するシーン。篤実な元教師役を、いかりや長介が好演した。ロケ最後の夜、スタッフと大原麗子と打ち上げの飲み会。大原が珍しく夜中の3時まで付き合った。『代議士の妻

『閨閥』、有富ファミリーの集合写真
前列中央に高峰三枝子

たち』と似た役回りだったが、今回は「悲劇」のヒロインだったので大原なりの「達成感」があったようだ。しかしこの頃は、W浅野（浅野ゆう子、浅野温子）などのトレンディー・ドラマの真っ只中、大原も女優としての岐路に立っていた。

「畢生の名演」を遺して、女優逝く

いきなり、放送当日の話となる。4月7日（土）の夜9時からの「3時間ドラマ」であり、いつも気になる新聞の試写欄にも取り上げられた。評判もまずまず。私の視聴率の目算は20～25％だった。放送は富田と一緒に、制作局長室のテレビで観ることにした。他局の同時間帯は、NTVが時代劇スペシャル、フジが『バック・トゥ・ザ・フューチャー』。フジが強敵だと思った。この日、プロ野球は開幕戦。NTVは「巨人×ヤクルト」戦を試合開始から中継する。これも気懸りだった。しかし、野球は早いテンポで進み、8時半前には8回裏まで3対1のスコア、ヤクルトリードで進んでいた。ところで、ここで悲劇（私にとって）が起きた。巨人の好打者・篠塚利夫（のち和典）が、なんと同点ホームランを放ったのだ。ライトスタンドのポール際。ファウルとも見える一打。富田と「えっ！ウ

試写室
特別企画ドラマ
「閨閥（けいばつ）」
何が真の幸せかを問う

スペシャルドラマ
「閨閥（けいばつ）」
（TBS＝後9・0）
視聴室
欲にからんだ善玉、悪玉
（左から）桜田淳子　松原智恵子　大原麗子　高峰三枝子

『閨閥』放送当日の試写欄（右・朝日新聞、左・毎日新聞、いずれも1990・4・7朝刊）

ソだろう」と声を上げたほど。事実、解説をしていたミスター・ジャイアンツ長嶋茂雄さえもがVTRを見ながら「うーん、どうでしょう？ 切れてるかなあ、微妙ですねえ……うーん」と絶句する程だった。就任一年目のヤクルト野村克也監督の抗議も実らず、同点となり放送時間も「延長（！）してお送りします」ということになった。「これはマズい」と直感した。

週明け発表の視聴率は15・1％。開始直後の30分、巨人戦に数字を食われたのは明らかだった。大阪MBSでの数字は20・5％と知らされて、関東地区での巨人戦の強さを改めて思い知らされた。しかし色々な困難もあったが、山田信夫との十年振りの仕事は大きな達成感があった。6年間、節目ごとに私と仕事した富田勝典は、「オフィス・トゥ・ワン」に移籍することになった。さまざまな感傷に浸っている余裕はなかった。しかし、4月26日、高峰三枝子危篤の報せが入り驚愕する。「日刊スポーツ」から、私に取材が来た。18日に自宅で倒れ、入院先で容態が悪化したのだと言う。『闇閥』出演中の様子を訊かれた。「凄く、演技に入れ込んで良い芝居をされていた。ワンシーンごとに、出来を私に確かめるほど、熱心だった。体調が悪いという気配は全くなかった」と答えた。撮影終了後の編集段階、MAV（音入れ）段階ごとにも、職場の私に自分の芝居の「当否」について電話を入れてきていた。実際、高峰の芝居は大げさに言えば、「畢生の名演」だったと思う。

そして、一月後の5月27日死去。田園調布の自宅を弔問。図らずも『闇閥』が高峰の「遺作」となったのである。

1990年は、私としては入社以来、最も多忙な年となった。4月、5月と昼帯のドラマ『家庭の問題』（脚本・杉屋薫、P・高畠豊）を3週分、演出。さらに、総合開発室制作のハイビジョンドラマ『陰翳礼讃』（原作・谷崎潤一郎）をプロデューサーの一人として手伝わないかと制作の前川英樹から打診された。

ディレクターは、私ともなぜか親しかった先輩の宮田吉雄である。宮田は「鬼才」と謳われていたが、通常のテレビドラマ枠には収まらない個性をもっているディレクターで、久世光彦のドラマ以外では所を得ず、久世のTBS退社後は社会情報局で『そこが知りたい』などの番組で「異色作」を作っていた。前年から、ハイビジョン作品の国際コンペティションが開催されていた。東京とモントルー（スイス）の二都市持ち回りで開かれる。TBSは、出品に意欲的で前回（89年）は、TBSの『まほろば』（作・森鷗外、演出・高橋一郎）がグランプリ、宮田吉雄の『芸術家の食卓』が優秀賞を獲得していた。宮田としては二度目の挑戦である。私もスケジュールの許す限り、協力することになった。

実は、他にも幾つもの番組に携わっていた。当時の「制作ノート」を見て驚いた。何をやっていたのか。一つは、先輩ディレクターの「卒業」作品のプロデューサー。そして、いま一つが『新世界紀行』のディレクターの仕事。これらの仕事が同時期に重なっていた。

『新世界紀行』は、1987年4月から放送が始まった海外紀行ドキュメンタリーである。日本生命の一社提供番組で、じっくりと撮影のできる贅沢な番組だった。番組立ち上げの時のプロデューサーが田沢正稔だったので、演出一（ドラマ）部内の番組となっていた。ドキュメンタリーだが、ドラマ部の人間も手を挙げれば登板できる魅力的な番組だった。そして90年の春、お鉢が私にも回ってきたのである。この時も、私に持ち掛けてきたのはドラマ部の先輩福田新一であった。福田とは80年代から数々のドラマやプラシド・ドミンゴのコンサートなど多くの仕事をした仲である。福田は自分がプロデューサーをするから、ディレクターをやらないかとの話だった。「どこへ行くんですか?」「ソ連のコーカサス地方よ」これは、滅多に行ける所ではないぞと思い、「いいですね。やりたいですね」と即答してしまった。「本業」のドラマを一時、離れることの躊躇いもあったが、「今」のソ連を紀行するという千載一隅のチャンスを逃す手はないと思った。そして構成が、佐々木守だというのが「決め手」となった。6月にロケハン、7月一カ月かけて撮影という大仕事である。

同時期に、先輩ディレクター鈴木利正の「卒業」作品のプロデューサーを頼まれた。鈴木は55年（昭和30年）入社。テレビ開局時の一期生であった。「盟友」砂田量爾の脚本で、立松和平の小説『雷獣』のドラマ化だった。学生時代、鈴木演出の『冬の雲』（脚本・木下恵介）や『地の果てまで』（脚本・砂田量爾）を観てＴＢＳを志望した私としては、引き受ける以外の選択はなかった。鈴木、砂田コンビとは81年の『娘が家出した夏』以来の仕事である。こうして90年春から夏にかけて、三番組（『陰翳礼讃』『新世界紀行』『雷獣』）が並行して、怒濤のような日々の流れに翻弄されることになる。

第23話　ソ連崩壊寸前に『新世界紀行・美しきコーカサス〜待ちつづける女たち』

日本の昔、ソ連の今

１９９０年（平成2年）は、バブルの最後の年だった。

内閣府の景気動向指数では、バブル期とは86年12月から91年2月の4年3カ月間とされている。前にも書いたが、テレビ局で働いていた人間の実感というか「気分」としては前後一年ほどのタイムラグがあったような気もするのだが。

そして90年に私は、目まぐるしく次から次へと番組に関わることになった。5月1日だったとメモに残っていたが、演出一部（ドラマ部）長の田沢正稔に、ＴＢＳ創立40周年企画の「宇宙プロジェクト」のスタッフに入ることも申し渡された。ＴＢＳ社員がソ連の宇宙船に乗って飛行するという大型企画である。11月、12月の仕事が決められてしまった。

この年の全「仕事」について、いちいち詳述はできないので、まずはハイビジョンドラマ『陰翳礼讃』について書いておきたい。ディレクターの宮田吉雄は、谷崎潤一郎の随筆に着目しドラマ化を試みた。その脚色の打ち合わせと登場人物のキャスティング、それに著作権交渉が私の任務だった。私は『新世界紀行』の撮影に入るため、撮影段階からはプロデューサーは先輩の近藤邦勝が引き継いだ。『陰翳礼讃』の著作権継承者は、谷崎潤一郎の養女（松子夫人の連れ子）の観世恵美子（能楽の観世栄夫夫人）だった。小説ではなく、エッセイのドラマ化ということで著作権交渉は、結構手間どった。おそらくは谷崎が版権を委ねていた中央公論社の嶋中鵬二社長とも相談をしていたようだ（事実、TBS社内での完成試写の時には嶋中社長が直々に観に来た）。

ドラマは、谷崎の化身とも思われる現代の大作家風の主人公が、少年時代（原作の書かれた昭和8〜9年辺り）の日々を回想するという仕立て。少年の母親は医者の妻、ラストシーンでは「佳人薄命」のごとく夭折するのだが、生前は裕福な暮らしで、「和洋折衷」の設えの家には「高等遊民」の男女が出入りし美食と遊蕩に耽る。ディレクターの宮田は、「主人公」（昭和初年生まれの設定か）より一回りほど下の、昭和13（1938）年生まれだったが、戦前「日本」の恵まれた「階層」の人々の生活の「美」意識に憧憬を抱いていた。それを谷崎の『陰翳礼讃』に重ね合わせて、脚本化を試みたのである。シナリオは、原田菜緒子というまだ30代に入ったばかりの若い女性脚本家が書いた。

主人公を演じたのは、宮田直々の指名で脚本家の石堂淑郎だった。松竹で、大島渚の一年後輩。助監督時代に大島を支え、監督は目指さず脚本家に転じた。「文学」「クラシック音楽」にも通じたインテリだが、ガタイが良く「巨匠」役にはピッタリだった。今回（90年）、出品するハイビジョン国際コンクールのドラマ部門の審査委員長が大島渚だったので、宮田の「深慮遠謀」も働いていたのか。それ以外のキャスティングは、宮田と相談しつつ短期間で決めた。

私自身のスケジュールにも迫られていた。「会心」のキャスティングは、「夭折」する「母」役に真行寺君枝を起用したことだ。1976年、資生堂のキャンペーン「ゆれる、まなざし」のイメージ・ガールで一世を風靡した。『沿線地図』（79年、TBS、脚本・山田太一）などドラマ出演も少なくはなかったが、あまりリアルなドラマには、フィットしない印象があった。CMデビュー時の印象が強烈だったせいだろうか、ファンタスティックな作品に合うタイプと思っていた。『陰翳礼讃』の「母」役にぴったりと思った。真行寺にとっては、30代最初の出演だった。結果は成功だった。それは『陰翳礼讃』が、11月の前述のコンクールでグランプリを獲得したことでも証明された。

さて、同時並行して準備作業をしていた『新世界紀行』は5月末よりロケハン、7月撮影のスケジュールが組まれた。ソ連のコーカサスが舞台となる。「俄か勉強」をしながら、プロデューサーの福田新一と構成作家の佐々木守と打ち合わせを重ねた。

前年の東欧の自由化の影響もあって、ソ連の国内政治は混乱の最中にあった。ゴルバチョフの「改革」も西側諸国からは歓迎されても、国内では混乱が広がっているようだった。はたして「紀行」番組の撮影がスムーズにできるものだろうかとの懸念もあった。福田によれば、西側の取材と勝手は大分違うが「ツテ」さえ摑めば、かなり自由に撮影ができそうだと言う。ロケのコーディネーター役はキム・レイホウなる朝鮮系ソ連人とのことだった。

ロケ先はコーカサス地方の東部、ダゲスタン自治共和国である。この地域に関する資料は極めて乏しい。駐日ソ連大使館が発行している『今日のソ連邦』という雑誌のバックナンバーくらいしかない。1982年の3月上旬号と1987年の9月下旬号で「ダゲスタン」が取り上げられていた。日本人は、まず訪れ

ハイビジョンドラマ『陰翳礼讃』で主人公少年の母親役を演じた真行寺君枝（1990年・TBS）

ない地域らしい。その意味では、『新世界紀行』には相応しい地域だ。首都はマハチカラという街で、結構大都市であるらしい。ソ連といえば、私には、モスクワとレニングラード（現サンクトペテルブルク）位くらいしか馴染みがなかったが、未知の土地を訪れる興味があった。そして他の仕事は中断して、5月30日に成田を出発、モスクワに向かったのである。

私と同行したのは、構成の佐々木守とプロデューサーの福田新一、それにアシスタントの鈴木豊茂。鈴木は『新世界紀行』の常駐スタッフだった。サマータイム（当時）なので、モスクワとの時差5時間。午前10時に成田出発。モスクワには現地時間午後3時半に到着した。

季節的には、最もモスクワが美しい5月の終わり。ソ連国内は政治的混乱の渦中にあったが、街並みは美しい佇まいを見せていた。目的地のダゲスタン入りは空路のつもりで、航空券の手配を待ちながら、2日間モスクワ市内をロケハンした。空路で行けば、ダゲスタンのマハチカラ空港まで3時間、鉄道だと何と37~38時間かかる。何としても空路でと思ったが、結局チケットは取れず、私たちは6月1日の夜、列車で現地に向かうことになった。モスクワで合流したコーディネーターのキム・レイホウともう一人のロシア人、それに私たち4人の6人での移動である。列車は老朽化が甚だしく、日本の１９５０年代の鉄道事情を思わせるものだったが、一応寝台車仕様の車両で目的地に向かうことになった。コーディネーターのキムは日本統治下の韓国で幼少年期を過ごしたので日本語は堪能。ソ連では、日本の近世文学の研究をしている人物。日本の敗戦後、朝鮮の政治混乱の過程で、キム・イルソン（金日成）から排斥されてソ連に亡命していた。したがってスターリン時代からのソ連の変貌を身をもって体験していた。彼と佐々木守、福田新一、私の４人で、ソ連史のあれこれについて車中談義をして時を過ごしたことを懐かしく思い出す。

郷に入っては郷に従え

列車が現地マハチカラに到着したのは、6月3日の午前10時半。38時間半の長旅だった。私たちは、いわば身元保証人となる当地在住の「国民的詩人」ラスル・ガムザートフの邸宅を訪問、昼食のもてなしを受けた。午後は、その夜の宿舎となる「ソ連作家同盟」のペンションで旅装を解いた。翌日から5日間、コーカサス地方のロケハンを精力的に行なった。

コーカサス　フンザフ高原での撮影風景
(1990・7・12)

コーカサス最大のフンザフ高原は標高1700m、前出のガムザートフの従弟の家の離れが宿泊先となった。地域の共産党幹部で、いわば「村長」のような存在。なかなかの男前で、妻と何人か子どもがいた。この地では正に「エリート家庭」なのだろう。村民たちの最大の生活の糧は羊である。羊を飼育する遊牧民の生活ぶりはぜひ見せたいと佐々木守と話した。

ロケハン3日目、ガムザートフがヘリコプターを用意したから、空からコーカサス地方を観たらどうかと言ってきた。直ちに、私たちはダゲスタン自治共和国上空を飛んだ。眼下にはデルベントという古都が広がる。西がコーカサス山脈の東側、東はカスピ海。少し南下すれば、そこは隣国のイランとなる。空からのロケハンを終え、カスピ海沿岸を見て回った。

その日はマハチカラのレニングラードホテルという宿泊。名前だけは立派なホテルだが、館内は老朽化でメチャクチャだった。スターリン時代の建造物らしいが、シンメトリーの「スターリン建築」。エレベーターは動いておらず、荷物は階段で運ぶことに。部屋のシャワー室も、シャワーからは茶色の水が出るだけで使えない。西側諸国の観光客などほとんどいないので、放置されたままなのだろう。この地には日本人は、60年代初頭にダーク・ダックスが公演に来て以来とのことだった。

現地最終日には、古都デルベントを半日見て回った。ソ連領とはいえ、もともとはイスラム教徒の都市である。この街は、紀元前6世紀にさかのぼる古都で、6世紀には巨大な城塞が築かれ、その遺構は観光名所になっている。そして、この地は絨毯の生産で知られる。西ヨーロッパへの貴重な輸出品となっている。工場で働くのは、ほとんどが女性（！）。なにか、この紀行のテーマを発見した気がした。

翌日早朝、空路モスクワに戻った。フライトは僅か3時間程、往きとは大違いだった。ホテルに着いた後、午後にはTBSモスクワ支局の小池敏夫支局長を訪ねた。カスピ海沿岸をロケハンの途中、地元の漁師がチョウザメの腹を割いて、大量のキャビアをビニール袋に詰めて我々にくれた。日本に持ち帰るわけにはいかないので、支局に土産として置いてきた。ちょうどこの時、TBS宇宙飛行士の最終候補の秋山豊寛も来ていて少し雑談をした（6月のこの時点では、秋山と菊地涼子の二人がソ連で訓練を受けていたのだ）。私たちは、あと一日モスクワ市内を見て回った。佐々木守と二人でタクシーに乗ったら、運転手が「土産にどうだ」と、盤面に赤い星とゴルバチョフの顔があしらわれた腕時計を、勧めてきた。俄かの「車内販売」である。佐々木は「よし、買った」と購入した（後日談だが、この腕時計「意外に」長持ちしたそうな）。6月11日、私たちはロケハンを終えて帰国した。

僅か3週間後には、撮影本番でまた、ソ連訪問である。本番ではカメラマン、オーディオをはじめとする技術スタッフ、そして「通訳」も同行することになる。メディアの仕事馴れしたロシア語通訳はＴＢＳ「宇宙プロジェクト」に、ほとんど押さえられていた。プロデューサーの福田が、テレビの仕事は初めてという男性通訳を手配した。

佐々木守とは帰国後、何回か打ち合わせを重ねたが「早書き」の佐々木は6月19日には構成台本を仕上げた。ドキュメンタリーの台本は、可変的なものである。「現場」でどんどん変化する。「拘泥」すると「やらせ」に繋がる。作家は「本番」に同行しないので、「現場」ではディレクターの「裁量」が全てである。作家との信頼関係が必要である。

出発前、他の仕事の打ち合わせも重なった。ハイビジョンドラマは撮影が始まった。秋に撮影の鈴木利正ディレクターの卒業作品『雷獣』（原作・立松和平）は、キャスティング。そして、「宇宙プロジェクト」の会議。世間の出来事には疎くなっていたが、巷では「礼宮」と川島紀子嬢との「結婚フィーバー」が起きていた。6月29日の婚儀で、「礼宮」は「秋篠宮」となった。秋には天皇の「即位」の礼も予定され皇室への関心が高まっていた。

7月2日、ソ連共産党大会が始まったとのニュースが伝えられた。「国家の運命」を左右しそうな一大政治イヴェントと思われた。そして7月4日午前10時半、私たちはソ連に出発した。帰国予定は7月30日である。プロデューサーの福田は2週間程同行する。

モスクワには、現地時間午後3時過ぎ到着。コーディネーターのキムが出迎えてくれた。ＴＢＳ「宇宙プロジェクト」の仕事で米原万里も空港にいて、私たちとも挨拶を交わした。モスクワの7月は日が長い。夜9時位まで明るい。スタッフ全員でキムが手配した「ソ連作家同盟」付設のレストランで食事をした。翌日はモスクワ市内の撮影下見。

「忙中閑あり」で夕方、福田が開催中の「チャイコフスキー・コンクール」を観に行かないかと私に持ち掛けてきた。滅多にある機会ではない。ADの鈴木豊茂も誘って、三人で会場のモスクワ音楽院の大ホールに出掛けた。ヴァイオリン部門の最終日。ファイナリストの最後の二人の演奏を聴いた。日本人でファイナリストに残ったのは諏訪内晶子（！）だった。しかし残念ながら彼女の演奏は終わっていた。ソ連の男性、女性一人ずつが最後の二人だった。曲目はもちろんチャイコフスキーの「ヴァイオリン協奏曲ニ長調作品35」である。地元の二人でもあり、ホールの聴衆は大喝采だった。とりわけ最後の女流奏者の人気が際立っていた。「きっと最後の（女性）が、優勝ですかね」「そうかもね」と福田と感想を交わした（しかし後で知ったが、優勝は日本人の諏訪内晶子だった。件のソ連女性は4位だった）。

その後、スタッフ全員で「北京飯店」で食事。コンクールの審査員たちも来店していた。日本人審査員のヴァイオリニスト藤川真弓の姿もあった。外国人はドル決済、国内客はルーブル決済で価格設定もダブルスタンダード。ここでもソ連経済の混乱ぶりが窺えた。

翌朝モスクワ出発で、空路マハチカラ（ダゲスタン自治共和国）入り。午後、我々の受け入れ先ガムザートフ邸に赴き、撮影予定の打ち合わせ。夕刻、「ベリョースカ」なる外国人向け売店（まあ品数の乏しいコンビニ風の店）で、飲料水を購入してホテル（ロケハン時と同じホテル）に入った。「ベリョースカ」はソ連人には利用できないので、高名な物理学者で「人権派」のサハロフ博士が激怒して店で大揉めしたという話があったそうな。

7月7日、現地での撮影が始まった。「郷に入っては郷に従え」の諺のごとく、まったく日本での仕事とは勝手が違う。連日、良かれあしかれ「異文化」体験をすることになった。

某日、マハチカラ空港での撮影。ダゲスタンの人間は、ほとんどがイスラム教徒である。ソ連という国家では公には「宗教」は認められないが、ダゲスタン「自治」共和国では事実上「容認」されていた。イスラムの「聖地」メッカ（サウジアラビア）の巡礼に行った人たちが帰国するというので、一族郎党や隣人たちが総出で空港に迎えに来ていた。帰国した乗客はせいぜい二、三百人だが、出迎えはおそらく一万は超えていただろう。凄まじい「熱気」だった。某夜、コーカサスで村の共産党書記（ガムザートフの従弟）の「主屋」でのこと。家の若い「主」と「茶飲み話」をしていた際に、プロデューサーの福田が（通訳を介して）こう尋ねた。「あなたは、とどのつまりはコミュニズムとイスラム教のどちらを選ぶの？」。エリート党員の「主」は、頬をいささか紅潮させて言葉に詰まった。ちょうど、ソ連共産党大会が開催されていて、昼間のテレビ中継を食い入るように見ていた彼だったが、やはり言葉にできない思いがあったのだろう。

「女」たちの覚悟～この土地に生きる

ロケハンの際に、佐々木守と話したようにコーカサスは「女」が目立つ土地。牧畜に従事する者以外の男の多くは、夏場は各地に「出稼ぎ」に行っている。女たちは、果樹園で働き、木工所で働き、ブルカ（羊毛の外套）を作る工場で働き、絨毯工場で働く。次々とそうした女たちの働く姿を、各所で撮影していった。国の政治、経済は混乱し、インフラもガタガタになっていたが、それでも各地で土地に根を張り懸命に生きる人々の姿には、心動かされるものがあった。福田プロデューサーが、ドラマの仕事で19日に帰国した。

残り十日で、いよいよ撮影も追い込みに入る。クライマックスの一つが、コーカサス山脈の空撮である。撮影用のヘリコプターは、ガムザートフが手配したが、アフガニスタン侵攻時に使われた「軍用」ヘリだった。撮影には、ヘリの床板を開いてカメラを向けなければならない。カメラマンの赤平勉と私が乗り込んで、コーカサス山脈を撮影した。私がディレクターで、ヘリの空撮をしたのは、82年のニューヨーク以来だったが「米ソ」の流儀は全く違っていた。私たちの受け入れ役を務めた、ガムザートフ本人の自作の詩の朗読シーンも収録した。「(大意) 私は長い旅に出る。私はお前に多くのものを残して行く。(中略) 流れる白い雲を残して行こう。美しいカスピ海を残して行こう。その波の囁きを残して行こう」(訳・仲弘)。彼は国民的詩人であり、ソ連の文化官僚としても実力者だった。邸宅の屋根裏部屋には、キューバのカストロや、社会主義国の元首との2ショットの写真パネルや、日本製や西欧製の音響機器などが収納されていた。いわゆる「ノーメン・クラトゥーラ(赤い貴族)」なのか。

ダゲスタンでの撮影を終え、モスクワに戻ったのは26日深夜だった。空港からホテルにはタクシーに分乗して向かったが、タクシーはいわゆる「白タク」。私の乗ったタクシーは「高校教師」のアルバイトだった。「内職」をしないと生活ができないということか。国民生活のひっ迫ぶりが窺えた。翌日から二日間、モスクワ市内を撮影した。アルバート通りでは、アウトサイダー風のストリート・ミュージシャンが目立った。ソ連もまた、89年の東ヨーロッパと同じ運命を辿ることになるのだろうか(翌91年12月25日ソ連は国家消滅)。

7月29日夕刻、モスクワ・シェレメチボ空港出発。30日朝8時、成田到着。そのままTBSに向かった。ロケハンと撮影で約40日間のソ連体験だった。

7月31日夜、「NHK特集」が『中村紘子のチャイコフスキーコンクール』を放送した。食い入るように、私が視聴したのは言うまでもない。『新世界紀行』の「コーカサス」篇は、9月16日放送である。以後、ポスト・プロに忙殺されることになる。撮影してきたビデオテープを編集テープにダビングしたが、17時間半分の映像があった。放送番組正味は50分程度なので二十分の一程に編集することになる。

構成の佐々木と、改めて台本の改訂稿を作ることにした。ナレーションも、要所要所に挿入する。佐々木のほうから、「ナレーターは、風間杜夫がいいなあ」。私も異存がなかった。風間とは、80年の「金ドラ」以来十年振りの仕事となる。「編集」は、「荒編」と「本編」の二段階の作業。その後、音入れ（MAV）。9月5日、風間のナレーションもこの日に入れて、漸く完成した。9月7日に完成試写が予定されていた。

しかし、前日が多忙だった。ハイビジョンドラマ『陰翳礼讃』の試写会がTBSホールで行なわれた。著作権のこともあり、中央公論社の嶋中社長が試写会に訪れる。そのアテンドは、私の役回りである。作品は、宮田吉雄の「才気」が感じられる仕上がりで、コンペティションでは、好結果が期待できそうだった。そして、もう一つの仕事の鈴木利正ディレクターの「卒業」作品『雷獣』に主演する奥田瑛二の父君が亡くなり、その「通夜」にプロデューサーとして弔問に赴くことになった。実家のある愛知県の春日井市までの往復。そういえば、その時、奥田、安藤和津夫妻の隣に並んでいたのが安藤桃子とサクラの姉妹だったわけである。2人ともまだ幼い少女だった。

翌日、『新世界紀行・美しきコーカサス～待ちつづける女たち』の社内試写。サブ・タイトルに謳った「女」たち、の実像はきち

ドラマ『雷獣』のトマト栽培のビニールハウスロケ　右に奥田瑛二、左が杉浦直樹（1990年・TBS）

んと浮彫りにされていた。テーマ音楽の「自由の大地」（作曲・服部克久）が、ラストシーンからエンディングに流れると、ちょっとウルッときた。

休む間もなく、翌週から鈴木の『雷獣』の撮影が始まった。立松和平の代表作『遠雷』に連なる作品で、北関東の地方都市が舞台。解体しつつある「共同体」で起きた不条理な「殺人」。「小説」では可能でも、「テレビドラマ」ではデリケートな題材だった。おそらく今日では企画として通らないだろう。しかし、この時は「卒業」作品ということもあって成立した。舞台は、立松の出身地の宇都宮。ここに何日か滞在することになる。配役は鈴木と何度も仕事した俳優中心のキャスティング。奥田瑛二、原田美枝子、杉浦直樹、森本レオ、角野卓造、鷲尾真知子、大滝秀治ら。

9月13日から20日迄の宇都宮ロケに赴いた。この年の秋は、異常に雨が多かった。日程に若干ゆとりがあったので、「天気待ち」も何度かあった。

9月16日（日）私だけ宇都宮から一旦帰京し、『新世界紀行』の放送を自宅で観ることになった。翌日、出社して視聴率を知る。9・5％だった。ドキュメンタリーの数字としては、悪い数字ではなかった。夜、田沢部長と『新世界紀行』山田護制作プロデューサーと食事しながら「感想戦」。そして、夜10時発の新幹線で宇都宮に戻った。翌18日からは天気も回復、順調に撮影を消化し20日に帰京。24日から緑山でのスタジオ収録が始まる。

そんな時、『新世界紀行～美しきコーカサス』への反響があった。「朝日新聞」の放送欄「はがき通信」に投書が掲載されていた。「厳しい自然条件、経済状況の中で、たくましく生きる人々、…女性や子供たちが本当によく働

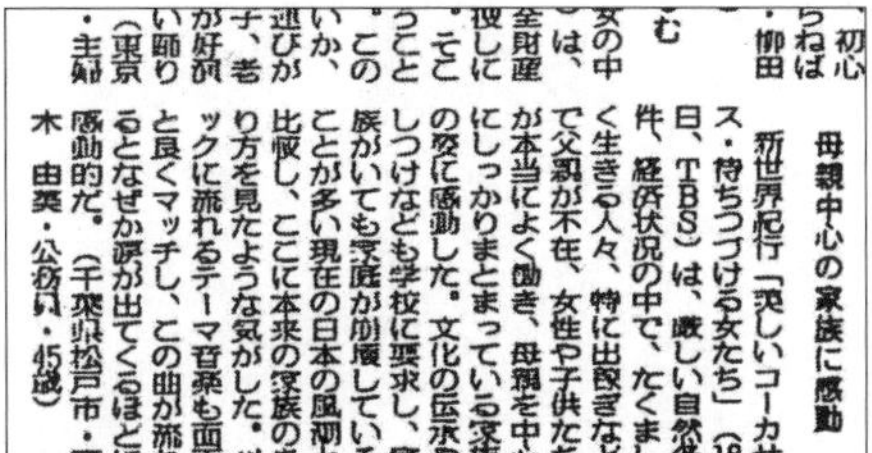
母親中心の家族に感動
新世界紀行「美しいコーカサス・待ちつづける女たち」（16日、TBS）は、厳しい自然条件、経済状況の中で、たくましく生きる人々、特に出稼ぎなどで父親が不在、女性や子供たちが本当によく働き、母親を中心にしっかりまとまっている家族の姿に感動した。文化の伝承やしつけなども学校に要求し、家族がいても家庭が崩壊していることが多い現在の日本の風潮と比較し、ここに本来の家族のあり方を見たような気がした。バックに流れるテーマ音楽も画面と良くマッチし、この曲が流れるとなぜか涙が出てくるほどに感動的だ。（千葉県松戸市・青木由美・公務員・45歳）

『新世界紀行・美しきコーカサス』への投書が掲載された（『朝日新聞』1990・9・27朝刊）

き、母親を中心にしっかりまとまっている家族の姿に感動した」（女性・公務員・45歳）。こうした視聴者の反応はまことに有難いものである。

29日、ドラマ撮影の合間に『新世界紀行』の慰労会をやった。構成の佐々木守と制作と技術のスタッフが出席。やり甲斐ある「仕事」が出来たという満足感があった。愉しい夜だった。

10月3日、ドイツが統一し、テレビは式典の模様を伝えた。戦後の冷戦の「象徴」ともいえた、東西ドイツの統一（実態的には、西ドイツが東ドイツを吸収併合した形だが）が20世紀中に実現するとは思ってもみなかった。ぜひ、今のドイツを見ておきたいと思った（一カ月半後、それは「宇宙プロジェクト」の仕事で実現する）。そしてまた、編成部から翌91年4月期首スペシャルのドラマの企画を出さないかとの話が来た。春に放送した『閨閥』あっての話だろう。企画を考えることにした。

『雷獣』は、10月12日の宇都宮ロケで撮影終了。放送は12月中旬予定。「音楽」は、立松和平の「作風」からも加古隆に依頼したいと思った。ディレクターの鈴木も同意して、『胡桃の家』（作・林真理子）以来、3年振りに加古との仕事が実現する。

第24話　TBS「宇宙プロジェクト」ベルリンから中継

空前絶後の大型企画、TBS「宇宙プロジェクト」

1989（平成元）年に「東西冷戦」に終止符が打たれ、1990年10月3日にドイツ統一が実現した。正に冷戦終結を実感させる出来事だった。それでは、もう戦争の危機は去ったのか？　否、現実は、そう簡単なことではなかった。90年8月、イラク軍が隣国クウェートに侵攻、中東が新たな紛争地域となる。クウェート駐在の日本人男性の多くが約三カ月間「人質」状態となる（女性や子どもは一足先に帰国したが）。そして、それは翌年の「湾岸戦争」に繋がる。

日本人にとっては国内的にはバブルが続いており、89年以降の世界史的激動の連続にも、いささか「対岸の火事」というところがあった。

私は、前話にも書いたが仕事が立て込んでいた。90年の秋以降の最大の仕事は、TBS「宇宙プロジェクト」である。宇宙飛行は、12月2日から10日までの9日間のスケジュールが決まっていた。制作局の人間が、具体的にどうコミットするのかも、この時点（10月初め）では、まだ不分明だった。

そもそも、この「宇宙プロジェクト」なるものが、どのように成立したのか？

その経緯を少し長くなるが、TBS宇宙特派員の秋山豊寛の著書から引用する。
〈その最初のステップは87年10月のことだった。TBSはそれまで西側の取材を全く受け付けていなかったソ連・バイコヌール宇宙基地の取材をしたいと接触を図った。（略）この間、TBSのスタッフが辛抱強い交渉を行ない、やっと一年後の88年11月〜12月にかけて、TBSの『報道特集』で長期取材に成功した。堀宏キャスターのレポートで行なわれたこの取材は、西側のテレビとしては初めての取材となった。この交渉の成功は、モスクワの小池敏夫支局長のソビエト各方面との日常取材活動を通じての信頼関係が基礎になっていた。私はこの時、外信部のデスクをしていたが、この小池支局長から黒田宏外信部長あてに、またまたニュースが届いた。部長あてのFAXには、『ソビエト宇宙総局グラフコスモスは、TBSの人間を宇宙ステーション・ミールに乗せても良いと言っている。どう対処すべきか？』と書いてあった。88年11月20日のことだった。この話がTBS本社内の各部門で検討され、1990年に予定されていたTBS創立四十周年の記念事業の一環として取り上げられることになっていった。（略）そして89年3月27日に、正式調印となったのである〉（『宇宙特派9日間』秋山豊寛・著、小学館刊）
88年末の私は、ドラマ『代議士の妻たち2』の制作に忙殺されていたから、こうした経緯を知る由もなかった。しかし、その二年後、私も「宇宙プロジェクト」のスタッフの末席に連なることになったのだから、「テレビ」の仕事は「面白い」。
その一方で、「本業」のドラマの大型企画の提出も求められていた。91年の4月期首が想定されていた。90年には『閨閥』を作った。さて一年後となると、と思案した。そんな時、一冊の新刊本が目に入った。林真理子の『ミカドの淑女』という小説である。タイトルに魅かれた。世の中は、戦後二回目の「皇室」ブーム。「昭和天皇崩御」「礼宮ご成婚」「即位の礼」、さらには皇太子の「お妃」は？と国民の皇室への関心が高まっていた。林真理子は、さすがコピーライター出身で「流行」感度が高い。「何者か？」との思わせぶりのタイトルで、読者の関心をそそる。小説は才色兼備の歌人と謳われた下田歌子の明治40（1907）年2月～11月の物語。私は一読してイケる、と踏んだ。さっそく、版元の新潮社の担当編集者の小林加津子に連絡し、ドラマ化権を取った。87年『胡桃の家』（原作・林真理子）が2時間ドラマとして成功していたので話は早かった。寸暇を割いて、その企画書を仕上げ、編成部に提出することとなる。さらには、田沢正稔演出一部（ドラマ部）長から10月末に「来年の話」として、松本清張の作家活動40年の大型企画を民放4局でやるので、「市川も企画を考えておくように」と申し渡された。

11月2日、秋山豊寛が宇宙飛行のメイン・クルーに正式決定。菊地涼子はバックアップ・クルーに回った。打ち上げまでちょうど一カ月前の事だった。

11月5日、「宇宙プロジェクト」の制作局スタッフの会議があった。『ザ・ベストテン』のプロデューサーだった山田修爾と、『クイズダービー』のプロデューサー副島恒次が、制作局が担当するG帯の「宇宙特番」のまとめ役だった。山田のアイデアは、飛行期間中の連日19時から20時の放送時間に、飛行する宇宙船直下の地点に三雲孝江アナウンサーを移動させ、現地と宇宙船、ソ連の管制センター、TBSスタジオを四元中継で結ぶというものだった。打ち上げ（12月2日）翌日から開始予定。3日ロサンゼルス、4日バ

宇宙特派員となった秋山豊寛記者
（TBS宇宙プロジェクト「INFORMATION FILE」より）

ルセロナ、5日ジュネーブ、6日ペルー、7日バルバドス（西インド諸島）、8日ベルリン、9日バンコクの七カ所からの中継である。その担当ディレクターを、その日に決めた。一応、「年功序列」で、年齢順に希望する場所に行くことになった。私が「最年長」（41歳）で、最初に行先を決めた。もちろん、「ベルリン」を選択した。一カ月前に統一したばかりのドイツの、しかもベルリンを何としても見たかった。二週間後に、取材とロケハンが迫っていた。

翌11月6日、『陰翳礼讃』が出品されているハイビジョン国際コンクールの開かれた幕張プリンスホテルへ。8日、審査結果発表。宮田吉雄演出の『陰翳礼讃』が、ドラマ部門のグランプリを獲得したとの報せが入った。TBSにとっては89年『まほろば』（演出・高橋一郎）に続き二年連続の受賞となった。9日午後、再び幕張に赴きグランプリの授賞式に立ち会った。夜、赤坂に戻り、宮田ディレクターらスタッフとささやかな祝宴。

11月12日、天皇（現上皇）「即位の礼」。そのタイミングに合わせたわけではないが、『ミカドの淑女』の企画書に取りかかる。ベルリン行きの前に編成部に出さなければならない。15日には、秋に収録した『雷獣』（演出・鈴木利正）の音楽録音に立ち会った。加古隆の音楽は、狙い通りのものだった。原作の立松和平の作品世界とマッチした音楽。録音後、加古に、ベルリンに行きますと話すと、「それなら、ぜひ行かれると良いカフェがありますよ」と、ある店を教えてくれた。ぜひ、ロケハン時に「行かねば」と思った。

さて、ベルリンでは、三雲孝江の現地レポートの他に何を撮るのか？　自分なりに、「ネタ」の仕込みを考えた。最大の目玉は、ブランデンブルク門にステージを設え、合唱団に「世界平和」を歌ってもらうこと。これは、スタッフの全体会議ですぐに決まった。ベルリンは、ウィーンに比肩する「音楽都市」である。色々、「音楽」関係の取材をする中で、ふたつ「ネタ」が見つかった。

一つは、旧知の東芝ＥＭＩの中田基弘（作曲家・中田喜直の甥）プロデューサーから、11月末から12月上旬にかけて人気ピアニストのスタニスラフ・ブーニンの録音をベルリンでやるから撮らないかとの提案。88年に西ドイツに亡命していたがソ連出身でもあり、彼に秋山飛行士にメッセージを寄せてもらうというのは意味があるだろう。「撮影をしたい」と中田に返答した。

あと一つは、新聞や一部週刊誌で取り上げられていた話題。東ベルリン在住のオペラ歌手の、中田千穂子なる日本人女性（ドイツ国籍）が、統一直後に行なわれた地方議会選挙に立候補（落選）したという話題だった。この女性も取材したいと思った。ドイツ在住の日本人コーディネーターとＦＡＸで、やりとりして取材先へのアプローチを依頼した。

「音楽都市」ベルリン、東奔西走

11月19日、単身ベルリンへ向かった。現地到着は夜だったが、件のコーディネーターはボン在住で、翌朝会うことになった。武者トシエという女性で、日本人の撮影カメラマンの夫と組んで、日本のテレビ局の現地取材の仕事を受けていた。彼女も最初は、声楽家を目指してドイツに留学した過去を持っていた。したがって、当地の音楽関係者には「強い」というふれこみだった。

晩秋のベルリンは、半年前に訪れた初夏のモスクワとは全く対照的である。日の出が朝8時位で、午後3時過ぎには薄暗くなる。晴れる日も少なく一週間の滞在中、陽が射したのは一日だけだった。ロケハン初日には武者の案内で、ブランデンブルク門を皮切りに、旧国会議事堂、「ベルリンの壁」跡、ベルリン・フィルハーモニーのコンサートホールや、ベルリン屈指のデパート「カーデーヴェー」などを、見てまわった。旧西ベルリン地区は、さすがに繁華な賑わい。冷戦中、「西側のショーウィンドウ」と謳われたことが納得できた。

翌日、S・ブーニンのピアノの録音会場となる、イエス・キリスト教会を下見。ここは、クラシック音楽ファンにとっては、「聖地」のような場所。60年代、絶頂期のヘルベルト・フォン・カラヤンとベルリン・フィルがレコード録音をした場所。カラヤンが音響の良さで気に入っていた。そのあと、1936年のベルリン・オリンピックの会場として建設されたオリンピック・スタジアム。ナチスの都市計画事業の一環でもあり、外観からして威容を誇る（現在は、一部改修されている）。

スタジアムからの帰路、加古隆お薦めのカフェを覗いた。当時は、スマホのない時代。その、「カフェアインシュタイン」という店は、観光客よりは地元客が多く、男性客が目立つ。紫煙を燻らせながら、新聞や雑誌を読んでいる。ウィーンやベルリンの伝統的な「カフェ文化」を感じさせる店だった。

その夜は、ベルリン・フィルのコンサートを聴いた。カラヤンサーカスとよばれるホールは、ステージを客席が囲む設計。当日はジェームズ・レヴァインの指揮で、シューマンのプログラム。交響曲第1番「春」と、チェロ協奏曲だったと思う。演奏が終わって、武者の案内で楽屋に行った。団員の日本人ヴィオラ奏者の土屋邦雄に会った。私は、66年のベルリン・フィルの東京公演の際、プログラムに土屋のサインをもらっている。そのことを話すと、なつかしそうに喜んでくれた。そのせいだったのか、なんと私の宿舎のホテルまで、土屋夫人の運転する車で送ってくれた。

22日、目的の一つ旧東ベルリン地区に住む、中田千穂子を訪ねた。閑静な住宅地だった。夫君は、東ドイツの音楽評論家のレオ・ベルクという人物、60歳前後の年配である。夫婦にはユキコ（由起子）という名前の聡明そうな14歳の一人娘がいた。あれこれ話を聞いて、12月8日の放送当日の一家3人の出演を持ち掛けると、快諾してくれた。事前には、日常の生活も撮影させてもらうことになった。

11月23日、ブランデンブルク門に赴き、現地での撮影チームと打ち合わせ。そして管理事務所に許可申請を出す。すんなりと、許可が下り本番当日のメドが立った。後は、合唱団を、何処にするかだ。ベルリンの歌劇場は、西ではベルリン・ドイツ・オペラ、東ではベルリン・シュターツオパー（国立歌劇場）が有名だが、ちょうど日本公演から帰国したばかりのシュターツオパーのほうが交渉しやすいのではと思い、武者には先ずこちらから交渉して欲しいと伝えた。

ロケハンも残りわずか、中田家を再訪したり市内を回る中、旧国会議事堂前で、何やら日本人のテレビクルーらしい一団がロケをしていた。近づくと、俳優の三國連太郎がいた。しばらく観ていて、撮影の合間に私から声を掛けた。三國とは、十年前の『関ヶ原』の仕事以来だったが。「今、これNHKの仕事なんですよ」と三國。岩間芳樹の脚本の日独合作のドラマということだった。ベルリンという都市で、日本のテレビ局が出くわすとは、思えば大変「豊か」な時代ではあった。三國主演のそのドラマは、91年4月27日（土）の21時から放送される『冬の旅』と、後日に知ることとなる。

11月25日、旅程を終えフランクフルト経由で帰国の途に就く。26日午前帰国。いったん帰宅して夕刻TBS出社。午後5時からのドラマ『雷獣』の完成試写に臨む。

先輩ディレクター鈴木利正の卒業作品。鈴木の思い入れも一入だった。試写には、原作者の立松和平、脚本の砂田量爾、音楽の加古隆が顔を揃えた。「純文学」風のドラマで、今様のエンタテインメント性には、欠ける。しかし、登場人物の内面心理にひたひたと迫る作品。終わって、鈴木には「お疲れ様でした」との言葉のみが、交々にかけられたのだった。折角の機会ということで、立松、砂田、加古、鈴木らと一緒に食事に行った。「長い一日」だった。翌日、「宇宙プロジェクト」の制作局スタッフ山泉脩、副島恒次、小野寺廉と、「下見」報告を兼ねた打ち合わせ。後、12月8日の「ベルリン」からの中継部分の台本を作る。

慌ただしい日々だったが、私が提出していた翌春（91年4月）の特別企画ドラマ『ミカドの淑女』の検討が、編成部との間で進んでいた。歌人・下田歌子がヒロインの「明治」の宮廷や元勲にまつわる話であるが、いわゆる「皇室」ものとしてナーバスに受け取られたのだ。翌年の民放連大会の幹事社がＴＢＳとなるので、大会に天皇をお迎えする手前、控えたほうが良いのでは、との声もあるのだと聞かされた。この企画に対する、私の熱は一気に冷めてしまった。表向き協議は続いていたが、「実現は難しそうだな」と渡航前には判断していた。

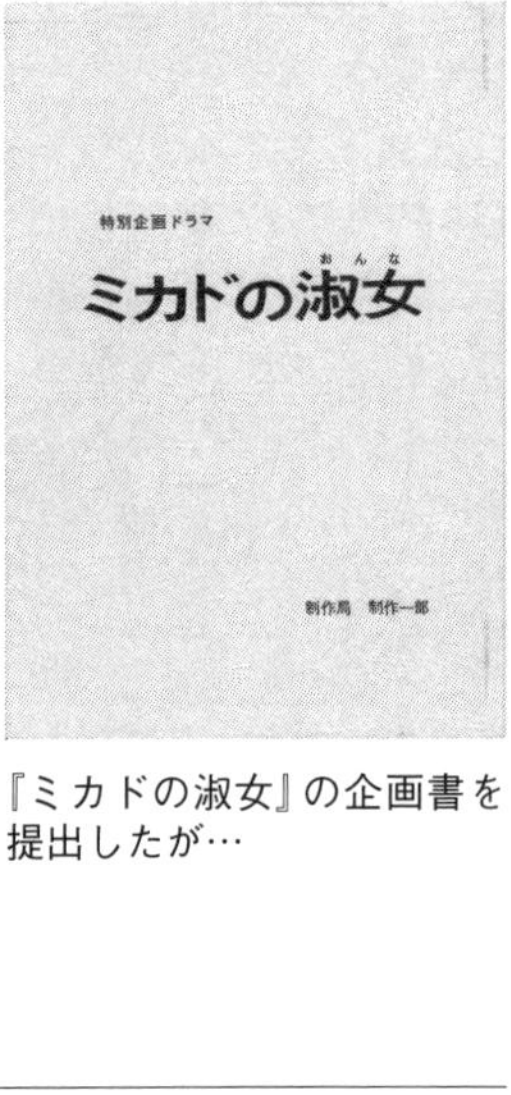
特別企画ドラマ
ミカドの淑女《おんな》
制作局　制作一部

『ミカドの淑女』の企画書を提出したが…

11月末、季節外れの台風が日本列島に接近していた。連日、ボンの武者コーディネーターとは国際電話。ブランデンブルク門での「合唱」は、ベルリン国立歌劇場の合唱団で行けそうとの話。「吉報」である。七日間（12月3日～9日）にわたって、レポーターを務める三雲孝江と、スタッフとの最終打ち合わせ。毎日、中継地点が西に東にと変わる、アクロバティックなスケジュール。もし、放送時間に三雲が到着できない時は、中継担当ディレクター自らレポートすることと決められた。

ブランデンブルク門の「歓喜の歌」

台風一過で晴天となった12月1日午前、ベルリンへ向けて出発。フランクフルト到着が遅れ、予定とは違う便に搭乗して現地時間夜11時ベルリン到着。案の定、スーツケースが上がって来ず、空港窓口に宿舎に届けてもらう手続きをして手荷物だけ持ってホテルへ。日付けが2日に変わっていた。

2日朝、ソ連・バイコヌール基地から秋山が搭乗するソユーズロケットが打ち上げられる。その瞬間を確認しようと、東京の自宅に電話を入れる。電話越しにTBSテレビの放送音声が聞こえてきた。時差があるので、バイコヌールでは午前11時13分32秒、ベルリンは朝9時過ぎだが、東京は夕方5時過ぎである。無事、打ち上げ成功を確認して我に返った。その直後、昨夜手配を頼んでいたスーツケースとバッグが無事ホテルの自室に届けられた。

この日、ドイツは総選挙の日だった。統一直後の総選挙ということもあって、国内外の注目度は高いようだった。しかし私は予定通り、午後からダーレム地区のイエス・キリスト教会で録音中のS・ブーニンに会いに出掛けた（撮影は3日の予定である）。録音の合間に、東芝EMIの中田プロデューサーの紹介でブーニンと挨拶を交わした。ピアノ教師でもある母親と通訳兼個人マネージャーの日本人女性中島栄子（現ブーニン夫人）も紹介された。

ブーニンは1985年のショパン・コンクールに19歳で優勝し、一大センセーションを巻き起こした。特に、日本では「NHK特集」で、その時の模様が放送されブーニンフィーバーが起きる。86年の初来日時の人気は凄まじいものだった。88年、西ドイツに亡命、東芝EMIと契約を結んだのはその後だった。一枚目のCD『バッハ・ピアノ・リサイタル』は91年の日本ゴールドディスク大賞を受ける。そして、こ

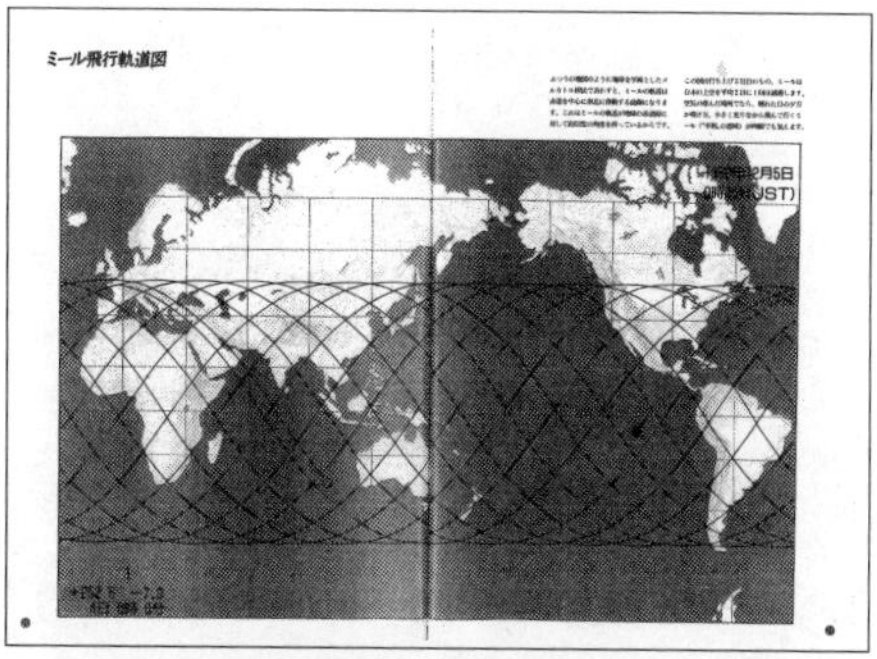

ミール飛行軌道図（飛行3日目）（TBS宇宙プロジェクト「INFORMATION FILE」より）

の時（90年12月）録音に挑んでいたのが、ショパンの「24の前奏曲」のアルバムだった。夜、打ち合わせを兼ねてブーニンたちと会食をした。ブーニンは、この時すでにかなりの「親日家」だったので、宇宙飛行中の秋山特派員にメッセージをお願いしたいという申し出も快諾してくれた。レコーディングも順調そうで、和やかな食事会だった。

翌3日、午前中ベルリン国立歌劇場に赴き、8日の出演交渉の「詰め」。しかし、最終的には7日のプローベ（稽古）を聴いてもらった上でとのことになった。午後から、ブーニン再訪。現地の撮影クルーが合流。カメラマンは武者コーディネーターの夫である。録音風景はショパンの「前奏曲第21番変ロ長調」の演奏を撮った。そして、秋山飛行士へのブーニンからのメッセージも収録した（放送本番では合わせて2分50秒使用）。CD録音も最終日だったので、終了後ブーニンを囲んで簡単な打ち上げ。翌日、現地スタッフと本番撮影の打ち合わせ。東京のスタッフとも連絡、「飛行は順調」との報告を受ける。

5日午前、中田家を訪れ打ち合わせ。6日にVTR取材をして、8日の中継時に出演してもらう内容について伝える。夕方、本番当日の「助っ人」として、前日のバルセロナでの担当を終えたばかりの、同僚の大木一史が到着。大木は、NHKからTBSに移籍した87年中途入社組だが、私とはすぐに親しくなっていた。8日の「本番」まで、行動を共にした。

翌6日、中田ファミリーの自宅を訪れ撮影する。子どもの小学校時代の「東ドイツ」の教科書も紹介することに。夫人のスーパーでの買

東ベルリンでロケハン時の筆者と大木一史（右）

い物にも密着。統一後の物価の値上がりは凄まじく、「牛乳」も「ジャガイモ」も、かつての四倍の価格と嘆いていた。市民にとっては、こうした「現実」もあったのだ。夜、ベルリンの技術チームに紹介された編集所で深夜まで、収録済みのVTRを放送用に編集。翌日午前再び、ベルリン国立歌劇場を訪れプローベを覗く。冒頭、あいさつを兼ねて、「明日は、よろしくお願いします」と協力を要請。彼らは、返事代わりに力強い、混声合唱で応えてくれた。圧倒されるような素晴らしい迫力。午後、正式契約して、出演が確約された。夜は、VTR編集して「本番」を迎える態勢が整った。

12月8日、この季節のベルリンには珍しく好天に恵まれた。早朝、ブランデンブルク門へ向かう。三雲孝江は、予定通り到着するのか、と懸念する間もなく、8時過ぎに現場にやって来た。前日のバルバドスでの中継を終え、ニューヨーク経由でベルリン入りしたのだ。

放送は、東京との時差8時間、ベルリン時間では午前11時からのスタート。3時間足らずで、段取りとリハーサルを済ます。ステージもセッティングされていて、国立歌劇場合唱団40名もやって来た。合唱指揮者は、クラシック通には著名なエルンスト・シュトイという豪華版である。中田ファミリーと三雲のやりとりの確認、クリスマスに絡め、「東独」の国民車「トラバント」に乗って来た「サンタ」から幼稚園児へのプレゼントという一幕。

あっという間に11時となり、放送が始まった。11時6分からベルリンからの中継、都合3回の中継。そしてハイライトは、やはり11時40分頃から始まったベートーヴェン「第九」シンフォニーからの「歓喜の歌」の合唱だった。東京のTBS経由で、秋山特派員の乗る宇宙ステーション・ミールに歌声が届けられた。秋山の著書から再び引く。

〈ミールが大西洋からドイツに入ったとき、突然、地上からベートーベン第九交響曲『歓喜の歌』が聞こえてきた。（略）それはとても感動的な一瞬だった。（略）宇宙からみたヨーロッパは、あまりにも小さく、森の多い、美しい土地だった。そんななかで、歓喜の歌がミールに届いてきたのである。「この雲の上から聞いていると、涙が出てきます。本当に素晴らしいですね、やっぱり…」ジーンと涙が湧いてきた。無重力だから、その涙は目の中にピッタリとくっついて、流れ落ちることはなく、目が潤んだようになっていた。その日のテレビ中継は「国境」がテーマだった〉（前掲書『宇宙特派9日間』より）

私も中継車に乗っていて、同じ思いを抱いた。放送は成功だった。中継が終わって直ちに合唱団員の誰彼となく、握手をして謝意を述べた。中田ファミリーにも礼を述べた（中田千穂子は、近年まで音楽ジャーナリストとして雑誌「音楽の友」などにベルリンからの演奏会レポートで健筆をふるっていた）。午後、市内の日本料理店で三雲や日独の現場スタッフと「打ち上げ」をやった。私も漸く「重荷」を下ろした心境だった。そして食後、三雲は最後の中継地タイのバンコクに飛び立って行った。

私は、翌9日午後2時、ベルリンを離れフランクフルト経由で一人帰国の途に就いた（大木は「私用」で別便となった）。機内で隣合わせた人物が、少し気になった。離陸後しばらくして、漸く名乗り合ったら、NHKの佐々木昭一郎ディレクターだった。聞けば、彼はプラハからの仕事帰りだった。広島の「原爆ドーム」の建築家ヤン・レツルのドラマを撮っているとのことだった（『ヤン・レツル物語』NHK、91年5月4日放送。主演・ビクトル・プライス、田中好

ベルリンからの中継が終わって打ち上げ
（中央が三雲孝江）

子）。それにしても、三週間の間に欧州で2つのＮＨＫドラマ関係者と出会うとは！

成田到着は、10日の正午少し前だった。自宅に直行して、ＴＢＳテレビを視聴する。秋山記者無事帰還の報道に接した。ＴＢＳ創立40周年にふさわしい記念企画だったと思ったし、私自身が関連番組に連なったことも、「テレビ人冥利」に尽きることであった。

帰国後は、残務に追われた。特別企画ドラマ『ミカドの淑女』は、社内の各所で「検討」された結果、12月21日に制作局長、編成部長、ドラマ部長と私の四者会談の結果、「見送り」が決まる。「皇室」タブーへの過剰反応だったが、私も企画取り下げを呑んだ（結局、92年元日、特別企画ドラマとして、ＡＮＢ〈テレビ朝日〉が十朱幸代主演で放送）。

12月27日の夕方近く、赤坂一ツ木通りで秋山、菊地両飛行士がオープンカーに乗り「凱旋」パレードが行なわれた。道両側の、立ち並ぶビルの窓から紙吹雪が舞った。さながらアメリカ映画のワンシーンでも見ている思いだった。夕陽の中、舞う無数の小さな紙片を見つめていると、日本もテレビもその繁栄は頂点に達し、「天井を打った」のではとの思いが頭をよぎった。

第25話 松本清張『迷走地図』と『課長サンの厄年』のショーケン

松本清張、かく語りき

連載の「物語」としては、前回の赤坂一ツ木通りの宇宙特派員の「凱旋」パレードがエンディングなのだが、エピローグとして、その後の90年代前半のドラマ作りで出会った二人の「傑物」の面影を綴ることにしたい。

１９９１（平成３）年は、松本清張の「作家活動40年」にあたっていた。１９５１年の「週刊朝日」の懸賞小説に『西郷札』が入選して以来、という意味である。その記念すべき年に、４月から翌92年３月まで月一本ずつ民放４局（ＮＴＶ、ＴＢＳ、フジ、テレビ朝日）が、清張作品を制作・放送することになった。原則的には、清張の作品発表順が放送順ということになり、私は『迷走地図』を選択したので結局シリーズ最後の「大トリ」にラインナップされた。

なぜ、私は『迷走地図』を選んだのだろうか。当時のメモを見ると、90年10月下旬、田沢正稔演出一部（ドラマ）部長から、91年度末すなわち92年３月末の清張企画を求められた。シリーズ最後というのは、作品自体が前の11作より近作であることを求められていた。初回の『西郷札』（プロデューサー・堀川とんこう、演出・大岡進）は、いわば清張のデビュー作だし、以降も放送順が原作の発表順とほぼ同じだった。『西郷札』を除けば、他の10作はすべて「昭和30年代」の作品だった。清張が最もエネルギッシュな作家活動を行なっていた時代である。私は、あえて「昭和57年」の作品に着目した。『迷走地図』は、昭和58（1983）年松竹で映画化されただけである。

あの『砂の器』の他、何本も清張作品を監督した野村芳太郎の作品だが、この『迷走地図』は、語られることが少ない。清張がこの映画は「気にいらなかった」ようである。この作品に限っては、清張の原作と野村の映画の作品の「方向性」が、全く嚙み合わなかったようである。二人をよく知る林悦子（霧プロダクションのち霧企画）によれば、〈先生（清張）は社会派と言われるように小説『迷走地図』も政治の世界の不透明さと政治家の実態に真摯に迫った作品であったが、野村芳太郎監督の姿勢は、「フォーカスやフライデーのような野次馬的視点から描きたい」というものであった〉（『松本清張　映像の世界～霧にかけた夢』林悦子・著、01年、ワイズ出版刊）とある。以後、清張と野村の関係は疎遠になった。私がドラマ化を考えた時、幸か不幸かそのいきさつは知らなかった。

『迷走地図』は、1982年2月8日から1983年5月5日まで「朝日新聞」朝刊に連載された。清張は連載開始に当たって、こう発言していた。「いわゆる謎《なぞ》解きの推理小説ではありません。しかし、あの世界は謎だらけの世界ですから、その意味では推理小説のような一面もあるでしょう」「告発しようとか、内幕を暴露しようとかそういう意図はない。日本の政治は一体どうなるのか、という関心を読者に呼び起こすことができれば、という思いはある」（「朝日新聞」1982年2月5日夕刊文化欄より）

政治的にデリケートな題材なので、清張なりの配慮がうかがえる発言である。事実、連載進行中には、一部週刊誌では『迷走地図』にはモデルが実在するのでは？とセンセーショナルに取り上げられ、いわば

「取り扱い注意」的な原作だったのだ。

１９９１年10月26日（土）午後1時半過ぎ、浜田山の松本清張邸を訪れた。訪問したのは私と企画者の一人、電通映像事業局部長の坂梨港の二人。清張邸では、坂梨の同僚で、清張の長男松本陽一と霧企画社長を務める三男の夫人・松本早苗の二人が同席した。2時きっかりに和服姿の清張が現れた。直前まで日本シリーズの西武対広島の第6戦を観ていたようだ。やはり、九州出身の清張は西鉄以来のライオンズ贔屓なのか。そして、私の正面のソファーに腰を下ろした。

清張、その時81歳（１９０９年12月21日生まれ）。年齢もあり、体力的には往時のエネルギーは失われつつあったか、思っていたより小柄な印象だった。しかし、発せられる言葉や、眼光の鋭さは流石と思わせられるものがあった。そして、かなりの愛煙家でもあった。挨拶もそこそこに、いきなり清張から「登場人物が多いが整理できるかね」と問いかけてきた。私は、あらかじめ原作に基づきドラマのシノプシスを届けていた。そして、この日さらに、いくつかの改訂の方向を示した箇条書きのメモも持参して、清張に諮ったのである。

新聞連載開始時の松本清張の抱負（1982・2・5、朝日新聞夕刊）

予想通り、一番のポイントが、寺西代議士（次期宰相と目される）の夫人・文子と寺西の秘書・外浦との間で交わされた恋文（文子から外浦へはメモを含めて十余通の「恋文」が渡っていた）の存在だった。原作では「恋文」の存在が、寺西の総裁選出馬見送りの一因となっており、「恋文」を軽く扱うことはできないと思い、私のシノプシスでも力を入れてその件を書いた。これに、清張自身が異議を唱え、「ラブレターで政変が起こる仕掛けは非現実的だ。キングメーカーで政変が起こる仕立てにして、政界はこうだという裏面を見せろ」。私は「原作重視でやったので、恋文の要素は重視したい」と反論。長男の松本陽一も、「だって、これお父さんの書かれた原作ですよ」と私を援護射撃したが、清張は激怒して「原作は捨てろ」と手元の新潮文庫の『迷走地図』をカーペットの敷かれた床に叩きつけた。

一息ついて言葉を継いだ、「原作は、離れて欲しい。秘書の外浦の外地での死も自殺ではなく、殺されたことに。それも闇から闇に葬られる展開が良い」。私は「原作とは登場人物のキャラクターも変わってしまうが？」と問い返す。「私は書いたものは、すぐ忘れるので一々覚えていない。先のことを考えている」「寺西の側近政治家三原伝六というのは、警察官僚出身で後藤田（正晴）みたいな男だ。三原を全てを知る男にすると、原作より存在は大きくなってくる」。さらに、「奪還した手紙の束を、さりげなく寺西夫人に返却するのも三原だ」。

清張は、こうした「参謀」とか「側近」とか陰に回る人物により興味を抱く。打ち合わせは、三時間半を超えそれでも最終合意には至らなかった。電通の坂梨部長が、「もう一回、先生に時間を取っていただいて、そこで決めたいと……」と提案、11月7日に再打ち合わせとなった。清張邸を出ると、日はとっぷりと暮れていた。私が「恋文をあれほど嫌がるとは意外でしたね」と坂梨に言うと「やっぱり、（モデルと騒がれた）政治家家庭と悶着を避けたいんでしょうね。新聞小説の時は、いろいろ大変だったようで」と、清張の本意を忖度した。そしてその後、約十日間、脚本の重森孝子と演出の坂崎彰とも相談しつつ、清張の意を体したシノプシスの改訂版を作成した。

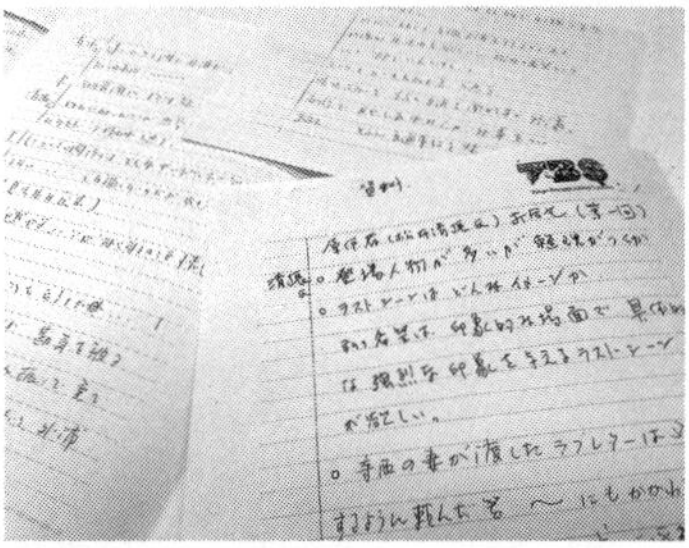
清張邸での２回の打ち合わせのメモ

清張との白熱の打ち合わせの模様を坂崎に話すと、「それは貴重な話だから、メモに起こしておいたほうが良いよ」と言われ、二回分の打ち合わせのメモが残った。本稿も、それに拠る所が少なくない。

「2・26」の、赤坂で

清張邸再訪。電通坂梨部長が同行。予め、シノプシスの改訂版は清張サイドには届けてあった。二回目の打ち合わせは、清張と霧企画の松本早苗社長と私と坂梨部長で行なわれた。清張は「前より、だいぶ良くなったと思う。但し二点ばかり、意見がある。外浦秘書だが、外地に赴任ではなく長期出張でどうか？寺西の利権の根回しの目的で、アンカレッジ辺りでロケが出来ないか？　映像的な迫力が欲しいし、シーンは三つもあれば良い。そこで、交通事故を装って殺されるという場面だ。手紙の件だが、……電話の会話を録音するというのはどうか？　こちらが良い。外浦が秘かに録音して残すのだ。逢引きの場所でも、二人のやりとりを残して決定的な証拠とする」。私は「そうすると、外浦側には文子夫人への愛情は全くないのか？」と質す。清張は「ない。出世の為の野心があるのであって、文子を玩ぶのである」と言下に否定した。同席していた早苗社長が「手紙を燃やすシーンが無くなるのは惜しいですね」と呟くと、清張は「まだ、ラブレターのことを言うのか！」と、取り付く島もない。そして念押しのように「ＴＢＳも番組にお金をかけるということらしいからぜひ海外ロケをやって欲しい」と繰り返した。

ここで、内容の打ち合わせは一段落で、お茶が差し替えられ確かあんみつかみつまめが出て来たと思う。酒党というより甘党らしい清張は、ペロリと平らげ大分寛いだ雰囲気になった。キャスティングに話題が及び、「外浦は、誰れがやるのかね？」と聞いて来た。「キャスターの森本毅郎さんを考えています」と答えると、思わぬキャストだったのか、「ほう、それは面白いかも知れない」と身を乗り出した。清張は、森本哲郎（毅郎の兄）とはかつて海外取材を共にして親しい。その辺は、私も承知していたので、俳優専門ではないが清張も「納得」すると踏んだのだ。遅れてやって来た脚本家の重森孝子も加わり、しばらく俳優の話に花が咲き、その会合はお開きになった。初回と合わせると、のべ6時間を超える、「異例」な原作者との打ち合わせだった。他の11作と比べても「初めてのケースでしたよ」と、全作の打ち合わせに同席した坂梨は私に語った。しかし、老境に至ったはずの「巨匠」が内容のディテールに、ここまでこだわるというのは感動的だった。

どんな「思い」からにせよ、清張のパッションとエネルギーには驚かされた。多分、これからも「五、六年は、小説を書き続けるのでは」と思ったのだが……。

最後に清張と会ったのは、翌92年2月26日夜の赤坂『重箱』での、番組宣伝を兼ねた新聞社文化部記者との懇談会の席だった。TBS宣伝部肝煎りの会席だったが、奇しくも、清張のノン・フィクションの名著『昭和史発掘』の白眉である「2・26事件」の起きた、その日付けだった。しかも「赤坂」という土地自体「2・26」とは因縁が深い。その夜の清張は、終始上機嫌で新聞記者諸氏にも快活に喋っていた。『迷走地図』は、清張が強く希望した海外ロケ（ロサンゼルス）を残して撮影は終わっていた。私は28日にロスに出発する予定である。清張は会合でも「（迷走地図の）脚本が良く出来ていたので、完成が楽しみだ」と、原作者としての期待を述べてくれた。82歳の清張は、健啖家ぶりを発揮、食事も全て平らげた。二時間余りの会食のあと、全員で記念写真を撮って（残念ながら、私の手元にはない）、9時過ぎに会はお開きになった。

ロスでの撮影（森本毅郎扮する外浦秘書が謎の自動車事故死するシーン）を終え、私たちは、3月4日に帰国。そして、ポスト・プロ（編集・音楽録音・ＭＡＶ〈音入〉）を終え、試写も終え、３月30日（月）２時間半枠で放送された。「最終作にふさわしい面白さ」（「朝日」・試写室）を始め、各紙高評価が並んだが、期末の他局の特番攻勢に挟撃され視聴率は、15・６％だった。それでも十分及第の数字とは言えた。私は大任を終えたと安堵した。

ところが三週間後に、松本清張に異変が起きた。前出の霧企画・林悦子の書から引く。〈平成四年四月二十日、突然先生が倒れた。（略）その夜は赤坂で講談社幹部との会食が予定されており、激しい頭痛をおして出かけたのである〉（前掲書）、会食中、清張は気分が悪くなり、緊急帰宅。体調は悪化、かかりつけの東京女子医大に緊急入院したそうだ。脳出血が認められ、翌21日夜、緊急手術。入院は長期化するが、マスコミに報じられることはなかった。私が、清張の「重態」をどこからか聞いたのは、７月９日のことだった。前掲書によれば、７月27日林悦子は霧企画松本早苗社長に呼ばれ、見舞いに赴く。清張は「肝臓ガン」が発見され、すでに意識不明の状態だった。

そして、８月４日深夜、清張は生涯を閉じる。メディアは一斉に「巨星、墜つ」という論調で報じた。ただの文士の死ではなかった。一つの時代が終わったと思わされた。

８月10日に「お別れの会」が青山斎場で行なわれた。私は、脚本家の重森孝子と斎場に赴いた。遺影の前の献花台に一輪の花を手向け、合掌した。あの数カ月だけだったが、巨匠の作家

ドラマ『迷走地図』より、茶室のシーン
右より、文子（若尾文子）、外浦（森本毅郎）、織部佐登子（小柳ルミ子）

魂のようなものに触れた思いがした。しかも『迷走地図』が清張生前最後の映像作品となるとは。忘れ難い、巨匠との思い出である。

ショーケンとの熱い日々

もう一人の「傑物」との濃密な思い出を記して、この連載の締め括りとしたい。

1992年の夏だったが、TBSドラマの看板枠でもあった東芝日曜劇場のリニューアルが囁かれるようになった。93年春から連続ドラマに切り替え、しかも視聴者ターゲットに男性ビジネスマンを取り込みたいとの、大「改革」だった。秋口に入ると、編成部の近藤邦勝と、制作の先輩プロデューサー・堀川とんこうと「日曜劇場」の連続ドラマ枠について、随時話し合うようになった。堀川が93年4月枠、私が7月枠の担当プロデューサーとなる流れだった。連ドラとなれば、私には4年振りなのでなんとか「成功」させたいと思った。

その時点（92年秋）は、特別企画ドラマ『派閥人事』の制作に取り組んでいた。「経済小説」の名手、清水一行の『頭取の権力』が原作で岩間芳樹が脚本を書いた。幸い、内容的に高評価を受け、月間「ギャラクシー賞」を受けた。しかし、この手のドラマはスポンサーの東芝は好まない。「日曜劇場」枠拡大で放送された『派閥人事』のスポンサーを降板する一幕があったのだ。いわゆる「社会派」風ドラマは、連ドラの「日曜劇場」では通らないのは明らかだった。

某日、例によって赤坂の書店を渉猟していると『課長の厄年』（かんべむさし・著）という文庫本が目に留まった。タイトルに閃いたのである。これはイケルと思ったのだ。内容はどうあれ、タイトルが「イタ

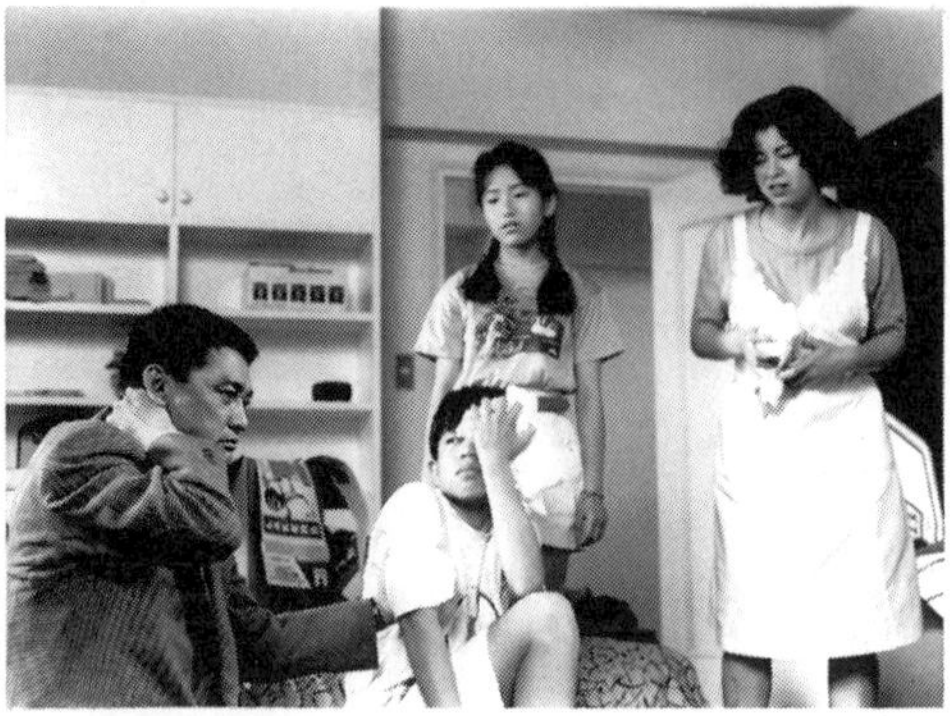

寺田課長（萩原健一）は、災難続き
（『課長サンの厄年』第1回より）

ダキ」だった。『代議士の妻たち』の時と同じだった。私の「厄年」は、前年の91年だった。実際、その年にいわゆる「スランプ」状態に陥った。期首の特別企画ドラマが当たらず、連続ドラマの企画を出しても通らない。90年までとは大違いだった。体調面でも、それ迄と違って「無理」が利かなくなった。同世代なら、皆似たような経験をしているのではないか。よし「厄年」をテーマにすればドラマが出来るぞと思い立った。私自身、「厄」が明けた92年の6月中旬、「副部長」という管理職となった。一般企業なら「課長」である。

10月の終わりに、編成部に正式に企画を提出した。編成部や代理店・電通の感触は良く、準備を進めることになった。脚本は6年振りに布勢博一に依頼、快諾してもらった。このドラマの成否が、主人公の「課長」を誰が演じるかにあるのは明らかだった。ここで、私は「逆転の発想」をしたのである。いわゆる「らしい」俳優を起用しても、プラスαは望めないだろう。今まで一度も堅気の「課長」役などやったことのない俳優で、「課長」をやらせたら面白そうな俳優はいないかと絞り込んだ。ちょうど、その頃流れていたショーケンこと萩原健一の「サントリー・モルツ」のTV・CMがちょっと気になった。仕事帰りの中年サラリーマンのショーケンが、ビールを飲み干し、「うまいんだなあ、コレが！」と呟く。この様が、実に良かった。ショーケンが、主人公「寺田喬課長」の本命となった。紙幅の都合で以下、『課長の厄年』にまつわる、ショーケンとの交流に絞って書く。

ショーケンとの初対面は、1993年2月18日。白金の「都ホテル」のティー・ルームで会った。事務所の「アトリエ・ダンカン」の池田道彦社長が同席していた。挨拶を交わし、すぐにショーケンに、なぜこの役で貴方なのかと口説いた。それは、いつでもやる正攻法な出演交渉なのだが、波長が合ったというか、いつの間にか旧友同士のような会話になっていった。ひとつは、生まれた町が私が浦和でショーケンが隣りまちの与野だったこと。年齢もほとんど一緒。しかも、末っ子ということも共通していた。話しはじめて、二十分程度でショーケンが明らかに、「武装解除」したように見てとれた。主演クラスの俳優は、「この男（女）と組んで仕事をしてよいか」という嗅覚を持っている。その「首実検」に、いわば「合格」したようだった。今、ここでは「ショーケン」と書いているが、私は親しくなってからも「萩原さん」とずっと呼んでいた。ショーケンも、私についてはずっと「市川さん」と「さん」付けだった。

さて、初対面でショーケンは出演を前提に、一つの条件を出してきた。「テレビって、長いから監督が何人かでやるじゃない。オレの芝居を（通しで）、ずっと見ていてくれる人が欲しいんだよ。プロデューサーが、オレの現場にはいつもいて欲しいんだよ」。言うまでもなく、PとDは現在では分業化している。実際にはかなりの難題だったが、「できる限り、そうしたい」と私は応じた（実際、8割位はショーケンの撮影現場には立ち会った。スタジオ収録が終わるごとに、モルツの缶ビールを飲みながら、「あのシーンはどうだった」と語り合いながら、ショーケンがクール・ダウンをして帰宅するというのが慣例となった）。

このドラマは、結果的には大成功となりショーケンにとっても転機となる作品となった。キャスティングが、上手くいったことが大きい。レギュラーは、長塚京三、石倉三郎、竹内力、中野英雄、中丸忠雄の男優陣、石田えり、山口いづみ、渡辺満里奈、床嶋佳子、久本雅美の女優陣。とくにショーケンは、女優陣は気に入ったようで某日スタジオの現場で、「このドラマに出てる女優は、みんなイイナ！」と言った。おそらく本音だったのだろう。反面、年下の男優には当たりのキツイところはあったが。

レギュラーではないが、実家の両親と姉の三人のキャスト。父が実家で急逝し、ショーケンが駆けつける回があった。父役が、松村達雄、母役が久我美子、姉役が二木てるみだった。この三人の共通点は何か？　いずれも黒澤明監督作品に出演経験がある。ショーケンの尊敬していた監督は、一に黒澤明、二が神代辰巳、三が深作欣二であった。とりわけ黒澤に対しては崇拝に近い感情を抱いていた。その思いが、第10回で爆発した。演出陣は、チーフが桑波田景信（ショーケンは、深作タイプと見立て）、セカンドが森山享（こちらは神代タイプと分類）で、ショーケンからそれなりの信任を受けていた。ドラマのクライマックスとなる9・10回は、若手の戸高正啓が演出だった。映像センスなど、若手ながら評価されるディレクターだったが、10回目の「父の通夜」のシーンで、ショーケンからクレームが付いた。「通夜振舞い」の席に、どんな具合に役者が座るのか、というところから「火」が付いた。「戸高あ！　黒澤の『生きる』観たことあるだろう。あん時の志村喬の通夜のシーンみたいに並べろよ！　観たよな？」。もちろん戸高は観ていたが、このシーンとは結び付けていない。「もちろん観てますが……」「だったら、今夜ビデオ借りてもう一回見て来いよ！　そして明日リハーサルやり直そうよ」と要求。その日のリハーサル終了後、私が立ち会って3時間を超える濃密な戸高とショーケンの打ち合わせとなった。ほぼ、9割はショーケンからの注文だったが。こういう時の、ショーケンは正に「頭のテッペン」から湯気が立つような熱量を発出する。

はたして、芝居の「神」は、このドラマ（放送では『課長サンの厄年』というタイトルに変えた）を見放さなかった。戸高の演出した第10回はビデオリサーチ（V）21・5％、ニールセン（N）21・7％という高視聴率を獲得したのだ。社内外でも反響が大きかった。食事を店でとっていると、普通のサラリーマンたちが「昨日の『課長サンの厄年』面白かったなあ」「ショーケン最高だったなあ」という声が飛び込んで来た。それも、一度や二度ではなかった。全13回平均でも、16・2％（V）、18・1％（N）という数字をマークした。ショーケンは、このドラマで妻役の石田えりと親しくなり、それまでのパートナーだった女優と別れた。しかし、石田との関係も程なく破局となった。

ショーケンと私は、それ以後も交流が続いた。私がドラマの現場を離れていた時も、変わらず年に数回は食事をした。00年代に入ると、ショーケンは体調を崩したり、ケガで入院したり、仕事もトラブルが生じたり、不遇な日々が続いた。それでも、2009年8月の私のTBSの定年パーティーには駆け付けてくれたし、石田えりと一緒にスピーチをして、会場を沸かせてくれた。

『課長サンの厄年』のスタジオ最終収録が終わり、キャスト・スタッフの記念撮影（1993・9・11の緑山スタジオ）

最後にショーケンと会ったのは、2015年の1月22日、冷たい小雨の降る日だった。彼の仕事場近くの行きつけの駒沢公園のイタリアンレストランだった。何年か前に結婚した理加夫人も一緒だった。ショーケンからの呼び出しの理由は、三つあったと今ではわかる。一つは夫人の紹介だが、もう一つは「映画を撮りたいから、プロデューサーをやって欲しい」というものだった。食後、仕事場に案内されショーケンが自ら書いたシノプシスを見せられた。気宇壮大な企画で、エネルギー資源をめぐる国際スパイの話だった。ショーケンが昔付き合いのあった田中清玄辺りから聞いた話がヒントのようだった。実現可能性はゼロに近かった。「企画書は読ませてもらって、後で感想を伝えますよ」と言って、自分の仕事場に戻ると言うと、ショーケンが「オレの車で、送って行きますよ」と駒沢から赤坂まで送ってくれた。

車中で、ハンドルを握りながら「実はオレ、……ガンでね、二回手術したんですよ。今でも通院してるんですよ」。思いがけない「告白」だった。見た目は以前と変わっていなかったので、半信半疑だった。歌手としてのライブ活動も、むしろ積極的にやっているというのに。しかし、ある種の「達観」の心境だったのだろうか。別れ際、「また、会いましょう」「今日はありがとう」と言葉を交わした。これが「今生の別れ」となった。その後、メールでのやりとりも間遠になっていった。

そして2019年3月26日、ショーケンこと萩原健一の訃報に接した（あの戸高正啓が、19年末TBSのCSチャンネルで『ショーケン FOREVER』という番組を作って放送した）。ショーケンの死も又、ひとつの時代の終焉を象徴するものであった。

（文中敬称略）

関連年表 1970〜1989

◆＝世界で何が

'70

1 5 創価学会「出版妨害」表面化
1〜2 TBSから制作プロ、設立相次ぐ
2 4 ドラマ『時間ですよ』（TBS）スタート
11 国産初の人工衛星打ち上げ成功
12 シャープ液晶電卓発売
19 サントリー、ミネラルウォーター発売
3 3 雑誌『an・an』創刊
11 日本へボーイング747就航
14 大阪万博開会（〜9・13）
18 ◆カンボジアでクーデター
24 『あしたのジョー』力石徹告別式
31 「よど号」を赤軍派ハイジャック
31 八幡、富士鉄が合併、新日本製鐵誕生
4 1 ママさんバレー初の全国大会
2 ドラマ『ありがとう』（TBS）スタート
8 大阪の地下鉄工事現場でガス漏れ大爆発
10 ◆ビートルズ決裂、解散へ
26 FM東京放送開始
30 ◆米、南ベトナム、カンボジア侵攻
5 1 ◆米、1年半ぶりに北爆再開
13 シージャック犯を射殺
25 プロ野球「八百長事件」で3選手永久追放処分
「モーレツからビューティフルへ」TVCM始まる
6 10 ◆アンコール・ワットを民族統一戦線が占領
21 ◆サッカーW杯ブラジルが優勝
22 ◆ワシントンで日米繊維交渉始まる
23 日米安保自動延長
25 公明党、創価学会との政教分離を決定
29 ◆米、カンボジアからの撤退完了
7 14 政府、「日本」の呼称をニッポンに
17 家永教科書裁判で、東京地裁検定不合格取り消し
18 杉並区で光化学スモッグ被害発生
21 ◆アラブ連合アスワンハイダム完成
8 2 歩行者天国始まる
4 革マル派学生、中核派に殺害される
11 田子ノ浦港でヘドロ追放住民大会
12 ◆ソ連と西独、武力不行使条約調印
30 植村直己五大陸最高峰登頂達成
9 28 ◆アラブ連合ナセル大統領急死
10 1 『ハレンチ学園』（東京12チャンネル）スタート
1 日本の総人口1億突破（国勢調査）
4 『遠くへ行きたい』スタート
8 ◆ソ連の反体制作家ソルジェニーツィンにノーベル文学賞
14 国鉄『ディスカバー・ジャパン』キャンペーン開始
17 ドラマ『お荷物小荷物』（ABC・TBS）スタート
22 ドラマ『だいこんの花』（NET）スタート
24 ◆チリ大統領選でアジェンデが勝利、左派政権誕生
28 ◆UPI沢田教一カメラマン、カンボジアで撃たれ死亡
11 9 ◆仏ド・ゴール前大統領死去
14 東京でウーマン・リブ第1回大会
22 大宅壮一死去
25 三島由紀夫ら自衛隊市ケ谷駐屯地へ乱入、三島割腹自殺
12 1 ◆イタリアで離婚法成立
14 ◆ポーランド、グダニスクで暴動
18 京浜安保共闘、板橋交番襲撃
20 沖縄コザで反米軍の市民暴動

'71

1 2 ドラマ『2丁目3番地』（NTV）スタート
8 ◆ヨルダン政府軍、パレスチナゲリラを攻撃
12 反公害を唱えるラルフ・ネーダー来日
17 ニッポン放送『糸井五郎のマラソンジョッキー』50時間連続放送
23 『8時だョ！全員集合』（TBS）視聴率50・4％
28 独身女性が好むレジャー1位はボウリング（経済企画庁発表）
2 22 成田で第1次強制代執行
3 1 「大宅文庫」開館（一般利用は5・17〜）
15 『朝日ジャーナル』3月19日号回収騒ぎ（『櫻画報』をめぐり）
26 多摩ニュータウンで第1次入居開始
4 1 フジテレビ制作局を廃止（80年6月復活）
3 『仮面ライダー』（NET）スタート
11 東京都知事選で美濃部亮吉再選
14 ◆米卓球チーム中国周首相と面会（米中ピンポン外交）
23 ◆ワシントンで20万人がベトナム反戦集会
5 3 高橋和巳死去
14 連続女性誘拐殺人犯の大久保清を逮捕

14 横綱大鵬引退
25 『non・no』創刊
6
5 新宿に超高層ホテル（京王プラザ）オープン
8 厚生省、独居老人54万人と発表
13 ◆『ニューヨーク・タイムズ』がペンタゴン秘密文書を入手、連載開始
17 沖縄返還協定調印式
27 第9回参院選（全国区で田英夫トップ当選）
30 イタイイタイ病原告が勝訴
7
1 環境庁発足
15 ◆米、ニクソン訪中発表
17 江夏オールスターで9連続奪三振
20 銀座にマクドナルドの1号店
30 雫石上空で、自衛隊機が全日空機に激突
8
15 ◆米、金ドルの交換停止、ドル防衛策を発表（日本は変動相場制に）
9
8 ◆中国で林彪のクーデター失敗
16 成田第2次執行で衝突、機動隊員3名死亡
18 日清食品「カップヌードル」発売
27 天皇・皇后訪欧へ出発
28 美濃部都知事「ゴミ戦争宣言」
10
3 『スター誕生!』（NTV）放送開始（合格1号は森昌子）
3 八王子で全国初のノーカーデー
10 NHK総合が全番組カラー化。カラー受信契約1000万台突破
11 横綱玉の海急死
25 ◆国連総会で中国の国連復帰決まる
11
17 衆院沖縄返還協定強行採決
17 べ平連『ワシントン・ポスト』に「沖縄からの訴え」掲載
19 日比谷公園「松本楼」新左翼各派の火炎ビンで炎上
20 日活ロマンポルノ第1弾封切り
12
3 ◆インド、パキスタンへ侵攻。全面戦争に
18 小包爆弾爆発で土田警務部長夫人死亡
19 日本フィル、ストで『第九』コンサート中止
◆10カ国蔵相会議で固定相場復活。1ドル308円に（スミソニアン体制）
23 大映倒産
24 新宿でクリスマスツリー爆弾爆発

'72

1
1 『木枯し紋次郎』（フジ）放映開始
3 ◆ワシントンで日米繊維協定に調印
24 横井庄一グアム島で発見・収容さる
28 警視庁、日活ロマンポルノをわいせつと摘発
2
3 札幌オリンピック開会
21 ◆ニクソン米大統領訪中。2・27米中共同声明
28 浅間山荘事件（テレビは終日中継）
3
7 連合赤軍内部でのリンチ殺人事件明らかに
15 新幹線、新大阪―岡山間開業
21 高松塚古墳で極彩色壁画発見
27 社会党、国会で沖縄返還協定の秘密文書暴露
4
1 米の卸・小売価格が自由化
4 警視庁、公電漏えい容疑で外務省事務官と毎日記者を逮捕
6 ◆米軍、北爆再開
16 川端康成、逗子の仕事場でガス自殺
5
12 新宿のコインロッカーで新生児の死体発見
13 大阪千日デパート火災、死者118人
15 沖縄の施政権返還。沖縄県発足
26 ◆米ソ、SALT（戦略兵器制限条約）に調印
30 ◆テルアビブ空港で、日本人ゲリラ銃乱射26人殺害
6
11 田中角栄通産相「日本列島改造論」発表
17 佐藤栄作首相引退表明（テレビカメラに向かっての独演）
17 ◆米ウォーターゲート事件発生
7
5 自民党総裁選で田中角栄が勝利、新総裁へ
7 田中内閣成立
10 雑誌『ぴあ』創刊
15 映画『ゴッドファーザー』封切り
21 『太陽にほえろ!』（NTV）放映開始
8
7 田中首相の構想の「日本列島改造問題懇談会」初会合
31 ◆ハワイで日米首脳会談（のちのロッキード事件につながる）
9
5 ◆ミュンヘンオリンピック開会中、選手村でパレスチナゲリラがイスラエル選手団にテロ
10 『大相撲ダイジェスト』（NET）カラー放映で再開
25 ◆田中首相訪中。9・29日中国交樹立、日台条約は失効
10
1 「初心者」マーク制度実施
3 中央公害対策審議会、自動車排ガス規制を答申
26 ドラマ『ありがとう』視聴率53・8%
28 パンダ2頭（カンカンとランラン）羽田到着
30 74年春からのエアバス導入発表
11
6 北陸トンネルで列車火災事故。死者30人
13 女優岡田嘉子亡命先のソ連から34年ぶりの帰国
24 大蔵省渡航外貨の持ち出し制限撤廃
28 ◆日航DC8機、モスクワ離陸直後に墜落、乗員乗客62名死亡
12
10 第33回総選挙自民予想外の不振、共産第3党
21 ◆東西両独が、関係正常化の基本条約調印
28 厚生省の人口概況発表で「第2次ベビー

12
ブーム」が明らかに
この年海外旅行者100万人突破

'73

1 1 70歳以上の老人医療が無料となる
13 映画『仁義なき戦い』封切り
25 世界フライ級チャンピオン大場政夫自動車事故死
27 ◆ベトナム和平協定調印

2 14 円、変動相場制へ移行、円急騰

3 13 国鉄上尾駅で順法闘争に怒り乗客暴動
20 熊本地裁の水俣病訴訟、患者側主張認める判決

4 2 地価高騰、前年比30・9%の上昇（建設省調べ）
4 最高裁、尊属殺人は憲法違反と判決
8 ◆P・ピカソ死去
12 改正祝日法施行（振替休日実施へ）

5 1 建設省、車椅子のための道づくりを通達
6 ハイセーコーNHK杯制し10連勝、人気沸騰
16 政府、小選挙区制法案提出断念
22 江東区議ら杉並区からのゴミ搬入を実力で阻止

6 14 PARCO渋谷店開店
16 ◆ソ連ブレジネフ書記長訪米（核戦争防止協定調印へ）
24 厚生省水銀汚染水域等発表

7 13 ドラマ『白い影』（フジ）スタート
17 自民党若手のタカ派青嵐会結成
17 ◆アフガニスタンでクーデター
20 ◆日本人含むアラブゲリラが日航機をオランダでハイジャック（4日後逮捕）
31 NHK渋谷放送センターへ移転完了（内幸町の放送会館は高値で売却）

8 1 鉄道弘済会売店が、呼称をキヨスクへ
8 金大中、都内のホテルよりKCIAに拉致される（5日後ソウルの自宅へ）
16 怪物と異名の江川卓、甲子園で敗退
24 ◆中国共産党10全大会、旧幹部復活へ（文化大革命の見直し）

9 6 ドラマ「それぞれの秋」（TBS）スタート
7 札幌地裁、長沼基地訴訟で自衛隊違憲判決
11 ◆チリでクーデター、左派政権崩壊
15 国鉄中央線に「シルバーシート」設置
24 ◆小澤征爾ボストン響常任指揮者就任後の初演奏会

10 5 米空母ミッドウェー、横須賀入港（米初の海外母港）
6 ◆第4次中東戦争勃発
21 滋賀銀行横領事件で元女性行員を逮捕
23 江崎玲於奈、ノーベル物理学賞受賞
23 エクソン、シェル両社対日販売原油価格を30%上げ（オイルショック発生）
25 石油供給メジャー、10%の供給削減通告

11 1 NET（現テレビ朝日）と東京12チャンネルが教育専門局から総合番組局に
1 巨人が9年連続日本一達成（V9の最後の年）
1 大阪・千里のスーパーでトイレットペーパー売り場に客行列
2 日韓首相会談し、金大中事件を「政治決着」
16 政府、石油緊急対策要綱決定
22 政府「親アラブ」への転換決定
23 愛知揆一蔵相急死。25日、内閣改造で後任に福田赳夫（「列島改造計画」路線の頓挫）
29 熊本の大洋デパートで火災、死者104人

12 5 TBS、深夜テレビを12時で自粛と発表
10 三木武夫副総理、石油危機対策で中東訪問へ
13 CMの杉山登志ディレクター自殺
14 豊川信用金庫でデマによる取り付け騒ぎ
22 政府は石油危機、物価急騰で対策二法案公布
22 映画『燃えよドラゴン』封切り
25 OAPEC（アラブ石油輸出国機構）、日本など「友好国」への石油必要量の確保を表明
29 映画『日本沈没』封切り

'74

1 7 ◆田中首相東南アジア歴訪。タイ、インドネシアで反日デモ、暴動
16 ドラマ『寺内貫太郎一家』（TBS）スタート
26 ベ平連（ベトナムに平和を!市民連合）が解散集会

2 1 ㈶放送文化基金発足（NHKが旧本館土地売却差益で120億円出資）
11 ◆ワシントンで石油消費国会議開催
13 ◆ソ連、作家ソルジェニーツィンを国外追放
25 国会、物価問題の集中審議開始

3 4 高野連（日本高等学校野球連盟）、公式試合での金属バットの使用許可
7 ユリ・ゲラー、NTV『木曜スペシャル』出演、超能力ブーム起こる
10 小野田寛郎元陸軍少尉をルバング島で救出

4 1 朝日カルチャーセンター開校
1 『ニュースセンター9時』（NHK）スタート
19 東京国立博物館で、モナ・リザ展開幕（閉幕までに150万人余が入場）
25 筑波大学、警戒の中、初の入学式
25 ◆ポルトガルで軍事クーデター

5 1 地価上昇率、史上最高（32・4%）
6 ◆ブラント西独首相が辞任（私設秘書の

東独スパイ容疑）
15 セブン-イレブン1号店東京・豊洲にオープン

7 18 ◆インド、初の地下核実験
7 参院選、与野党勢力伯仲（7議席差）
13 ◆韓国、詩人金芝河に死刑判決
13 ◆米・上院調査特別委、ウォーターゲート事件で、不正、公権力の乱用と批判した最終報告書発表
24 大相撲北の湖、史上最年少横綱に（21歳2カ月）

8 8 ◆ニクソン米大統領ウォーターゲート事件で辞任を発表
15 ◆ソウルで朴大統領暗殺未遂事件（夫人が死亡）
28 神奈川の団地でピアノ騒音殺人事件
29 『ベルサイユのばら』宝塚で初演（長谷川一夫演出）
30 丸の内の三菱重工本社ビル前で時限爆弾爆発、多くの死傷者

9 1 原子力船「むつ」、放射能漏れ事故
1 台風16号の影響による豪雨で、狛江市の多摩川堤防決壊。民家19戸流出
3 郵政省、民放に対する深夜放送自粛要請を撤廃
13 産業構造審議会、知識集約型産業構造への転換を通産相に答申

10 8 佐藤栄作前首相にノーベル平和賞
10 『文藝春秋』で「田中角栄研究」掲載
14 長嶋茂雄、現役を引退
14 三井物産本社で時限爆弾爆発
30 ◆モハメド・アリ、世界ヘビー級チャンピオンに返り咲き

11 1 カシオが初の液晶デジタル時計を発売
17 別府で車が海中へ転落の保険金殺人
18 フォード米大統領、初来日
26 田中首相辞意表明

12 1 椎名悦三郎自民党副総裁が、田中後継に三木武夫指名
9 三木武夫内閣成立
13 閣議で、戦後初のマイナス成長が報告される
28 共産党、創価学会が相互不干渉の協定（松本清張が仲介）

'75

1 13 前年（74年）の倒産件数、過去最大と発表（東京商エリサーチ）
16 八世坂東三津五郎、ふぐ中毒死

3 3 『3時に会いましょう』（TBS）で「紅茶きのこ」紹介、ブームに
10 山陽新幹線、開通
16 内ゲバで、中核派が革マル派へ報復宣言
16～ カール・ベーム指揮、ウィーン・フィルの来日公演が大人気
21 女優宮城まり子がチャリティー・テレソン（KBS京都）
25 ◆サウジアラビア、ファイサル国王暗殺
31 東北自動車道（郡山―白石間）、開通
31 東京・大阪間のテレビ局、ネット変更（TBSはABCからMBSへ）

4 5 パ・リーグDH（指名打者）制採用
5 『欽ちゃんのドンとやってみよう！』（フジ）スタート
11 フォーライフレコード発足（吉田拓郎、井上陽水、小室等、泉谷しげる）
13 統一地方選、東京、大阪、神奈川に革新知事
17 ◆カンボジア、クメール・ルージュ、プノンペン占領
30 ◆南ベトナム、サイゴン陥落。ベトナム戦争終結

5 7 英・エリザベス女王夫妻、初来日
16 ◆田部井淳子、女性初のエベレスト登頂
19 三菱重工などの爆破容疑で過激派メンバー8人逮捕

6 21 月刊『PLAYBOY』（日本版）創刊
3 佐藤元首相が死去
8 鎌倉・七里ガ浜で暴走族600人が乱闘
16 三木首相、佐藤元首相の国民葬会場前で、右翼に殴られる

7 5 ◆沢松和子が英の、ウインブルドン=テニス女子ダブルスに優勝
17 皇太子夫妻、沖縄・ひめゆりの塔を参拝中、火炎瓶を投げられる
19 沖縄海洋博、開幕

8 15 三木首相、私人として靖国神社を参拝

9 30 天皇・皇后が、初訪米に出発（～10・14）

10 5 『俺たちの旅』（NTV）スタート
15 広島東洋カープが、初のセ・リーグ制覇、長嶋巨人は最下位
17 ドラマ『前略おふくろ様』（NTV）スタート
27 ハウス食品「ワタシ作る人、ボク食べる人」のCMを中止
27 駅売り夕刊紙『日刊ゲンダイ』創刊
31 天皇・皇后が初の共同記者会見

11 1 京都・太秦の映画村オープン
15 ◆第1回先進国首脳会議開催（仏・ランブイエ）
20 ◆スペイン、フランコ総統死去
26 スト権ストで国鉄が192時間運休

12 10 午前零時、三億円事件の時効成立
14 国鉄、最後の蒸気機関車（室蘭本線）に幕
21 本四連絡橋、起工式
年間総広告費、テレビが新聞を抜き首位に（76年3月8日、電通が推計発表）

'76

1 8 ◆中国・周恩来首相死去
20 大和運輸、宅配システム「宅急便」を開

始

31 国内初の5つ子誕生

2 2 NET（現・テレビ朝日）『徹子の部屋』放送スタート

4 ◆米・上院、ロッキード社の日本政府高官への贈賄公表（ロッキード事件表面化）

6 ◆米・ロッキード社コーチャン副会長証言

16 衆院で、小佐野賢治らロッキード事件の証人喚問

17 丸紅・檜山廣会長らを証人喚問

3 2 北海道庁ロビーで時限爆弾爆発、2名死亡

4 東京地検、ロッキード事件で児玉誉士夫を臨床取り調べ

10 ◆韓国、金大中らを逮捕

23 児玉誉士夫邸に、小型機が突っ込む

4 1 『プロ野球ニュース』（フジ）スタート

5 ◆中国・天安門、周恩来追悼花輪撤去で騒乱

13 ◆カンボジア、ポルポト政権成立、大虐殺始まる

5 8 ◆植村直己、北極圏踏破

6 8 ◆米でロッキード社コーチャンらへの日本からの嘱託尋問開始

13 河野洋平ら6名、自民党を離党（6・25新自由クラブ誕生）

15 民法・戸籍法改正施行（離婚後の姓選択可、戸籍簿閲覧制廃止）

16 ◆南アのソウェトで強制学習に反対する学生に対し警官が発砲、多数の死者

22 東京地検、ロッキード事件で丸紅前専務、全日空専務らを逮捕（以後、次々と逮捕者）

26 アントニオ猪木とモハメッド・アリが異種格闘技戦

7 2 ◆ベトナム社会主義共和国が成立

5 芥川賞に村上龍『限りなく透明に近いブルー』

17 ◆モントリオールオリンピック開幕

27 東京地検、ロッキード事件で田中角栄前首相を逮捕（以後、佐藤孝行、橋本登美三郎も逮捕）

28 ◆中国の唐山で大地震、死者数十万

8 19 反三木の自民6派、挙党体制確立協議会結成（「三木おろし」本格化）

25 『ペッパー警部』でピンク・レディー、デビュー

9 6 ソ連ミグ25戦闘機、函館空港へ強行着陸（乗員は米国亡命希望）

9 日本ビクター、VHSビデオを発売と発表

9 ◆中国・毛沢東主席死去

10 6 ◆中国、江青ら「四人組」逮捕（10・12公表）

10 具志堅用高WBA世界ジュニアフライ級王座に

16 長嶋巨人、前年の最下位からリーグ制覇

22 ロッキード事件をめぐり地裁判事補が、三木武夫首相にニセ電話表面化

11 3 ◆米大統領選、民主党ジミー・カーター当選

5 政府、防衛費を対GNP比1%以内と決定

10 天皇在位50年式典

12 藤沢市に東急ハンズ1号店

13 角川映画『犬神家の一族』封切

12 5 総選挙自民党過半数割れも、田中角栄は新潟三区でトップ当選

7 三木武夫首相が辞意

21 1000万円ジャンボ宝くじ発売に群衆殺到、福岡、松本で死者

24 福田内閣成立

29 伊藤忠商事と安宅産業、合併覚書に調印

'77

1 4 都内で、電話ボックスなどに置かれていた青酸コーラを飲んだ2人死亡

7 ◆チェコスロバキアの反体制派知識人「憲章77」を西側紙に発表

10 警視庁、23年ぶりに覚せい剤取締本部設置

20 ◆カーター米大統領就任式

21 東京地検、ロッキード事件で、小佐野賢治、児玉誉士夫を在宅起訴

27 東京地裁、ロッキード事件で田中角栄初公判

27 ◆森英恵、パリにオートクチュールの店を開店

2 23 ◆北朝鮮、金日成主席の後継に金正日を推挙

3 2 ◆仏・伊・スペイン共産党書記長が会談（ユーロコミュニズム志向）

26 社会党副委員長江田三郎離党、社市連（社会市民連合）結成の意向

4 1 NETがテレビ朝日に改称

16 月刊誌『クロワッサン』創刊（のちに隔週刊）

25 日劇ダンシングチーム最終公演

26 革新自由連合結成（中山千夏、青島幸男ら）

29 山下泰裕、全日本柔道に史上最年少で優勝（以後9連覇）

5 6 空港公団、三里塚反対同盟の鉄塔を強制撤去

12 第1回マイクロコンピューターショウ開催

20 ◆パリーイスタンブール間のオリエント急行廃止

22 江田三郎社市連代表委員、急死

24 臼井吉見『事故のてんまつ』、川端康成の遺族よりプライバシー侵害で訴えられ

る

6 1 タバコの「マイルドセブン」発売
12 ◆樋口久子、全米女子プロゴルフ選手権優勝
24 ドラマ『岸辺のアルバム』（TBS）スタート（〜9・30）
7 2 土曜ワイド『時間よ止まれ』（ANB）放送（2時間ドラマの先駆）
13 ◆ニューヨークで大停電
17 キャンディーズ、「普通の女の子に戻りたい」と引退宣言
21 ◆中国、鄧小平の党副主席復帰と四人組の党除名決定
8 6 映画『宇宙戦艦ヤマト』封切
16 ◆エルビス・プレスリー死去
29 TBS3時間ドラマ『海は甦る』放送
9 3 王貞治、巨人対ヤクルト戦で、通算756号の本塁打世界記録達成（9・5国民栄誉賞第1号受賞）
27 米軍F・4ファントム機、横浜市緑区（現・青葉区）の民家に墜落、死者2名
28 ◆日本赤軍、日航機をハイジャック。同志ら9人の釈放要求（10・1うち6人出国）
10 2 ANB『ルーツ』を8日連続で放送
30 開成高校生を父親が、家庭内暴力に耐えかね殺害
11 19 ◆エジプト・サダト大統領イスラエル訪問
25 ハイジャック防止法成立
12 5 ピンク・レディー『UFO』発売
25 ◆チャールズ・チャップリン死去
31 人口動態統計発表、離婚が13万件弱の史上最高

'78

1 3 ◆ベトナム、カンボジア国境紛争起こる
4 共産党、袴田里見副委員長の除名処分が明らかに
7 ◆イランでイスラム革命始まる
14 伊豆大島近海地震。死者25人
19 『ザ・ベストテン』（TBS）スタート
2 18 「嫌煙権確立を目指す人々の会」結成
20 『不確実性の時代』（J・K・ガルブレイス著）邦訳本発売
3 6 3時間ドラマ『風が燃えた』（TBS）放送
15 東京教育大学が閉学式
16 ◆イタリアでアルド・モロ前首相、武装ゲリラに誘拐される（5・9遺体発見）
26 社会民主連合結成（代表・田英夫）
26 成田空港で反対派が管制塔突入
4 4 キャンディーズ、解散コンサート
6 VAN（ヴァンヂャケット）倒産
9 京都府知事選で保守系・林田悠紀夫が勝利。28年の革新府政に幕
27 ◆アフガニスタンで軍事クーデター
30 ◆植村直己、単独で北極点到達
5 20 厳戒体制下、成田空港開港
6 1 福岡市で水不足深刻化。5時間給水
3 ドラマ『白い巨塔』（フジ）スタート（12・28主演の田宮二郎自殺）
12 宮城県沖地震。死者28人
24 『スター・ウォーズ』（G・ルーカス監督）封切
7 5 『神聖喜劇』（1）（2）（大西巨人著）刊行開始（全5巻）
25 作曲家古賀政男死去（7・30国民栄誉賞）
27 福田赳夫首相、防衛庁に有事立法研究を指示
28 栗栖弘臣統幕議長「超法規的活動」発言で更迭
8 12 日中平和友好条約調印
15 福田首相、靖国公式参拝
26 NTV初の24時間テレビ『愛は地球を救う』
9 5 ◆中東和平で、米・エジプト・イスラエル首脳会談
16 戒厳令下のイランで大地震
30 京都の市電全廃
10 6 ドラマ『熱中時代』（NTV）スタート
12 西武ライオンズ誕生
16 ◆ポーランド人のローマ法王ヨハネ・パウロ2世選出
22 中国・鄧小平副首相来日（10・24田中角栄元首相を表敬訪問）
22 ヤクルト初の日本シリーズ制覇（最終戦の平均視聴率45・6％）
11 1 ピンクレディーNHK『紅白歌合戦』への出場辞退発表
18 ◆ガイアナの「人民寺院」で集団自殺
21 巨人、協約の「空白の一日」を衝き、江川卓投手と電撃契約
26 自民党総裁選予備選で大平正芳勝利（福田首相敗れる）
27 「日米ガイドライン」を決定
12 7 大平内閣誕生
10 沖縄知事選で保守系の西銘順治氏（革新自治体の退潮が目立つ）
15 ◆米中国交正常化発表

'79

1 4 ◆米証券取引委、グラマン社の海外不正支払い公表
7 ◆カンボジア、ポル・ポト政権崩壊
13 初の国公立大共通1次試験実施
16 ◆イラン、パーレビ王制崩壊
17 ◆イラン、ホメイニ師臨時政府樹立発表
17 ◆イラン革命の影響で、カルテックス社対日原油供給を削減（第2次オイルショック）
26 三菱銀行北畠支店に猟銃強盗（1・28犯

人を射殺）
31 巨人、阪神間で小林繁と江川卓をコミッショナーの要望でトレード

2
11 ◆ホメイニ師のもとイラン革命成立
14 ダグラス・グラマン疑惑で衆院、日商岩井副社長海部八郎らを証人喚問
17 ◆中国軍、ベトナム侵攻（中越戦争、〜3・16）

3
28 ◆米スリーマイル島で原発放射能漏れ事故発生
31 ◆EC委の対日経済戦略基本文書で日本人は「ウサギ小屋に住む」と記述判明

4
1 NTV、野球中継にスピードガン導入
4 所沢に西武球場完成
7 『機動戦士ガンダム』（名古屋テレビ・ANB）スタート
8 統一地方選、革新都府政に幕
13 ◆アフガン反政府イスラム活動家「ジハード」宣言
19 靖国神社にA級戦犯合祀されていたと判明

5
4 ◆英保守党、総選挙勝利。サッチャー政権誕生
7 村上春樹デビュー作『風の歌を聴け』掲載『群像』発売
24 衆院で元防衛庁長官松野頼三を証人喚問（ダグラス社から5億円渡る）

6
1 『ジャパン・アズ・ナンバーワン』（エズラ・ヴォーゲル著）邦訳本発売
2 巨人・江川、プロ入り初登板（平均視聴率39・9％）
4 ◆吉野家、ロサンゼルスに牛丼レストラン開店
6 元号法制化
18 ◆米ソ、SALTⅡ（第2次戦略兵器制限条約）調印
28 東京サミット（第5回先進国首脳会議）開催

7
1 ソニー、「ウォークマン」発売開始
25 ダグラス・グラマン疑惑で、自民党松野頼三議員辞職

8
11 ◆中国、人口抑制のための「一人っ子政策」発表

9
7 大平首相、内閣不信任案に抗し衆院解散

10
3 新国劇が倒産
7 総選挙で自民党敗北、辛うじて政権維持
25 KDD社長、政官界へ巨額贈答、接待発覚で辞任
26 ◆韓国、朴正熙大統領、KCIA部長に暗殺される
26 ドラマ『3年B組金八先生』（TBS）スタート

11
4 ◆イラン学生、米大使館占拠
4 広島、初の日本シリーズ制覇（のちに「江夏の21球」が伝説化）
18 第1回東京国際女子マラソン開催

12
4 ◆イラン、ホメイニ師が絶対権力握る
9 ドラマ『女たちの忠臣蔵』（TBS）放送（平均視聴率42・6％）
10 ◆マザー・テレサにノーベル平和賞
17 日ソ共産党首脳会談、15年ぶりに断絶終結
27 ◆アフガニスタンにソ連軍侵攻

'80

1
4 ◆ソ連軍、アフガニスタン首都、主要州都を制圧
5 KDD疑惑発覚（1億数千万円の政官界工作）
10 社会・公明両党、連合政権構想で合意
16 来日したP・マッカートニー、成田税関で大麻所持により逮捕

2
20 ◆米、モスクワ夏季五輪ボイコット提唱
13 ◆米レークプラシッドで冬季五輪開幕

3
6 早大商学部で入試問題漏洩が判明
10 都市銀行6行、現金自動支払い機のオンライン提携開始
28 連続ドラマ『3年B組金八先生』（TBS）最終回視聴率39・9％

4
1 松田聖子『裸足の季節』でレコードデビュー
7 NHK7時台の天気予報を枠大（30秒→4分30秒に）
7 NHK特集『シルクロード』放送開始
11 浜田幸一代議士、ラスベガス賭博問題で辞職
15 ◆J＝P・サルトル、死去
25 ◆米、駐イラン米大使館人質救出作戦決行も失敗
29 ◆A・ヒッチコック、死去

5
4 ◆ユーゴスラビアのチトー大統領、死去
7 富士通、日本語ワープロ発売
19 大平内閣不信任案可決（5月16日）を受け、衆議院解散
21 ◆韓国光州市のデモ隊が全市制圧。6日後、軍が制圧、多くの死者（光州事件）
24 JOC、モスクワ五輪不参加決定。放送権独占のテレビ朝日が方針変更へ
28 張本勲選手（ロッテ）が、3000本安打達成

6
1 フジテレビ、系列プロを吸収して制作局再設
12 過労入院中の大平首相が死去
22 初のダブル選挙、衆議院で自民党284議席獲得、安定多数確保

7
3 集団失踪騒ぎの「イエスの方舟」の26名発見（結局事件として立件されず）
17 鈴木善幸内閣発足

8
3 東京で気温19・5℃の低温記録（全国的に冷夏。世界各地に異常気象）
19 新宿駅西口で京王バスが放火され、3人焼死

9
3 伊藤律、中国から30年ぶりの帰国
9 ◆イランとイラクが交戦（イラ・イラ戦争）

10 22 ◆ポーランド自主管理労組「連帯」発足
4 『報道特集』（TBS）放送開始
5 日本武道館で山口百恵ファイナルコンサート
30 都内で中核派、革マル派を襲撃（5人死亡）
11 4 王貞治選手（巨人）、引退会見
29 金属バット両親撲殺事件
12 3 ドラマ『カネボウ・ヒューマンスペシャル 小児病棟』（NTV）視聴率34.7％
8 ◆J・レノン、ニューヨークで暗殺される
12 日本の年間自動車生産台数1100万台突破、世界一に

'81

1 20 ◆イラン、米大使館の人質を444日ぶりに解放
20 ◆米、レーガン大統領就任
22 小説『なんとなく、クリスタル』（田中康夫）発刊
25 ◆中国、四人組裁判で江青ら死刑判決
2 23 ローマ法王ヨハネ＝パウロ2世来日
3 2 中国残留日本人孤児、初の正式来日（47人中26人の身元判明）
16 臨時行政調査会初会合（会長・土光敏夫）
20 神戸「ポートピア'81」開幕（〜9月15日。総入場者数1600万人）
25 朝日新聞世論調査で「日米安保」評価が初の過半数超え
30 ◆レーガン米大統領ワシントンD.C.で狙撃され負傷
4 12 ◆米・初のスペースシャトル、コロンビア打ち上げ成功
18 日本原子力発電敦賀発電所で高濃度の放射能漏れ発見
5 22 インドの修道女マザー・テレサ来日
4 自由劇場「上海バンスキング」三度目の公演開始
5 『赤ちゃんは訴える ベビーホテル考』（TBS）放送
8 鈴木首相、日米共同宣言でシーレーン防衛を明記
10 ◆仏大統領選、社会党ミッテラン当選
13 ◆ローマ法王、サンピエトロ広場で狙撃され重傷
16 『オレたちひょうきん族』（フジ）雨傘番組として初放送
17 ◆ライシャワー元駐日米大使、核積載船が日本寄港と発言
25 障害に関する用語整理の法律公布
6 15 ◆パリ大学の日本人留学生が、オランダ人女性留学生を殺人で逮捕
17 深川通り魔殺人事件
27 ◆中国国家主席に胡耀邦が昇格（文化大革命を批判的に総括）
7 5 ◆『NYタイムズ』が「エイズの発見」を報道
21 千代の富士、第58代横綱に
29 ◆英チャールズ皇太子とダイアナ結婚
8 22 向田邦子、台湾旅行中、飛行機事故で死去
9 5 都市銀行の女性行員、オンラインシステムを悪用、1億3千万円詐取が発覚
8 日本人初のノーベル賞受賞者、湯川秀樹死去
10 2 ◆レーガン米大統領が核戦力強化5カ年計画発表
6 ◆エジプト、サダト大統領暗殺
9 連続ドラマ『北の国から』（フジ）放送開始
10 ◆独ボンで中距離核ミサイル配備反対の大デモ（「反核」運動世界に広がる）
16 北炭夕張新鉱でガス突出事故（93人死亡）
19 福井謙一、ノーベル化学賞受賞
23 写真週刊誌『FOCUS』（新潮社）創刊
11 21 ◆アムステルダムで反核デモ30万人参加
12 13 ◆ポーランドで戒厳令布告。労組の活動禁止

'82

1 4 ◆米フォード社、自動車不況で初の無配転落
20 「核戦争の危機を訴える文学者の声明」発表（中野孝次、安岡章太郎、水上勉ら）
2 8 ホテルニュージャパンで火災。宿泊客33人が犠牲
9 日航機、「逆噴射」で羽田空港前の海面に墜落、24人死亡
23 ◆米上下両院経済委員会が「日本の半導体技術は米産業の脅威」と報告
4 1 500円硬貨発行
2 ◆アルゼンチン軍、フォークランド諸島占領
9 ◆西独、反核大行進、48万人参加
16 来日中の仏ミッテラン大統領、国会で「仏の核保有は不可欠」と演説
5 20 ◆イギリス軍、フォークランド諸島上陸作戦開始
23 反核・軍縮の「平和のための東京行動」に40万人以上参加
6 7 ◆第2回国連軍縮特別総会開く
14 ◆フォークランド紛争、アルゼンチン軍降伏
23 東北新幹線（大宮―盛岡間）開業
26 「教科書検定」での書き換えを新聞各紙が報道、「歴史認識」が問題化
7 23 豪雨で長崎市の死者・行方不明者299

人
26 ◆中国、日本の教科書問題（中国侵略→「進出」の記述変更を巡り）で訂正要望
8 26 宮澤喜一官房長官が「歴史教科書、政府責任で是正」と表明
9 16 ◆イスラエル軍によるパレスチナ難民キャンプでの無差別虐殺事件
22 三越、岡田茂社長解任
10 1 CDとプレイヤー発売始まる
4 『森田一義アワー笑っていいとも!』（フジ）放送開始
4 ◆西独、コール政権発足
9 北炭夕張炭鉱閉山
12 鈴木善幸首相退陣表明
12 落合博満選手（ロッテ）3冠王に
29 ◆スペイン43年ぶりの左派（社会労働党）政権へ
30 広岡（達朗）・西武が日本シリーズ初制覇
11 10 ◆ソ連ブレジネフ書記長死去（後任にアンドロポフ元KGB長官）
27 中曽根康弘内閣発足
12 4 映画『E.T.』日本公開（観客動員1千万人突破へ）
23 テレホンカード使用開始

'83

1 9 中川一郎元農水相が自殺
11 ◆中曽根首相、韓国訪問。「日韓新時代」に入ったと声明
19 ◆訪米中の中曽根首相、「日本列島不沈空母」「四海峡封鎖」発言が問題化
2 11 ドラマ『金曜日の妻たちへ』（TBS）放送スタート
12 横浜のホームレス殺人で中学生ら少年10人を逮捕
13 ◆ハワイアン・オープンゴルフで青木功が逆転優勝
24 ◆米議会「戦時下の日系市民の強制収容は不当」と結論
28 セブン-イレブン、POSを全店に設置
3 1 文芸評論家・小林秀雄が死去
23 ◆米レーガン大統領、「スターウォーズ計画」発表
29 『積木くずし』（TBS）最終回視聴率45・3%
4 3 ◆英、西独、伊、蘭で約20万人が米の中距離核ミサイル配備抗議の集会、デモ
4 NHK連続テレビ小説『おしん』放送開始（全回平均視聴率52・6%）
10 統一地方選で、北海道、福岡に革新知事誕生
15 東京ディズニーランド開業
5 8 サラリーマン新党結成（代表青木茂）
24 政府、行革大綱を決定
26 日本海中部地震（M7・7）、104人死亡
6 13 戸塚ヨットスクール生徒死亡事件で校長逮捕
16 初来日ピアノの巨匠ホロヴィッツの演奏会（6月11日）新聞批評（吉田秀和）が話題に
26 参議院議員選挙に比例代表制導入実施
7 15 任天堂、ファミコン発売
15 熊本地裁八代支部、免田栄死刑囚に再審で無罪判決
8 21 ◆フィリピン、アキノ氏暗殺される（以後、反マルコスの動き拡がる）
9 1 ◆大韓航空機、サハリン沖でソ連軍機に撃墜される（行方不明者269人）
10 3 三宅島・雄山、21年ぶりの大噴火
9 ◆ビルマ（現・ミャンマー）のラングーン（現・ヤンゴン）で爆弾テロ（韓国閣僚ら16人死亡）
12 東京地裁、ロッキード事件で田中角栄元首相に懲役4年の実刑判決
11 9 米レーガン大統領来日
12 8 警視庁、愛人バンク「夕ぐれ族」摘発
18 総選挙、自民過半数割れ（新自由クラブと連立へ）
20 社会党・石橋政嗣委員長、自衛隊を「違憲・合法」と見解表明

'84

1 9 日経ダウ平均株価1万円の大台突破
19 『週刊文春』記事「疑惑の銃弾」掲載。「ロス疑惑」騒動始まる
19 ◆国連食糧農業機関（FAO）、アフリカ1億5千万人が飢餓状態と発表
2 8 ◆サラエボ（ユーゴスラビア）冬季五輪開会
9 ◆ソ連アンドロポフ書記長死去。後任はチェルネンコ
12 ◆イラク空軍、建設中のイラン・ジャパン石油化学を爆撃（三井物産に大打撃）
12 ◆冒険家植村直己、米マッキンリー峰で滑落死
14 中曽根康弘首相「防衛費GNP比1%枠守る」と衆院予算委で答弁
18 ◆イタリア・バチカン新政教条約（カトリックがイタリア国教でなくなる）
3 18 江崎グリコ社長誘拐（3日後、自力脱出）
23 ◆中曽根首相訪中、趙紫陽首相らと会談
31 年初来、東京の降雪日25日に
4 1 全国初の第3セクター・三陸鉄道が開業
7 ◆社会党石橋政嗣委員長訪米（〜4・17米国務長官、副大統領と会談）
5 8 ◆ソ連、ロス五輪不参加表明（東欧各国も同調へ）
12 NHK、「ゆり2号a」を使った衛星本放送を開始
6 25 ◆哲学者・ミシェル・フーコー死去

7

4 安倍晋太郎外相、中国・韓国人名を現地読みとするよう外務省に指示

7 新潟の病院が日本初のエイズ患者、発表

28 ◆ロサンゼルス夏季五輪開会（初の民営化五輪）

8

23 東京で23日連続の熱帯夜記録

24 トヨタ6月期決算発表。製造業として国内初の5兆円企業に

30 作家・有吉佐和子急死

9

6 全斗煥韓国大統領初来日（昭和天皇「不幸な過去が存したことは誠に遺憾」と宮中晩餐会で表明）

19 自民党本部を中核派が火炎放射器噴射約600㎡延焼

30 阪急ブーマー選手、外人選手初の3冠王

10

6 日劇跡地に有楽町マリオン、オープン

6 ◆全英女子オープンゴルフで岡本綾子優勝

27 二階堂進自民党副総裁、田中角栄元首相と会談（対中曽根で激論。田中派に亀裂）

11

1 新札発行（1万円・福沢諭吉、5千円・新渡戸稲造、1千円・夏目漱石）

9 写真週刊誌『FRIDAY』（講談社）創刊（以後「F・F戦争」激化。他社も参入へ）

16 東京・世田谷で地下通信ケーブル火災（電話8万9千回線不通で大混乱）

12

31 NHK『紅白歌合戦』で都はるみが引退（87年芸能界復帰）

'85

1

9 新両国国技館落成

10 警視庁、グリコ・森永事件で犯人の似顔絵「キツネ目の男」を公開

15 横綱北の湖が引退

15 ラグビー日本選手権で新日鉄釜石が初の7連覇

2

7 自民党・田中派分裂。竹下登「創政会」を旗揚げ

13 新風俗営業法が施行

20 中曽根首相、国会で「オールナイトフジ」（フジ）などの、民放深夜番組の性表現を批判。郵政省は自粛要請（日本民間放送連盟は「自主規制の徹底」申し合わせ）

27 田中元首相、脳梗塞で入院（政界に大変動）

3

10 ◆ソ連チェルネンコ書記長死去。後任にゴルバチョフ

17 科学万博つくば'85が開幕（～9月16日）

4

1 NHK連続テレビ小説『澪つくし』放送開始（～10月5日）

9 中曽根首相、テレビで国民に「1人100ドルの外国製品購入」を呼びかけ

5

4 ◆ボン・サミットで「日本市場の開放」などの経済宣言

8 ◆西独ヴァイツゼッカー大統領、敗戦記念日に「歴史を想起せよ」と演説

17 男女雇用機会均等法成立

31 第1回東京国際映画祭開幕（～6月9日）

6

11 社会党新宣言案、現実主義路線へ

18 豊田商事社長、テレビカメラの前で斬殺される（報道倫理が問題化）

24 テレビ朝日、松田聖子・神田正輝結婚式独占生中継、視聴率34・9％

8

12 日航ジャンボ機、御巣鷹山に墜落（乗員・乗客520名死亡、生存4名）

13 三光汽船、戦後最大の倒産（負債額5200億円）

15 中曽根首相、靖国神社を初の公式参拝

9

1 道路交通法改正施行でシートベルト着用を義務化（高速道路のみ）

9 日本政府、米SDI（戦略防衛構想）参加表明

11 女優・夏目雅子死去（享年27）

11 警視庁、「ロス疑惑」の三浦和義を逮捕

22 ◆G5、ニューヨークで「プラザ合意」。ドル高是正でバブル経済の発端に

28 TBS『8時だョ！全員集合』放送終了

10

2 関越自動車道（東京・練馬―新潟・長岡間）全通

7 『ニュースステーション』（ANB）放送開始

8 『アフタヌーンショー』（ANB）で、やらせ発覚（18日番組打ち切り）

16 阪神タイガース21年ぶりにセ・リーグ制覇（11月2日、初の日本一）

22 ◆ソ連の新大陸間弾道ミサイル（SS―25）配備を米が公式確認

11

13 ◆コロンビアで火山噴火（2万人超が犠牲に）

19 ◆ジュネーブで6年半ぶりに米ソ首脳会談

12

21 民放連、国家秘密法案に反対表明

任天堂のファミコン・ゲームソフト『スーパーマリオブラザーズ』（9月13日発売）が爆発的売れ行き記録

'86

1

1 雑誌『東京人』（東京都文化振興会）創刊

15 『週刊少年ジャンプ』（集英社）400万部突破

22 社会党「新宣言」で、西欧型社会民主主義に路線転換

28 ◆米スペースシャトル・チャレンジャー、打ち上げ直後に爆発、乗員7名全員犠牲

2

1 東京都中野区の中学生が、いじめを苦に自殺

14 ◆フィリピン大統領選でマルコス当選も、不正選挙追及の声

25 ◆比・アキノ大統領就任宣言。翌26日、マルコスはハワイ亡命へ
28 ◆スウェーデン、パルメ首相暗殺

3
14 政府、国鉄分割・民営化関連法案提出
15 自民党支持率59％（朝日新聞世論調査）で55年体制以来、最高

4
1 男女雇用機会均等法施行
7 「前川リポート」、中曽根康弘首相に提出
8 アイドル歌手・岡田有希子自殺
11 ◆ハレー彗星が地球に大接近
26 ◆ソ連チェルノブイリ原発事故
29 天皇在位60年記念式典、両国国技館で開催

5
1 国税庁が長者番付発表。過半数が土地売却者という地価狂乱
4 東京サミット（第12回先進国首脳会議）開会（～5月6日）
8 英・チャールズ皇太子夫妻が来日（～5月13日。ダイアナ妃フィーバー起こる）

6
8 ◆オーストリア大統領選、ナチ疑惑のワルトハイム（前国連事務総長）が当選

7
6 衆参ダブル選挙、自民党が圧勝（衆院で300議席超え）
25 ドラマ『男女7人夏物語』（TBS）スタート
30 東北自動車道の埼玉・浦和ー青森・青森間が全通

8
15 靖国参拝を中曽根首相見送り

9
6 社会党委員長選で土井たか子が勝利、女性委員長が誕生
22 中曽根首相、自民党全国研修会で「米国の知的水準、黒人など含めると非常に低い」と発言、問題化（9月27日、首相、米国民に陳謝）
26 TBS「テレビ小説」（68年9月～）が終了

10
11 ◆アイスランドで、米ソ首脳会談
12 サントリーホール開場

11
8 ◆中曽根首相訪中（日中四原則を確認）
15 ◆三井物産マニラ支店長誘拐事件発生（87年3月31日、救出）
15 伊豆大島の三原山が209年ぶりに大噴火（11月21日、全島民避難）

12
9 ビートたけしとたけし軍団が講談社『FRIDAY』編集部襲撃
30 政府予算案決定。防衛費がGNP比1％枠を突破

'87

1
13 ◆中国最高指導者の鄧小平が日本の防衛費増加（GNP比1％枠突破）に強い懸念を表明
16 ◆中国共産党胡耀邦総書記、自由化の行き過ぎで辞任

2
4 政府、売上税法案を国会に提出
8 NHK大河ドラマ『独眼竜政宗』視聴率45・8％（全回平均39・7％で大河ドラマ史上最高）

3
14 53年間にわたる南極海捕鯨が閉幕
17 アサヒスーパードライ発売
30 安田火災海上保険がゴッホの『ひまわり』を53億円で落札

4
1 国鉄が分割民営化。JRグループ11法人と国鉄清算事業団発足
1 国土庁地価公示、東京の住宅地・商業地の前年比上昇率プラス76％で過去最高
10 NTT、携帯電話提供開始
23 経済審議会「構造調整の指針」（新・前川レポート）を提出
24 『朝まで生テレビ！』（ANB）スタート

5
3 朝日新聞阪神支局を覆面男が襲撃。記者1名死亡、1名重傷
10 「帝銀事件」（48年1月）の死刑囚平沢貞通（95歳）が、八王子医療刑務所で死亡
27 売上税法案廃案

6
12 郷ひろみ、二谷友里恵の結婚披露宴（フジ）視聴率47・6％
29 ◆韓国で民主化要求受け、盧泰愚民正党代表が「6・29民主化宣言」

7
4 NHKが24時間の衛星放送（BS1）開始
4 自民党竹下派（経世会）発足（ポスト中曽根を視野）
14 総評（日本労働組合総評議会）、90年解散を決定（89年11月解散）
17 石原裕次郎死去
29 東京高裁、ロッキード裁判で田中角栄元首相の控訴棄却

8
4 東京地検、神奈川県警による共産党国際部長宅盗聴事件で警官2名を起訴猶予
7 岸信介元首相死去

9
10 村上春樹『ノルウェイの森』（上下、講談社）刊行
22 天皇、宮内庁病院に入院、手術（10月予定の沖縄訪問中止）

10
12 利根川進、ノーベル医学・生理学賞受賞
19 ◆ニューヨーク株式市場暴落（ブラック・マンデー）。翌20日、日経平均株価は前日比下落率14・9％

11
6 竹下登内閣発足
20 連合（全日本民間労働組合連合会）発足
29 ◆大韓航空機、ビルマ（現・ミャンマー）上空で消息不明（12月11日、墜落を確認。同月15日、金賢姫を韓国へ連行）

12
8 米ソ首脳、INF（中距離核戦力）全廃条約に調印
16 ◆16年ぶりの韓国大統領選で、民正党の盧泰愚が当選

'88

1
5 六本木の高級ディスコで吊り照明が落下。客3人が死亡、14人負傷
12 ◆竹下登首相訪米（1月13日米首脳会談

談）「世界に貢献する日本」を約束
13 ◆台湾蒋経国総統死去（後継に李登輝副総統）
2 2 ◆GATT（関税及び貿易に関する一般協定）理事会、日本の農作物輸入自由化を勧告
3 13 青函トンネル開通
18 東京ドーム（日本初の屋根付き球場）オープン
25 ◆中国、上海列車事故で高知学芸高生と引率教諭らが遭難（邦人28人死亡）
4 1 「マル優」制度廃止（預貯金利子に一律20%課税）
1 国土庁、地価公示（1月1日現在、東京圏前年比68・6%の上昇、戦後最高）
8 ◆中国、全国人民代表大会で楊尚昆国家主席選出
10 瀬戸大橋開通
11 美空ひばり「不死鳥」と題し、東京ドーム公演
14 ◆アフガン和平協定調印（5月15日からソ連軍撤退開始）
23 「原発とめよう1万人行動」（日比谷公園）に2万人参加（〜4月24日）
27 放送法の抜本的改正が成立（NHK・民法併存時代に対応）
5 8 ◆仏大統領選でミッテラン再選
29 ◆モスクワで米ソ首脳会談6月1日、INF〈中距離核戦力〉全廃条約批准書交換
6 2 奈良、藤ノ木古墳で朱塗りの石棺確認調査
2 『Hanako』（マガジンハウス）創刊
16 ◆ソ連のピアニスト、ブーニンが演奏先の西独で亡命希望
18 川崎市助役の不当利益（リクルートの未公開株譲渡）が発覚
19 ◆カナダ、トロントサミット開催（〜21日）
19 ◆日米、牛肉・オレンジの輸入自由化で合意
7 3 ◆米イージス艦、ペルシャ湾でイラン旅客機を誤射撃墜。290人死亡
5 リクルート疑惑、中央政界に飛び火（大物代議士の秘書関与が続々判明）
23 自衛隊潜水艦「なだしお」と釣り船が衝突。沈没した釣り船の30人死亡
29 総評（日本労働組合総評議会）大会、89年秋の解散を決定
30 『朝まで生テレビ』（ANB）、「原発」をテーマに取り上げ話題に
8 20 ◆イラン・イラク戦争停戦発効
25 ◆竹下首相訪中、李鵬首相と会談（第3次円借款で合意）
9 19 天皇、吹上御所で吐血、重態に。NTV『きょうの出来事』が第一報（以降、国内に「自粛」ムードが広がる）
10 4 ◆ベトナムの結合双生児（北爆の枯葉剤の影響）分離手術
27 西武が中日を破り、日本シリーズ3連覇
11 1 東京地検、リクルート贈賄事件でNTVの隠し撮りビデオを押収
8 ◆米大統領選、共和党ブッシュが勝利
21 改正議院証言法成立（喚問時の撮影の禁止）
21 衆議院で江副浩正前リクルート会長の証人喚問
12 7 ◆ソ連、アルメニアで大地震、約2万5000人が死亡
9 宮澤喜一蔵相（副総理）が、リクルート問題で辞任
24 参院本会議で消費税法案可決（89年4月実施）
27 竹下改造内閣発足（30日、長谷川峻法相リクルート献金発覚で辞任）

'89

1 7 昭和天皇崩御（新元号は「平成」と小渕恵三官房長官発表）
9 新天皇「朝見の儀」
9 ドラマ『代議士の妻たち2』（TBS）開始（「平成」初のドラマ）
14 国の行政機関の土曜閉庁スタート
20 ◆米、ブッシュ大統領就任式
25 『朝日ジャーナル』緊急増刊号「総検証天皇と日本人」
2 7 民社党・塚本三郎委員長が、リクルート疑惑で辞意表明
9 手塚治虫死去
11 『いかすバンド天国』（TBS）放送開始
13 東京地検、江副浩正・前リクルート会長ら4人を逮捕
15 ◆ソ連軍、アフガニスタン撤退完了
24 昭和天皇「大喪の礼」、164カ国の代表参列
3 6 東京地検、真藤恒・前NTT会長をリクルート疑惑で逮捕
25 横浜博覧会YES'89が開幕（〜10月1日）
29 毎日新聞の全国世論調査で竹下内閣支持率9%
30 女子高生コンクリート詰め殺人で少年2人逮捕
4 1 消費税（3%）スタート
10 日本電気、スパコン「SX・3」シリーズ販売開始
11 川崎市の竹藪で1億4500万円発見
15 ◆中国共産党の前総書記・胡耀邦が死去（4月22日、追悼大会で天安門広場に20万人）
22 竹下首相へリクルートからの資金提供判明（4月25日、首相辞意表明）
27 松下幸之助死去

5
15 ◆ソ連・ゴルバチョフ書記長訪中（5月18日、中ソ関係正常化の共同声明）
20 朝日新聞「サンゴ礁の損傷」写真のねつ造認め謝罪（5月26日、社長辞任）

6
1 NHK、衛星放送の実験放送を本放送に移行（8月1日、有料化）
2 宇野宗佑内閣発足（自民党幹事長橋本龍太郎）
3 ◆イラン最高指導者、ホメイニ師が死去
4 ◆中国天安門で戒厳令下、政府は軍を動員して、学生、市民に発砲。多数の犠牲者（テレビ各局、生々しい映像を伝える）
6 『サンデー毎日』が宇野首相の女性スキャンダル問題を掲載
18 ◆ビルマ、国名をミャンマー連邦に
24 美空ひばり死去（7月22日、本葬）
30 伊豆半島東方沖で群発地震（7月13日、伊東沖で海底噴火）

7
13 ◆パリでフランス革命200年祭式典
16 ◆ヘルベルト・フォン・カラヤン死去
23 連続幼女誘拐殺人事件で宮崎勤を逮捕
23 第15回参議院選挙。自民党大敗、社会党躍進で与野党逆転
24 宇野首相、辞任表明

8
1 東証株価初の3万5000円台
10 海部俊樹内閣成立（自民党幹事長小沢一郎）
19 ◆東独市民900人、西側に集団脱出（9月11日、1万人以上脱出）
25 礼宮と川嶋紀子さんの婚約発表

9
3 渋谷に東急Bunkamura完成
4 第1回日米構造協議開始（～9月5日）
22 横綱千代の富士、本場所通算965勝（9月29日、国民栄誉賞受賞）
27 横浜ベイブリッジ開通
27 ◆ソニー、米映画社コロムビア・ピクチャーズ・エンタテインメント買収を発表（46億ドル）
28 『ザ・ベストテン』（TBS）が12年の歴史にピリオド

10
2 『筑紫哲也ニュース23』（TBS）がスタート
9 幕張メッセ・日本コンベンションセンター開業
23 ◆ハンガリー、国名から「人民」を削除し（10月18日）、「ハンガリー共和国」に
28 ◆チェコスロバキア、プラハで民主化要求デモ（12月7日、アダメッツ首相辞任。12月10日、フサーク大統領辞任）
29 日本シリーズは、巨人が近鉄に逆転制覇

11
2 ◆東独で政治犯釈放開始
6 松田優作死去
9 ◆東独、ベルリンの壁を開放（11月10日、ベルリンの壁取り壊し始まる）
15 行方不明の坂本堤弁護士一家の公開捜査始まる
16 ボジョレ・ヌーボーの世界一早い解禁加熱
21 日本労働組合総連合会（連合）発足（798万人、総評解散）

12
3 ◆マルタ島で米ソ首脳が東西冷戦終結を宣言（STARTとCFEで合意 ※START＝戦略兵器削減交渉、CFE＝欧州通常戦力条約）
15 ◆国際連合、死刑廃止条約を採択
22 ◆東独ブランデンブルク門が開放
22 ◆ルーマニア、政権崩壊（12月25日、チャウシェスク前大統領夫妻銃殺）
29 東証、史上最高値を更新。終値3万8915円87銭を付ける
29 ◆チェコスロバキアの新大統領に「市民フォーラム」結成の劇作家ハヴェル

参考文献（順不同）

『20世紀年表』毎日新聞社
『毎日ムック　シリーズ20世紀の記憶』毎日新聞社
『日録20世紀　1970』『同　1971』『同　1972』『同　1973』『同　1974』『同　1975』『同　1976』『同　1977』『同　1978』『同　1979』講談社
『昭和　二万日の全記録⑮』講談社
『昭和広告60年史』講談社
『広告景気年表』講談社
『昭和史年表　第2版』小学館
『戦後日本スタディーズ②③』紀伊國屋書店
『朝日新聞縮刷版』朝日新聞社
『朝日ジャーナルの時代』朝日新聞社
『世界の歴史㉙』『同　㉚』中公文庫
『日本の近代と現代』NTT出版
『テレビ史ハンドブック』自由国民社
『年表　昭和・平成史』岩波ブックレット
『日本史年表』東京堂出版
『テレビ50年』東京ニュース通信社
『テレビ60年inTVガイド』東京ニュース通信社
『テレビドラマ全史』東京ニュース通信社
『二十世紀』（橋本治著）毎日新聞社
『愛蔵版　昭和のテレビ欄』TOブックス
『日本経済を変えた戦後67の転機』日本経済新聞出版社
『日経エンタテインメント！　80's名作 Special』日経BPムック

[著者紹介]

市川哲夫（いちかわ・てつお）

１９４９年浦和市（現さいたま市）生まれ。１９７４年中央大学法学部卒業、TBS（東京放送）入社。テレビドラマ中心に多くの番組の制作、演出にあたる。主な作品に、『代議士の妻たち』シリーズ、『課長サンの厄年』、３時間ドラマ『閨閥』、松本清張特別企画『迷走地図』、『ジョン・レノンよ永遠に』など。２００７年 TBS『調査情報』編集長。２０１６年中央大学特任教授（放送文化論）。現在、日本映画テレビプロデューサー協会事務局長、放送批評懇談会選奨委員。編・著書に『７０年代と８０年代〜テレビが輝いていた時代』（毎日新聞出版）など。

装丁………山田英春
DTP 制作………REN
編集協力………田中はるか

※本書は TBS『調査情報』2016 年 5-6 月号〜 2019 年 5-6 月号連載「夢の途中〜いかにしてテレビ教徒になりしか」を再編集したものである。

証言 TBSドラマ私史
1978-1993

発行日❖2023 年 9 月 30 日　初版第 1 刷

著者
市川哲夫

発行者
杉山尚次

発行所
株式会社言視舎
東京都千代田区富士見 2-2-2　〒102-0071
電話 03-3234-5997　FAX 03-3234-5957
https://www.s-pn.jp/

印刷・製本
中央精版印刷（株）

ISBN978-4-86565-257-4 C0074